Von der Führungskraft zur Führungspersönlichkeit

Ulf Posé

Von der Führungskraft zur Führungspersönlichkeit

Vom Wert einer Vertrauens- und Verantwortungskultur

Springer Gabler

Ulf Posé
Mönchengladbach
Deutschland

ISBN 978-3-658-10923-3 ISBN 978-3-658-10924-0 (eBook)
DOI 10.1007/978-3-658-10924-0

Die Deutsche Nationalbibliothek verzeichnet diese Publikation in der Deutschen Nationalbibliografie; detaillierte bibliografische Daten sind im Internet über http://dnb.d-nb.de abrufbar.

Springer Gabler

Lektorat: Stefanie Winter

Gedruckt auf säurefreiem und chlorfrei gebleichtem Papier

Springer Fachmedien Wiesbaden ist Teil der Fachverlagsgruppe Springer Science+Business Media
(www.springer.com)

Inhaltsverzeichnis

1 Einleitung

Die derzeitigen Verwerfungen in Politik, Wirtschaft und Gesellschaft machen nicht wenigen Menschen Angst. Der Druck auf die Menschen nimmt zu. Die Forderungen nach mehr Engagement, immer besseren Ergebnissen führt zu einem Leistungsdruck, der in nicht wenigen Fällen genau das Gegenteil von dem bewirkt, was gewollt ist: Die Leistung nimmt ab, wird durch Unsicherheit fehlerhaft. Das wiederum erhöht den Druck. Trotz teilweise hervorragender Ergebnisse wird immer mehr Arbeit auf immer weniger Schultern verteilt.

Derzeit verliert die Marktwirtschaft einen großen Teil ihres sozialen Charakters durch Shareholder-Value-Denken und die Konzentration auf den Faktor Kapital. Die Entscheidungen, nur noch danach zu trachten, in welchem Land dieser Erde habe ich die kostengünstigsten Produktionsbedingungen, habe ich die attraktivsten ordnungspolitischen Rahmenbedingungen und wo verfüge ich nahezu kostenlos über die Umwelt, werden nicht mehr auf ihre soziale Verträglichkeit hin untersucht. So kommt es, dass der Gesetzgeber zukünftig nur noch die sozialen Aufgaben wahrnimmt. Die Wirtschaft verzichtet weitestgehend darauf. Begründet wird das mit den Anforderungen der Globalisierung und der zu erhaltenden Wettbewerbsfähigkeit. Das ist schlecht. Die Folgen sind:

- unerwünschte Migration. Mitarbeiter, die sich nicht mehr wohlfühlen, suchen das Weite. Das geht auch Kunden so. Sie wechseln den Anbieter.
- unerwünschte Transaktionskosten. Mitarbeiter, die bei erheblichem Leistungsdruck erfahren, dass ihre Vorgesetzten Vereinbarungen nicht einhalten, lassen sich diese „Vertragsverletzungen“ teuer bezahlen. Das gilt auch für Kunden. Fühlt sich ein Kunde unfair behandelt, sinnt er auf Rache. Entweder wechselt er oder er sorgt dafür, dass es für den Lieferanten teuer wird.
- unerwünschte Interaktionskosten. Bei enormem Leistungsdruck will ein Mitarbeiter sich absichern. Er schreibt beispielsweise ein Memo mehr, hat irgendet-

U. Posé, *Von der Führungskraft zur Führungspersönlichkeit*,
DOI 10.1007/978-3-658-10924-0_1

was Schriftliches in der Schublade, er sichert sich ab. Das führt zu unerwünschten Kosten. Der Aufwand der Absicherung ist übermäßig hoch.
- Die Fehlzeiten nehmen zu. Leistungsdruck macht krank. Der Burn-out grassiert. Wenn die Fehlzeiten mehr als 3 % betragen, ist meistens davon auszugehen, dass der Leistungsdruck unangemessen ist. Derzeit betragen die Fehlzeiten in Japan 2 %, in der Schweiz 4 %, in der Bundesrepublik 8 %.
- erhöhte Reklamationen.

Ich möchte darauf hinweisen, dass die höchste Verantwortung hier dem Vorgesetzten zukommt. Ein Vorgesetzter ist Dienstleister seiner Mitarbeiter. Erhöhte Kosten aus Krankheit, hoher Fehlerquote durch Leistungsdruck, Absicherungsaktivitäten, sind Kosten, die durch Demotivation entstehen. Damit ist der Vorgesetzte verantwortlich.

Wie muss also die Führung sein, um angemessenem mit Mitarbeitern umgehen zu können?

Zunächst einmal sollten wir von Führungskräften zu Führungspersönlichkeiten wechseln. Eine Führungskraft ist eine Kraft, bei der es zur Führungspersönlichkeit nicht reicht! Eine Führungskraft ist ein Mensch, der ein soziales System aufbaut mit dem Ziel, eine eigen- oder fremdgestellte Aufgabe zu lösen. Eine Führungspersönlichkeit ist ein Mensch, der hier eine funktionale und personale Optimierung anstrebt.

Beide führen sehr unterschiedlich. Die Führungskraft führt über Macht, die Führungspersönlichkeit über Autorität. Leider scheint es mir derzeit so zu sein, dass in unserer jetzigen Gesellschaftsstruktur nur die Führungspersönlichkeit, die zur Führungskraft zurückmutiert, überlebt.

Wir müssen uns darüber im Klaren sein, dass autodynamische Prozesse in Gesellschaften Gewalt erzeugen. Gleichgültig ob in Familie, Gesellschaft, Staat, Kirche, Gewerkschaften etc., irgendjemand entwickelt die Bereitschaft und Fähigkeit, seinen Willen gegen den Willen der anderen durchzusetzen, notfalls unter Einsatz sozialer, physischer und psychischer Gewalt. Leider sind Gewaltstrukturen unter Menschen unvermeidbar!

Die Führungspersönlichkeit versucht diese Prozesse, die Gewalt erzeugen, über ihre natürliche Autorität zu verhindern. Diese zeichnet sich dadurch aus, dass der Führende Respekt vor seinen Mitarbeitern hat und diese würdevoll behandelt, also niemals nur als Mittel seiner Zwecke sieht, sondern auch als Ziel seines Handelns. Die Führungskraft hingegen will genau diese Prozesse allenfalls über eine Art „väterliche Herrschaft“ sicherstellen. Sicher ist Alfred Herrhausen uns noch in Erinnerung. Er gehörte zu den Führungspersönlichkeiten, während mancher seiner Nachfolger wohl eher bei den Führungskräften einzuordnen ist.

Der österreichische Forscher Fred Edward Fiedler stellte schon Ende der 1960er Jahre einen Test auf, mit dem er feststellte, mit wie vielen negativen Merkmalen ein Vorgesetzter mit seinen Mitarbeitern umgehen kann, ohne dass es ernsthaft zu Störungen im Betriebsablauf kommt. Sie werden seine Untersuchungen in diesem Buch nachlesen können.

Kann man mit einer geringen personalen Toleranz Persönlichkeit sein? Darf die personale Toleranz in Situationen, in denen es einem Unternehmen schlecht geht auch eingeschränkt sein? Wie kann man umgehen mit Menschen, die faulenzen, bummeln, zu spät kommen, unsauber arbeiten und so weiter? Dürfen Leute mit hohen Fiedler-Werten gefeuert werden, und kann man nicht trotzdem eine Führungspersönlichkeit sein?

Sicher gibt es keine automatische Korrelation zwischen sozial verträglichem Umgang und Führungspersönlichkeit und mäßigem sozialen Umgang und Führungskraft. Sozialer Umgang kann auch zu Sozialgesäusel verkommen und damit eine Schwäche sein, zum Beispiel wenn eine Führungskraft den Mitarbeitern alles durchgehen lässt.

Nach meiner Überzeugung hat die Wissenschaft (Soziologie und Psychologie) inzwischen sehr gut dokumentiert, weshalb sich enormer Leistungsdruck negativ auf das Arbeitsergebnis auswirkt. Chefs, die ihre Mitarbeiter ohne Rücksicht auf die Mitarbeiterzufriedenheit unter Druck setzen, um hervorragende Ergebnisse zu erzielen, sollten wissen, dass ohne Rücksicht auf die Belastungsgrenze eines Mitarbeiters keine Leistungssteigerung zu erzielen ist. Eine Erhöhung der persönlichen Unzufriedenheit hat demnach zur Folge, dass die relative Zufriedenheit des Mitarbeiters immer weiter absinkt und die starke Mehrbelastung ohne individuelle Berücksichtigung der ungenutzten Ressourcen beim Einzelnen letztlich nur zur Demotivation führt.

Das Interessante ist, Führungskräfte verhalten sich in Krisen anders als Führungspersönlichkeiten. Die Führungspersönlichkeit weiß, dass personale Optimierung auch in der Krise notwendig ist, eine Führungskraft will nur funktional optimieren. Leider scheint es mir so, dass in Krisenzeiten mehr Führungskräfte als Führungspersönlichkeiten ihr Unwesen treiben.

So bringt derzeit unsere Gesellschaft eher Führungskräfte hervor und keine Führungspersönlichkeiten, obwohl Führungspersönlichkeiten eine lebenswerte Welt eher gestalten werden als Führungskräfte. Das ist bitter, und dem sollten wir begegnen. Dazu erscheint es mir notwendig, durchaus bereit zu sein, die Werte eines Unternehmens einmal infrage zu stellen. Werte gibt es genug, beispielsweise ökonomische Werte (Gewinnmaximierung etc.) politische Werte (an die Macht kommen), aber sie werden sozialunverträglich realisiert, wenn die Moral fehlt. Wollen wir die Sozialverträglichkeit in unserer Gesellschaft sichern, dann kann dies derzeit am besten dadurch geschehen, dass wir die Lebensmehrung, die Wahrung der Würde des Einzelnen, die soziale Verträglichkeit unseres Handelns in den Mittelpunkt stellen. Diese Werte gilt es zu verantworten. Das bedeutet, ich muss als Führungspersönlichkeit für mein Handeln geradestehen.

Lassen Sie mich noch etwas Persönliches zum Schluss hinzufügen. Ich bin fest davon überzeugt, dass wir sehr schnell unser Bewusstsein entwickeln müssen – hin zu der Überlegung, dass das allgemeine Bewusstsein davon herunterkommen muss, Erwerbsarbeit als die eigentliche Form menschlicher Selbstverwirklichung anzusehen. Ein Mensch darf nicht ausschließlich danach bewertet werden, ob und welche Arbeit er hat, sondern was er als Mensch wert ist. Darin sehe ich eine große Chance für eine lebenswerte Zukunft.

Ulf Posé

Führen – was ist das überhaupt? 2

Was mich betrifft, so zahle ich für die Fähigkeit, Menschen richtig zu behandeln, mehr als für irgendeine andere auf der ganzen Welt.
John Davison Rockefeller (1839–1937),
US-amerikanischer Bankier und Unternehmer

Frank W. ist der Vorgesetzte von Michael H. Wenn Frank Michael eine Aufgabe übergibt, dann tut er das nicht zum Spaß, sondern weil er damit ein Ziel verfolgt. Michael soll die Aufgabe ausführen oder lösen. Zum Beispiel soll er ein neues Produkt in seinem Verkaufsgebiet einführen. Dazu sprechen die beiden miteinander. So stehen Frank, Michael und die Aufgabe miteinander in Verbindung. Sie benötigen einander. Hätte Frank keine Aufgabe zu verteilen, dann bräuchte er Michael nicht mehr. Benötigt er aber den Michael nicht, ist er seinen Posten als Chef faktisch los, da er niemanden mehr führt. Hat Michael keine Aufgabe mehr, benötigt er seinen Chef auch nicht mehr. So bedingen die drei einander. Das sind die Kerndinge. Daneben gibt es noch zwei weitere Faktoren, die den Prozess der Führung beeinflussen, sozusagen Bedingungen zweiter Ordnung: die Situation des Unternehmens und der Markt, in dem das Unternehmen sich bewegt. Solch eine Situation nennt man ein dialektisches Modell.

Wenn ein Vorgesetzter einen guten oder einen miesen Tag hat, dann spüren das die Mitarbeiter. Und auch der Markt oder das Unternehmen werden von dem Chef in der jeweiligen Stimmung anders erlebt. Das gilt ebenso für den Mitarbeiter. Auch wenn der Markt sich verändert, dann verändert das manchmal dramatisch oder auch nur in Nuancen den Führungsprozess. Oder nehmen Sie die Unternehmenssituation: Wenn diese sich verändert, dann verändert sich auch die Meinung über den Markt, die Marktsituation wird anders wahrgenommen. Oder die Aufgabe wird anders erlebt oder der Mitarbeiter verändert sich. So hat alles aufeinander Einfluss.

U. Posé, *Von der Führungskraft zur Führungspersönlichkeit*,
DOI 10.1007/978-3-658-10924-0_2

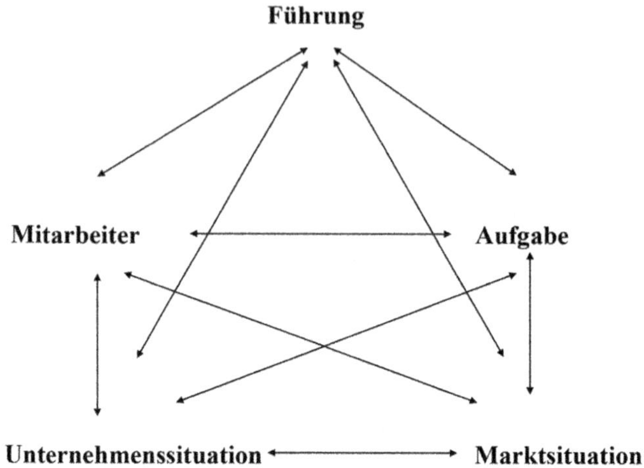

Abb. 2.1 Das dialektische Führungsmodell

2.1 Das dialektische Modell

Mehrere Dinge benötigen sich also gegenseitig, damit von Führung überhaupt die Rede sein kann (siehe Abb. 2.1).

Das Dialektische ist somit immer dann gegeben, wenn folgende Voraussetzungen erfüllt sind:

- Alle fünf Dinge benötigen sich gegenseitig. Sie können ohne einander nicht sein. Zumindest ergeben vier oder weniger Elemente wenig Sinn, wenn die anderen Elemente fehlen.
- Alle fünf Elemente sind voneinander verschieden. Das bedeutet, jedes Ding ist etwas anderes. Ein Unternehmen ist etwas anderes als ein Markt, eine Führungskraft etwas anderes als eine Aufgabe und so weiter.
- Die Veränderung bei nur einer einzigen Sache führt automatisch zu einer Veränderung bei den vier anderen [1].

2.2 Die Definition von Führung

Damit ist noch nicht geklärt, was Führung eigentlich ist. Es gibt unheimlich viele Definitionen zur Führung. Die für mich einfachste und überzeugendste Definition ist:

► Führen ist der Aufbau eines sozialen Systems mit dem Ziel, eine eigene oder fremdgestellte Aufgabe zu lösen.

Diese Definition berücksichtigt als Einzige den dialektischen Ansatz von Führung. Mit dieser Definition können Sie auch recht einfach den Führungserfolg im wirtschaftlichen sowie im sozialen Bereich beurteilen. Außerdem lässt diese Definition von Führung genügend Spielraum für die verschiedensten Führungsstile, die sich je nach Führungssituation ergeben.

2.3 Welche Ziele hat ein Unternehmen?

Gut geführt wird dann, wenn drei Faktoren berücksichtigt werden:

- Die Aufwandsgrößen für den Aufbau des sozialen Systems und das Erreichen der wirtschaftlichen Ziele werden kleingehalten. Das ist die funktionale Optimierung.
- Im Führungsgeschehen werden die fachlichen und sozialen Performanzen des Führenden und der Mitarbeiter weiter entfaltet nach dem Motto: „Was habe ich heute getan, damit meine Mitarbeiter ein wenig wachsen konnten?“ Das ist die personale Optimierung.
- Die beiden Ziele, Aufbau des sozialen Systems und Erreichung der Zielvorgaben, stehen nicht miteinander in Konkurrenz. Also nicht: ein tolles Betriebsklima, aber die Ziele werden nicht erreicht oder die Ziele werden erreicht, aber das Betriebsklima ist mies.

2.4 Was können Führungskräfte? – Ziele konkurrieren

Den dritten Faktor der Verträglichkeit von wirtschaftlichem und sozialem Ziel schaffen in aller Regel nur Führungspersönlichkeiten, nicht Führungskräfte. Führungskräfte erreichen immer nur eines der beiden Ziele. Entweder wirtschaftliche oder soziale Erfolge.

Im Kern ist also Führung der Aufbau eines sozialen Systems mit dem Ziel, eine eigene oder fremdgestellte Aufgabe zu lösen.

2.5 Was können Führungspersönlichkeiten? – Ziele sind verträglich

Gut geführt wird dann, wenn

- die Aufwandsgrößen dazu kleingehalten werden. Das nennt man eine funktionale Optimierung.
- im Führungsgeschehen die fachlichen und sozialen Performanzen des Führenden und der Mitarbeiter entfaltet werden. Das ist die personale Optimierung.

Nun kann man sich fragen, wozu es überhaupt Unternehmen gibt. Was ist deren vornehmliche Aufgabe? Karl Marx wird nachgesagt, dass für ihn ein Unternehmen eine gesellschaftliche Veranstaltung zur Produktion disponiblen Kapitals sei. Wobei er mit Kapital anlagewilliges oder angelegtes Geld meinte. Für ihn war ein Unternehmen nicht dazu da, Gewinne zu produzieren. Das verdiente Geld sollte für ihn immer wieder im Unternehmen selbst angelegt werden, zur Optimierung der Produktionsbedingungen.

2.6 Fazit

Gleichgültig ob Gewinne oder Kapital, im Kern hat ein Unternehmen also immer zwei Ziele:

- Wirtschaftlich erfolgreich sein.
  Hier geht es darum, mit geringstmöglichem Aufwand ein Optimum an Ergebnis zu erwirtschaften. Es geht um die Qualität und Quantität der Entscheidungsfindung. Wie lange benötigt ein Unternehmen, um zu einer vernünftigen Entscheidung zu kommen, und wie gut wurde die Entscheidung gefällt. Das ist der Kern wirtschaftlichen Handelns.
- Ein soziales Miteinander zu generieren, in dem Menschen miteinander menschlich umgehen.
  Hier geht es um die Frage, ob Menschen sich im Unternehmen wohlfühlen, ob sie würdevoll geführt werden und sich durch die Art der Führung mit dem Unternehmen und seinen Zielen identifizieren können. Es geht um die Frage, ob es den Führenden gelingt, ein Vertrauensklima aufzubauen.
  Führungskräfte lassen diese beiden Ziele oft miteinander konkurrieren. Sie erreichen entweder durchaus die wirtschaftlichen Ziele; das Betriebsklima liegt jedoch am Boden. Oder sie generieren ein schönes soziales Miteinander. Alle

haben sich lieb, nur in der Kasse ist Ebbe. Die wirtschaftlichen Ziele werden nicht erreicht. Bei Führungspersönlichkeiten ist das völlig anders. Sie halten diese Ziele miteinander verträglich.

Literatur

Quellen

1. Posé, Ulf D. 2004. *Von der Menschenführung zur Lebensführung*, 30 ff. Büdingen: Ronneburger Kreis.

Weiterführende Literatur

2. Lay, Rupert. 1983. *Dialektik für Manager*. Langen Müller Herbig.
3. Posé, Ulf D. 1981. *Führen durch Überzeugen*. Econ.

3 Führung und Rollenverständnis

Wer seiner Führungsrolle gerecht werden will, muss genug Vernunft besitzen, um die Aufgaben den richtigen Leuten zu übertragen – und genug Selbstdisziplin, um ihnen nicht ins Handwerk zu pfuschen.
Theodore Roosevelt (1858–1919), 26. Präsident der Vereinigten Staaten von Amerika

Wer ist Führungskraft, wer Führungspersönlichkeit? Die Merkmale, die einen Menschen zur Persönlichkeit reifen lassen, werden später geklärt. Bevor diese Merkmale erläutert werden, ist zunächst das Rollenverständnis zu untersuchen. Die Rolle ist klar: Jetzt bin ich Chef. Ein interessanter Karriereschritt ist gemacht. Aber wie verstehe ich mich als Chef? Was für ein Chef bin ich und was für ein Chef will ich sein? Das hängt von meinem Rollenverständnis ab. Habe ich meine Rolle zureichend sicher erkannt? Bin ich bereit, meine Chefrolle anzunehmen? Kann ich sie glaubwürdig ausfüllen (bin ich in dieser Rolle sicher)? Diese Fragen sind wichtig, da ambivalentes Rollen- bzw. Selbstverständnis einen Menschen als führende Person unglaubwürdig erscheinen lässt. Diese Unglaubwürdigkeit überträgt sich auf die Kommunikation mit Mitarbeitern, Vorgesetzten, Kunden, selbst wenn diese in sich schlüssig ist.

3.1 Die Rolle

Das Rollenverständnis wird bestimmt durch die Unterscheidung und Bedeutung von

U. Posé, *Von der Führungskraft zur Führungspersönlichkeit*,
DOI 10.1007/978-3-658-10924-0_3

- Rolle,
- Funktion,
- Person.

Mein Selbstverständnis definiert meine Führungsrolle. Wer sich als „Mutter der Nation“ sieht, wird immer wie Mutter Teresa agieren wollen, wer sich als „Feldherr“ sieht, wird von seinen Mitarbeitern als „Beritt“ sprechen.

Die Rolle ist definierbar durch die Menge der Erwartungen, die einem Führenden in einer bestimmten sozialen Situation bezüglich seines Verhaltens entgegengebracht werden. Das Leben eines jeden Menschen beinhaltet viele unterschiedliche Rollen, etwa Mann, Frau, Vater, Mutter, Tochter, Sohn, Freund, Mitarbeiter, Kollege, Vorgesetzte(r) etc. Die Rolle wechselt je nach Situation. Im Unternehmen bin ich Mitarbeiter, zu Hause Ehemann oder Ehefrau, Vater oder Mutter etc. Der Umgang mit dem Lebenspartner ist nuanciert anders als der Umgang mit Mitarbeitern und so weiter. Die Rolle verkörpert ebenfalls das eigene Verständnis von Führung. Hier wird die Frage beantwortet: „Welche Rolle passt zu mir?“

Es gibt vier Aspekte der Rolle:

- Erwartungen, die durch mich selbst oder andere vorhanden sind;
- die Akzeptanz der Rollenübernahme durch mich und andere;
- die Internalisierung, indem ich die Rolle inklusive der dazugehörigen gesellschaftlichen Werte und Normen verinnerliche;
- den Einfluss, der mit der Rolle verbunden ist.

3.1.1 Rollenprobleme

Wer sich als Ingenieur versteht, sieht sich nicht als Verkäufer. Die Funktion kann es jedoch erfordern, die Rolle als Verkäufer anzunehmen. Hier können Selbstverständnis und Funktion kollidieren. Also sollte ich mich fragen:

- Welches Rollenverständnis habe ich?
- Welche Erwartungen werden durch mein Unternehmen an meine Rolle gerichtet?
- Welche Erwartungen an meine Rolle entstehen durch meine Mitarbeiter, Vorgesetzten, Kunden?

Das Rollenverständnis wird detaillierter geklärt über die Beantwortung der folgenden Fragen:

- Bin ich mir über meine Rolle innerhalb meines Unternehmens im Klaren?
- Bin ich mir meiner Rolle außerhalb meines Unternehmens im Klaren?
- Beherrsche ich meine jeweilige Rolle zureichend sicher?
- Passen die Rollenerwartungen anderer an mich mit meinem Rollenverständnis überein?
- Kann ich verschiedene Rollenerwartungen koordinieren?

3.2 Die Funktion

Die Funktion ist bestimmt durch die Aufgabe, Hierarchie, Autoritätszuordnung, Macht etc. Die Funktion entsteht durch das Organigramm. Wer sich über seine Funktion nicht im Klaren ist, lässt sich möglicherweise zu Handlungen hinreißen, die die Zuständigkeitsgrenzen verletzen.

In der Rolle fließen das Selbstverständnis und das Funktionsverständnis zusammen, denn in der Rolle wird das durch die Funktion definierte Verhalten ausgedrückt.

3.3 Die Person

Jeder Mensch ist eine Person. Aber nicht jede Person ist automatisch eine Persönlichkeit. Wer Menschen führt, ist ebenfalls zwar immer eine Person, nicht jedoch automatisch eine Persönlichkeit.

Das Person-Sein wird bestimmt durch

- die Individualität,
- die Sozialität,
- die Welthaftigkeit,
- die Grenzhaftigkeit,
- die Geschichtlichkeit,
- die Transzendentalität

eines Menschen.

Diese sechs Faktoren bilden so etwas wie die Elementarstruktur einer Person (siehe Abb. 3.1).

Es kommt für den Führenden jetzt darauf an, wie das Verhältnis der sechs Faktoren zueinander ist, woher sich jemand als Person definiert. Diese Definition hat

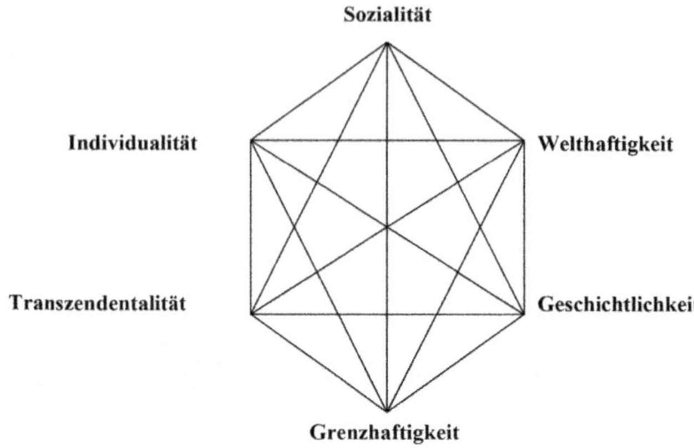

Abb. 3.1 Die Elementarstruktur einer Person

erste Einflüsse auf das Person-Sein als Chef. Jemand, der sich über seine Individualität definiert, führt anders, als jemand, der sich über seine Sozialität definiert und so weiter.

3.3.1 Die Individualität

Individualität bedeutet, bei sich selbst sein können. Die Franzosen meinen damit „bei sich zu Hause zu sein". Der Mensch ist ein Individuum, wenn er „chez moi" oder „chez nous" sein kann.

In der Individualität ist allerdings auch der Narzissmus zu Hause. Der selbstverliebte Narzisst gilt in unserer Gesellschaft als eher negativ. Für mich ist der Narzissmus der Individualität nicht automatisch negativ. Es gibt Bedürfnisse und Emotionen, die vom Narzissmus geprägt wurden und die positive wie negative Eigenschaften enthalten.

3.3.1.1 Der Narzissmus

Eine Übersicht zeigt, welche positiven Bedürfnisse im Narzissmus beheimatet sind und welche Emotionen in der Individualität eine Rolle spielen:

Narzisstische Bedürfnisse	Emotion
Selbstachtung bewahren	Eitelkeit
Sich selbst verwirklichen	Stolz
Teilhaben am kulturellen Leben	Selbstachtung
Sich bilden	
Einen schönen und/oder gepflegten Körper haben	

Emotionen wie Stolz und Eitelkeit sind sicher bei Führungskräften zu finden. Selbstachtung wird eher von Führungspersönlichkeiten gepflegt.

Es kommt darauf an, wie stark sich jemand über den Pol Individualität definiert. Wer sich ausschließlich über den Pol Individualität definiert, unterliegt der Gefahr eines Narzissmus, der tatsächlich für das Person-Sein und das Rollenverständnis recht negativ ist. Dieser Narzissmus ist durch die Haltung gekennzeichnet: „Ich bin der Nabel des Universums.“ Das ist eine Gefahr für führende Menschen. Und unter Führungskräften ist diese Haltung durchaus verbreitet.

Dieser Narzissmus setzt sich zusammen aus:

1. Starker Egozentrierung: „Ich bin der Größte.“
2. Selbstreferenziellem Verhalten: Auf fremde Bedürfnisse wird nur eingegangen, wenn ein persönlicher Nutzen herausspringt.
3. Positiver Relativierung: „Ich erkenne etwas an, das größer ist als ich“.
4. Allwissendem und allgütigem Übervater: die Arroganz der Macht.

Arroganz ist das typische Merkmal der narzisstischen Führungskraft. Der Narzisst ist bereit, für seine psychische Stabilisierung eine soziale Instabilität in Kauf zu nehmen. Der Narzisst bricht die Beziehung zu den anderen fünf Punkten ab und schafft sich seine eigene Welt.

Der Narzisst ist stets darauf aus, sich psychisch zu stabilisieren. Dies geschieht dadurch, dass er immer siegen will, immer groß sein will, immer die Alpha-Position einnehmen will. Ist dies nicht möglich, dann resigniert die Führungskraft oder zieht sich zurück in ein wohliges Schneckenhaus.

Der Sinn dieses Verhaltens ist: Es darf nicht mehr wehtun. Das vorherrschende Gefühl dabei ist das Selbstmitleid.

Bei Führungspersönlichkeiten findet diese starke Orientierung an den negativen Merkmalen des Narzissmus in der Individualität nicht statt. Aus der Individualität wird der dritte Punkt, die positive Relativierung, gepflegt. Die Führungspersönlichkeit erkennt an, dass es etwas gibt, das größer ist als sie selbst.

3.3.2 Die Sozialität

Sozialität meint, sich von der Gesamtheit der Menschheit her zu definieren. Diese Definition über die Gesamtheit der Menschen findet sich in der ersten Weisheit des Buddha wieder: „Nicht ich leide, sondern die Menschheit leidet in mir“ [1]. Das bedeutet, die Individualität wird von der Sozialität her definiert. Hier eine Übersicht der sozialen Bedürfnisse und Emotionen:

Soziale Bedürfnisse sind	Emotion
Geborgenheit	Wohlfühlen in Gesellschaft
Anerkennung	Solidarität
Soziale Nähe	Freude
Soziale Sicherheit	
Macht als Expansion	

Soziale, erotische und aggressive Gefühle spielen ebenfalls in der Sozialität eine Rolle. Im Selbstverständnis eines Führenden kommt es für den Unterschied von Führungskraft und Führungspersönlichkeit darauf an, wie stark sich jemand über den Pol Sozialität definiert. Führungskräfte, die sich überwiegend über den Pol Sozialität definieren, unterliegen einigen Gefahren: Sie sind für andere Menschen pflegeleicht. Sie leben nicht selten ein Leben aus zweiter Hand – also ein Leben, das andere für sie vorgesehen haben oder für richtig halten. Wenn jemand, der führt, immer nur so handelt, dass es anderen gefällt, mag er zwar beliebt sein, jedoch fällt er nicht zwingend die richtigen Entscheidungen. Auch hier finden sich Führungskräfte wieder.

Die zweite Gefahr des Pols Sozialität ist das Helfersyndrom. Ich tue meine Pflicht selbst dann, wenn ich mich dabei verliere. Diese Selbstlosigkeit oder Selbstverlorenheit ist eine Gefahr für Führungskräfte, die sie nicht wahrhaben wollen. Sie kommen einfach nicht mehr auf die Idee, sich selbst zu fragen, was sie wirklich wollen.

Der dritte Gefahrenherd des Pols Sozialität ist ein aggressiver Bedürfnisüberhang. Hier fängt der Besitz der Führungskräfte an, sie zu „besitzen“. Gemeint ist nicht nur materieller Besitz, sondern auch ideeller oder geistiger Besitz. Der Doktortitel oder der MBA, die Zugehörigkeit zu einer vermeintlichen Elite, dominiert die Lebensführung.

Das soziale Bedürfnis der Expansion von Macht spielt ebenfalls bei Führungskräften eine Rolle. Die Ausweitung von Macht durch Prokura, einen größeren Zuständigkeitsbereich, Verantwortung für mehr Budget inspiriert sie. Dadurch kann Machtfülle für sie zum Selbstzweck werden.

Führungspersönlichkeiten ist klar, dass Führen von Mitarbeitern bedeutet, ein stabiles, belastbares soziales System zwischen Mitarbeiter und Führendem aufbauen zu können. Dieses soziale System entsteht durch Interaktionen, durch die Art und Weise des Miteinanderumgehens. Unternehmen entwickeln sich nicht durch Menschen, sondern durch deren Interaktionen. Nicht das Zureden verändert einen Menschen, sondern die Form der Interaktionen. Die Aufgabe für Führungspersönlichkeiten ist es, so miteinander zu interagieren, dass durch die Art des Miteinanderumgehens eigenes und fremdes Leben sich entfaltet. Führungskräfte sind daran eher nicht interessiert.

3.3.3 Die Grenzhaftigkeit

Grenzhaftigkeit meint, dass ein Mensch sich nicht nur von seinen Möglichkeiten, sondern auch von seinen Grenzen her definiert. Die Grenzhaftigkeit ist ein guter Hinweis dafür, ob der Mensch gesund ist, also ein gutes Verhältnis zu seinen Grenzen hat. Dazu gehört übrigens auch das Ende des eigenen Lebens. Viele Menschen verbannen dieses Ende aus ihrem Bewusstsein. Das ist leicht, weil das Selbstbewusstsein nichts von seinem eigenen Ende weiß. Freud hat vermutet, dass ein Mensch, der mit seinem eigenen Sterben nichts anfangen kann, auch nichts mit seinem Leben anzufangen weiß. Die Psychotherapie will Menschen helfen, sich nicht immer Herz und Hirn an seinen eigenen Grenzen wundzureiben. Man muss sich damit abfinden, dass diese Grenzen sich im Laufe des Lebens ständig verändern. Manche weiten, manche verengen sich.

Führungskräfte leben eher in dem Bewusstsein, dass es für sie keine Grenzen gibt. Alles ist machbar, alles kann ich schaffen, ist ihre Devise. Führungspersönlichkeiten wissen um ihre Grenzen und Möglichkeiten sowie ihre Fähigkeiten.

Gerade in der Arbeit erfahren wir alle die Realisierung der eigenen Grenzhaftigkeit. Die eigenen Unzulänglichkeiten in den Fähigkeiten verhindern, die Arbeit ins absolute Optimum zu bringen. Irgendetwas kann ein anderer immer besser als ich. Das ist Führungspersönlichkeiten klar.

Die Arbeit ist nicht nur eine Begegnung mit seiner Grenzhaftigkeit, sondern sie bietet auch die Fähigkeit, eine Grenze zu überwinden, zu dehnen. Es ist auch ein kreativer Umgang mit Grenzen, nicht nur ein Erleiden der Grenzen. Dass wir in der Arbeit an unseren Grenzen auch leiden können, ist Führungspersönlichkeiten klar. Sie leben in dem Bewusstsein, dass Arbeit auch helfen soll, Grenzen zu dehnen: Sie wissen gleichzeitig darum, dass diese Grenzen damit nicht verschwinden. Bei Fließbandarbeit zum Beispiel überlegen sich Arbeiter oft, wie man die Arbeitsabläufe und die Produktion beschleunigen kann. Hier wurde Kreativität freigesetzt, um die Grenzen zu dehnen.

Führungspersönlichkeiten ist es wichtig, die Bereitschaft zu haben, eigene Grenzen zu akzeptieren und zu dehnen. Für die psychische Hygiene ist es wichtig, Grenzhaftigkeit auch in der eigenen Arbeit zu sehen, um nicht in den Zustand der eingebildeten Fehlerlosigkeit zu verfallen. Führungskräfte neigen zu genau diesem Fehler.

Es gibt drei verschiedene Arten von Grenzen:

- schicksalhaft vorgegebene Grenzen,
- von mir selbst gezogene Grenzen,
- Herkunftsgrenzen,
  - von individueller und sozialer Herkunft gezogene Grenzen,
  - von systemischer Herkunft gezogene Grenzen.

3.3.3.1 Schicksalhaft vorgegebene Grenzen

Der Anfang der Führungsweisheit ist die Fähigkeit, die eigenen Grenzen zu erkennen. „Lebe so, dass du täglich sterben kannst, und lerne so, als ob du ewig leben würdest", ist hier die Weisheit der Führungspersönlichkeit.

Zu den schicksalhaften Grenzen eines jeden Menschen gehören:

- sterben müssen,
- trauern,
- soziale, emotionale und intellektuelle Begabungen.

Führungspersönlichkeiten haben für sich erkannt, dass sie ihren Begabungen gegenüber eine Verpflichtung haben. Sie fragen sich:

- Wo liegen meine Begabungen?
- Wo erfahre ich sie?
- Wo sind meine Grenzen der sozialen Begabung?
- Wo sollte ich zu eigenem und fremden Nutzen mein Leben entfalten?
- Definiere ich zu schnell Grenzen anderer? Wie tue ich das?

Solche Fragen stellen sich Führungskräfte eher nicht.

3.3.3.2 Selbst gezogene Grenzen

Jede Entscheidung für etwas ist automatisch auch eine Entscheidung gegen etwas. Führungskräfte wählen im Bereich der selbst gewählten Grenzen eine besondere

Methode. Sie wollen Grenzen immer sprengen. Sie erkennen Grenzen nicht an. Sie halten sich nicht an Grenzen. Sie erkennen die Verpflichtung, sich an Grenzen auch einmal halten zu müssen, nicht an. Sie rebellieren dagegen. Führungspersönlichkeiten rebellieren nicht gegen Grenzen, sie wollen Grenzen weiten. Und sie halten sich an Grenzen, die sie selbst gewählt haben. Sie sehen darin eine Verpflichtung.

Selbstgewählte Grenzen können sein:

- Treueversprechen,
- Armut,
- Keuschheit,
- Gehorsam.

Für Führungskräfte und Führungspersönlichkeiten sind das Verhältnis und die Treue zu diesen Grenzen wichtig. Hier unterscheiden sich beide dadurch, dass für die Führungspersönlichkeit eine selbst gewählte Grenze die schon erwähnte Verpflichtung beinhaltet. Führungskräfte neigen dazu, selbst gewählte Grenzen immer wieder aufzugeben, sich zum Beispiel eben nicht an ein Versprechen zu halten. „Heute gehe ich früher zu Bett, damit ich morgen ausgeruht bin.“ Aber der Abend ist nett, die Gespräche gut. Also komme ich erst gegen 2.00 Uhr ins Bett. Hier sei einmal angemerkt: Die wahre Disziplin beginnt nicht mit dem pünktlichen Aufstehen, sondern mit dem pünktlichen Zu-Bett-gehen.

3.3.3.3 Von individueller und sozialer Herkunft gezogene Grenzen

Hier ist die Zugehörigkeit zu einer Gruppe, einem Volk gemeint. Ich gehöre schicksalhaft dazu.

3.3.4 Die Weltlichkeit

Hier geht es um die innere Einstellung der Führungskraft oder der Führungspersönlichkeit zu ihrer Welt. Zum Beispiel: Wie stehe ich dazu, dass ich Deutscher bin?

Es gibt drei Einstellungen zur Welt:

1. Herren der Welt: Christentum
2. Verwalten der Welt: Islam
3. Diener der Welt: Postmodern

Im Hinduismus oder Brahmanismus gibt es die Idee, dass wir außer der natürlichen Mutter auch eine zweite Mutter, die Erde haben. Das war auch im altgriechischen

Verständnis tief verankert. Wenn das so ist, haben Führungskräfte und Führungspersönlichkeiten bestimmte Verpflichtungen, die auch in der Humanisierung der Arbeit eine Rolle spielen. Für Führungspersönlichkeiten gilt es, ehrfürchtig mit der „Mutter Erde" umzugehen. Führungspersönlichkeiten geht es im Pol Welthaftigkeit darum, sich geborgen zu fühlen in Welt. Führungskräfte hingegen haben eher ein sehr verkürztes Verständnis von der Welthaftigkeit. Sie verbrauchen gern die Welt, indem sie ihre Ressourcen ungeachtet der Folgen verbrauchen. Wenn uns die Welt schon dienen sollte, sollten wir sie erhalten, damit sie uns dienen kann. So denken eher Führungspersönlichkeiten. Man sollte seine Mutter nicht verschandeln, sondern ihr helfen, dass sie weiterhin Menschen gebären kann.

3.3.5 Die Geschichtlichkeit

Unser Leben läuft in hunderten von Geschichten ab. Dabei ist Geschichte nur der Singular von Geschichten. Das gilt nicht nur für die Individualgeschichte, sondern auch für die Geschichte der Familie, des Volkes, der Gesellschaft und der Menschheit, in die wir hineingeboren wurden. Führungskräfte wie Führungspersönlichkeiten können sich fragen: Was habe ich für ein Verhältnis zu meiner Geschichte, zur Geschichte meiner Familie und auch zur Geschichte meines Unternehmens? Wie sehe ich die Geschichte meines Volkes und die Geschichte der Menschheit? Führungspersönlichkeiten ist klar, dass es keine objektive Geschichte gibt, sondern nur eine – je nach Zeit und Zustand – unterschiedliche Interpretation historiografischer Daten. Ich kann meine Bewertung mal positiv, mal negativ vornehmen. Das hängt von der jeweiligen Gegenwart ab.

Vergangenheit ist immer präsentisch. Die Bewertung von historiografischen Daten ändert sich interessanterweise ständig. Im Alter von 10 Jahren bewerte ich meine Jugend anders als im Alter von 40 Jahren. Generell leben Menschen aber streng präsentisch. Erinnerungen sind immer nur Erinnerungen im Jetzt. Dabei ändert sich die Lebensrelevanz ständig.

Eine Geschichte ist nichts Objektives. Geschichte ist, wie schon gesagt, nur der Singular von Geschichten. Die Geschichte wandelt sich nach den Interessen, Bedürfnissen, Erwartungen und Werteinstellungen (siehe Abb. 3.2). Darüber sind sich Führungspersönlichkeiten im Klaren; Führungskräfte eher nicht.

Ich kann den verschiedenen Ereignissen je nach Gegenwart eine unterschiedliche Lebensqualität zuordnen. So verschieben sich dann die Punkte A nach A1 oder B nach B1 oder C nach C1.

Die Bewertung von historiografischen Daten ändert sich!

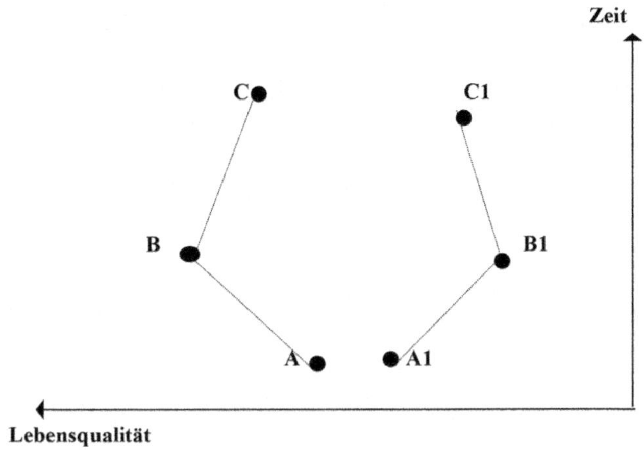

Abb. 3.2 Geschichte ist der Singular von Geschichten

Die Geschichte wandelt sich also nach den Interessen, Bedürfnissen, Erwartungen und Werteinstellungen. Das gilt auch in der Arbeitswelt. Arbeit ist immer eingebunden in eine Geschichte. Die meisten Menschen erzählen die Geschichte der Arbeit, die sie gerade verrichten und die für sie irgendeine Wichtigkeit hat. Das hängt sehr von der Arbeit ab, die sie gerade verrichten, welche historiografischen Ereignisse für dieses konkrete Arbeiten gerade wichtig sind.

Wie ich Arbeit interpretiere, hängt weitgehend davon ab, welchen Ort sie in der konkreten Geschichte, in der sie vorkommt, hat. Das kann sich innerhalb von fünf Minuten ändern. Dann wird eine andere, neue Geschichte erzählt, in der die Arbeit eine andere Funktion/Rolle hat, als in der ersten Geschichte.

Arbeit kann individualgeschichtlich gesehen werden, aber auch in der Geschichte des Berufes. So ist man beruflich auch in die Geschichte des Unternehmens, der Branche eingebunden, die in mir zu sich selbst kommt. Das ist Führungspersönlichkeiten durchaus bewusst, Führungskräften eher nicht. Ein Beruf sollte also auch eingebunden sein in eine Geschichte und nicht nur in Singularitäten gesehen werden.

Es gibt zwei Bereiche der Geschichtlichkeit:

1. die Individual-Geschichtlichkeit und
2. soziale Systeme.

In beiden Bereichen gibt es Desintegrationen. Das bedeutet: Ich nehme aus meiner Geschichte Teile heraus, für die ich mich schäme. Führungskräfte neigen genau dazu. Führungspersönlichkeiten wissen darum, dass auch Dinge, Handlungen, Entscheidungen, die sich als nicht sehr gut herausgestellt haben, zu ihnen gehören, einen Teil ihres Lebens ausmachen. Führungskräfte wollen dies eher nicht. Sie entwickeln Strategien, die ihnen helfen, mit all dem Unsinn, den sie in ihrem Leben angerichtet haben, nicht mehr konfrontiert zu werden. Das geht bis hin zu Kuriositäten, die Führungskräften helfen, ihre Vergangenheit zu ändern. So kaufen sie sich Adelstitel, indem sie für eine Adoption durch einen Adligen bezahlen, oder erwerben einen Doktortitel, ohne promoviert zu haben.

Für Führungspersönlichkeiten kommt es darauf an, sich mit der eigenen Geschichte zu versöhnen, denn sie wissen: Nur wer mit sich selbst in Frieden lebt, kann mit anderen in Frieden leben.

3.3.6 Die Transzendentalität

Die Transzendentalität wurde früher unter Grenzhaftigkeit subsumiert. In der Transzendentalität geht es darum, redlich zu akzeptieren, dass es etwas gibt, das größer ist als man selbst. Ob das etwas Göttliches, die Menschheit, die Geschichte oder die Natur ist, ist hier eher gleichgültig. Es meint das, was den Menschen noch überschreitet. Der Frankfurter Psychologe Horst-Eberhard Richter hat in seinem Buch *Der Gotteskomplex* davon gesprochen, dass ein Mensch sich selbst vergottet, wenn er nicht etwas annimmt, das größer ist, als er selbst [2].

Führungspersönlichkeiten akzeptieren, dass es etwas gibt, das größer ist als sie selbst. Führungskräfte sehen sich eher selbst als das Größte, das es gibt.

Es gibt nur eine Sorte Menschen, die mit der Transzendentalität nicht fertig wird. Das ist der narzisstische Charakter, die prometheische Versuchung (es gibt nichts Größeres als mich). Dies spielt sicher fast in jedem Menschen von Zeit zu Zeit eine Rolle. Es bedeutet, sich selbst so groß zu machen, wie es eigentlich nur dem Göttlichen zukommt. Man könnte es als Muster einer narzisstischen Störung bezeichnen. Narzisstisch gestörte Menschen können als Führungskräfte im Topmanagement sehr häufig auftreten. Dazu gehören die klassischen Sanierer. Sie beziehen ihre Größe daraus, dass sie sich für gottähnlich halten. Dort ist zu erleben, dass sie ihre Transzendentalität nicht wahrnehmen, nichts über sich gelten lassen.

Erst in der Erkenntnis seiner eigenen Grenzen ist man in der Lage, seine eigene Größe wahrzunehmen und begegnet damit auch der Wahrnehmung, dass es etwas Größeres gibt als man selbst. Auch die „Götter in Weiß" unterliegen der Gefahr, dass sie sich selbst für grenzenlos halten und damit ihre Grenzen für weiter gedehnt halten als bei anderen. So gibt es nicht wenige Mediziner, die den Körper für eine Maschine halten, die reparaturfähig ist. Auch manche Zahnärzte sehen nur den kranken Zahn, nicht den kranken Menschen.

Wir sind offene und nicht in sich geschlossene Wesen. Diese Offenheit macht uns verwundbar. Gleichzeitig macht sie uns jedoch auch erfahrbar für etwas, das nicht wir selbst sind, sondern das größer ist als wir selbst.

Das wahrscheinlich größte Problem bei der Transzendentalität ist, dass man dem transzendentalen Auswurf einen falschen Namen gibt, weil man sich etwas Falsches darunter vorstellt. Die Theoretische Physik und die Theologie haben etwas gemeinsam: Wenn man anfängt, sich auch nur das Geringste vorzustellen, wird alles falsch. Schon das erste Gebot der 10 Gebote lautet: Du sollst Dir kein Bildnis machen. Das meint nicht nur ein geschnitztes oder gemaltes Bild, sondern auch das Bild im Kopf. Es bedeutet sicher auch, sich kein stabiles Bild zu machen.

Allein, dass wir erkennen, dass wir nur in einer Welt von Konstrukten leben, sagt uns, dass diese Konstrukte nur in unserem Kopf existieren, nur begrenzt mit der Realität identisch sind. Das verweist auf die Transzendentalität der Realität gegenüber unserem Erkenntnisvermögen. Die Transzendentalität überschreitet ständig unser Erkenntnisvermögen. Das ist Führungskräften nicht bewusst, Führungspersönlichkeiten schon.

Für Führungspersönlichkeiten bedeutet Führungsarbeit, sich von allen sechs Polen her zu definieren, nicht nur von einem einzigen Pol her. Man ist zwar mal dem einen oder anderen Pol näher, befindet sich aber letztlich in der Mitte.

3.4 Fazit

Im Rollenverständnis werden Rolle, Funktion und Person unterschieden.

Die Rolle wird durch Werte, Erwartungen, Interessen und Bedürfnisse festgelegt. Die Rolle wechselt je nach Lebenssituation, zum Beispiel Vater, Mutter, Chef, Freund, Freundin, Bruder, Schwester, Mitarbeiter oder Kollege. Die Rolle sollte zur jeweiligen Funktion passen.

Die Funktion wird festgelegt durch die Aufgabe oder Hierarchie. Sie entsteht durch das Organigramm.

Person bin ich durch Individualität, Sozialität, Welthaftigkeit, Grenzhaftigkeit, Geschichtlichkeit und Transzendentalität. Es kommt für den Führenden jetzt darauf an, wie das Verhältnis der sechs Faktoren zueinander ist, wodurch sich jemand als Person definiert. Diese Definition hat erste Einflüsse auf das Person-Sein als Chef. Jemand, der sich über seine Individualität definiert, führt anders, als jemand, der sich über seine Sozialität definiert und so weiter.

Individualität bedeutet, bei sich selbst sein können. In der Individualität ist allerdings auch der Narzissmus zu Hause. Führungskräfte pflegen aus ihrem Narzissmus heraus eher den Stolz, ihre Eitelkeit. Sie halten sich für den Nabel der

Welt. Arroganz ist ein typisches Merkmal von Führungskräften. Führungspersönlichkeiten pflegen die positiven Emotionen der Individualität wie das Bewahren ihrer Selbstachtung, sie wollen sich selbst verwirklichen, am kulturellen Leben teilhaben, sich bilden und einen gepflegten Körper haben.

Sozialität meint, sich von der Gesamtheit der Menschheit her zu definieren. Führungskräfte neigen dazu, im Pol Sozialität es allen recht machen zu wollen. Führungspersönlichkeiten ist klar, dass Führen von Mitarbeitern bedeutet, ein stabiles, belastbares soziales System zwischen Mitarbeiter und Führendem aufbauen zu können. Die Aufgabe für Führungspersönlichkeiten ist es, so miteinander zu interagieren, dass sich durch die Art des Miteinanderumgehens eigenes und fremdes Leben entfaltet. Führungskräfte sind eher nicht daran interessiert.

Grenzhaftigkeit meint, dass ein Mensch sich nicht nur von seinen Möglichkeiten, sondern auch von seinen Grenzen her definiert. Es geht um schicksalhaft vorgegebene Grenzen, selbst gewählte Grenzen und Herkunftsgrenzen. Die Grenzhaftigkeit ist ein guter Hinweis dafür, ob der Mensch gesund ist, also ein gutes Verhältnis zu seinen Grenzen hat. Führungskräfte wollen Grenzen zumeist nicht wahrhaben, sie trauen sich alles zu. Sie leben eher in dem Bewusstsein, ihre Grenzen sprengen zu können. Führungspersönlichkeiten kennen ihre Grenzen, akzeptieren sie und wollen ihre Grenzen weiten.

Welthaftigkeit meint, die innere Einstellung der Führungskraft oder der Führungspersönlichkeit zu ihrer Welt. Bin ich Herr, Diener oder Verwalter der Welt? Führungskräfte haben eher ein sehr verkürztes Verständnis von der Welthaftigkeit. Sie verbrauchen gern die Welt, indem sie ihre Ressourcen ungeachtet der Folgen verbrauchen. Führungspersönlichkeiten geht es hingegen im Pol Welthaftigkeit darum, in Ehrfurcht mit der „Mutter Erde“ umzugehen. Sie wollen sich in Welt geborgen fühlen.

Geschichtlichkeit bedeutet, dass unser Leben in hunderten von Geschichten abläuft, die je nach Zeit, Zustand oder Tagesereignissen anders interpretiert werden. Geschichte ist nichts Objektives. Führungskräfte meinen, man könne Teile der eigenen Geschichte aus dem Leben verbannen. Sie entwickeln Strategien, die ihnen helfen, mit all dem Unsinn, den sie in ihrem Leben angerichtet haben, nicht mehr konfrontiert zu werden. Führungspersönlichkeiten wissen, dass auch Dinge, Handlungen, Entscheidungen, die sich als nicht gut herausgestellt haben, zu ihnen gehören, einen Teil ihres Lebens ausmachen. Für Führungspersönlichkeiten kommt es darauf an, sich mit der eigenen Geschichte zu versöhnen, denn sie wissen: Nur wer mit sich selbst in Frieden lebt, kann mit anderen in Frieden leben.

In der Transzendentalität geht es darum, redlich zu akzeptieren, dass es etwas gibt, das größer ist als man selbst. Führungskräfte sehen sich eher selbst als das Größte, das es gibt. Führungspersönlichkeiten akzeptieren, dass es etwas gibt, das größer ist als sie selbst.

Literatur

Quellen

1. https://www.planet-wissen.de/kultur_medien/religion/geschichte_des_buddhismus/kernaussagen_buddhismus.jsp. Zugegriffen: 5. April 2015.
2. http://www.derwesten.de/kultur/der-seelenforscher-mit-dem-gotteskomplex-horst-eberhard-richter-gestorben-id6180087.html. Zugegriffen: 16. Mai 2015.

Weiterführende Literatur

3. Lay, Rupert. 1992. *Wie man sinnvoll miteinander umgeht*. Düsseldorf: Econ.
4. Richter, Horst-Eberhard. 2005. *Der Gotteskomplex*. Giessen: Edition Psychosozial.

Führung und Persönlichkeit 4

Persönlichkeit ist, was übrigbleibt, wenn man Ämter, Orden und Titel von einer Person abzieht.
Wolfgang Herbst, deutscher Schriftsteller

Abgesehen voll all den bisherigen Beispielen, an denen man den Unterschied zwischen einer Führungskraft und einer Führungspersönlichkeit erkennen kann, gilt es zu klären, was denn überhaupt eine Persönlichkeit ist, was sie ausmacht. Das ist notwendig, um den Unterscheid zwischen einer Führungskraft und einer Führungspersönlichkeit noch exakter bestimmen zu können. Erst wenn die entscheidenden Faktoren einer Persönlichkeit bestimmt wurden, können weitere Unterschiede ausgemacht werden.

Persönlichkeit entsteht bereits in den ersten zehn Lebensjahren. Zu späteren Zeitpunkten kann an der Entwicklung der Persönlichkeit weiter gearbeitet werden. Damit können Korrekturen durchaus auch nach dem 10. Lebensjahr vorgenommen werden.

4.1 Die Orientierung

Heute muss Oliver B. früher aufstehen als sonst. Er hat bereits um 7.30 Uhr eine Verabredung mit seinem Chef. Da Oliver noch eine halbe Stunde Fahrtzeit hat, stellte er gestern Abend seinen Wecker auf 5.45 Uhr. Normalerweise steht er um 7.00 Uhr auf. Aber er will heute noch in Ruhe frühstücken. Und da braucht man schon seine Zeit.

Als Oliver aufwacht und sich noch gemütlich reckt, geht ihm erst langsam auf, dass der Wecker noch gar nicht geklingelt hat. Er schreckt hoch, stößt seiner Frau in die Rippen: „Du, wie spät ist es denn?“ Elvira stöhnt verschlafen: „Wie bitte?“ Er ist ungehalten: „Wie spät es ist, will ich wissen!“ Sein Radiowecker zeigt vier

U. Posé, *Von der Führungskraft zur Führungspersönlichkeit*,
DOI 10.1007/978-3-658-10924-0_4

Nullen, die blinken. Stromausfall! Ausgerechnet heute! Oliver stolpert ins Bad. Er duscht schnell, trocknet sich ab, rasiert sich und greift anschließend zu seiner Zahnbürste und seiner Zahncreme. Und er sieht, wie jeden Morgen, jedoch heute mit langsam aufsteigendem Zorn, der sich zu kalter Wut entfaltet: Da hat schon wieder jemand die Zahnpastatube in der Mitte gedrückt. Wie oft schon hatte er darauf hingewiesen, man möge die Tube doch aufrollen? Nicht nur aus Gründen der Sparsamkeit, nein, auch aus Gründen der Ordnung.

In diesem Moment will sein Sohn Max, noch recht verschlafen und sieben Jahre alt ins Bad, um auf die Toilette zu gehen. Vater Oliver kommt Max gerade recht: „Warst du das etwa", pfeift er seinen Sohn an, während er ihm die Zahnpastatube unter die Nase hält: „Na sag schon, warst du das etwa wieder?"

Max erschrickt. Er ist noch müde und zu keiner Antwort fähig. Aber da sein Vater keine Ruhe gibt, und er nicht weiß, was er sagen soll, kann er nicht mehr auf die Toilette, weil er nicht mehr muss, und beginnt zu weinen.

Elvira hört ihren Sohn weinen und kommt ebenfalls ins Bad: „Also weißt du!". Sie schaut ihren Mann vorwurfsvoll an und nimmt ihren Sohn in den Arm: „Bei aller Liebe". Zu mehr kommt sie nicht. Oliver hält ihr nämlich nun die Zahnpastatube unter die Nase: „Na, wenn er es nicht war, dann kannst ja wohl nur du es gewesen sein." „Was?", fragt Elvira. „Na die Zahnpastatube. Irgendjemand – vielleicht ein Heinzelmännchen – drückt hier immer die Zahnpastatube in der Mitte, verdammt noch mal." Seine Frau wendet sich empört ab und nimmt ihren Sohn gleicht mit. Oliver in seiner Wut wirft hinter ihnen die Badezimmertür zu. Allerdings ein wenig zu heftig. Und so fliegt die Scheibe raus. Alle drehen sich um und schauen erschrocken auf die Scherben. Nach dem ersten Schock mault Oliver: „Das habt ihr jetzt davon!"

Blitzschnell macht er sich nun fertig, denn der Streit hat ihn Zeit gekostet. Er schlüpft in seine Kleider, rast zum Auto und ins Büro. Dort erwartet ihn schon seine Sekretärin: „Herr Huber hat angerufen. Er kommt eine Viertelstunde später". Oliver sinkt ermattet in seinen Sessel. Er ist leicht blass und atmet schwer. „Was haben Sie denn", fragt seine Mitarbeiterin: „Ist Ihnen nicht gut? Warten Sie, ich mach Ihnen einen Kaffee, dann geht's gleich besser." Frau Winterbutter geht hinaus. Oliver denkt nach. Es tut ihm leid. Schuldgefühle hat er. Er greift zum Telefon, ruft bei sich zu Hause an: „Du, Elvira …" Zu mehr kommt er nicht. Direkt nach dem Wort „Elvira" unterbricht ihn seine Frau mit einem „Jetzt will ich auch nicht" und legt auf.

Na, das kann ja heiter werden. Abends geht Oliver früher nach Hause. Er wird noch ein paar Blumen besorgen müssen. Und bei dem Stress, den er so in letzter Zeit hat, nimmt er sich vor, ein Konflikttraining zu besuchen. Sein Chef unterstützt das, zumal er mitbekommen hat, dass Oliver in den letzten Wochen schon recht gereizt war.

Im Konflikttraining lernt Oliver Ich-Botschaften zu senden, sich zu melden, wenn ihn etwas stört, und nicht erst lange alles in sich aufstauen zu lassen. Die Situation mit der Zahnpastatube gab ein schönes Rollenspiel her. Und Oliver hat mit all den Verhaltensempfehlungen und Regeln wieder alles im Griff. Zu Hause meldet er seine Bedürfnisse an: „Ich finde das nicht so toll, wenn die Tube in der Mitte gedrückt wird. Kannst du nicht mal einen Spender kaufen?“ Aber es geschieht nichts. Aber Oliver regt sich nicht mehr so auf. Brav meldet er von Zeit zu Zeit seine Wünsche an. Es geht gut, bis zu dem Morgen, als er verschläft, ins Bad kommt, die Zahnpastatube sieht und mit zusammengekniffenem Mund durch die Zähne zischt: „Es regt mich nicht mehr auf, es lässt mich völlig kalt“. Dabei quetscht er, ohne es selbst zu merken, die Tube in der Mitte. Plötzlich ist seine Beherrschung vorbei und er brüllt: „Wer, verdammt noch mal, war das?“ Und damit beginnt die Story von vorn [1].

Oliver hat desorientiert gehandelt. So wird er wohl kaum sein Problem in den Griff bekommen. Diese Desorientierung tritt dann auf, wenn ich etwas tue, mit dem ich im Nachhinein nicht einverstanden bin. Wenn ich des Öfteren erlebe, dass ich unzufrieden bin, weil ich meine Familie anbrülle, mit dem Auto auf der Autobahn zu dicht auffahre oder die Geschwindigkeit übertrete, wenn ich mit mir unzufrieden bin, weil ich mich in Dinge eingemischt habe, die mich nichts angehen, Ratschläge erteilt habe, von denen ich hinterher sage: „Was hast du denn da für einen Blödsinn verzapft?“, dann ist das genau die Desorientierung, die mich belastet und mir Kraft nimmt.

Sie ist immer dann vorhanden, wenn Menschen etwas anderes tun, als sie vor ihrem eigenen Anspruch an sich selbst hätten tun sollen. Es geht also um den Ärger, den ich mit mir, nicht mit anderen habe. Oliver kriegt diesen Ärger weder mit einem Verhaltenstraining noch mit einem Blumenstrauß in den Griff. Die Orientierung hat etwas mit der Entwicklung der Psyche eines Menschen zu tun. Schauen wir ihn uns gemeinsam einmal an. Schon Freud hat diesen Aufbau treffend beschrieben.

4.1.1 Die Entstehung der Psyche

Drei Begriffe spielen hier eine Rolle: 1) das Es, 2) das Ich und 3) das Über-Ich. Laut Freud und anderen Psychologen ist deren Aufbau folgendermaßen:

4.1.1.1 Das Es

Der Mensch kommt auf die Welt und besitzt nur eine dieser drei Instanzen, das Es. Dieses Es ist eine Art Kraftwerk der Psyche. Hier befinden sich alle Gefühle, die völlig ohne Willen und ohne Einsicht ablaufen. Hass, Wut, Neid, Zorn, überschwängliche Freude und Lust, jegliche unmotivierte Zuwendung oder Abwendung finden hier statt. Immer, wenn ich mich ungerecht behandelt fühle, speichere ich diese Erfahrung im Es ab. Alle Bedürfnisse, die ein Mensch so haben kann, existieren hier ohne Einsicht. Das bedeutet, der Mensch will zu Beginn seines Lebens von der Umwelt nur eines: „Tut alles, was mir Spaß macht, und vermeidet alles, was mir keinen Spaß macht." Sie können sich sicher vorstellen, wie willkürlich so ein Es handelt.

Mit dieser Einstellung kann man die ersten Lebensmonate seine Umwelt tyrannisieren, ohne negative Folgen. Aber je älter der Mensch wird, desto weniger Lust hat sein Umfeld, exakt diesen zwei Regeln zu folgen. Also muss jemand her, der uns verträglich macht mit der Umwelt. Und so wächst die zweite Instanz, der große, hilfreiche Bruder des Es heran, das Ich.

4.1.1.2 Das Ich

Das Ich legt sich wie ein Mantel um das Es. Das Ich will vermitteln. Es stellt jetzt eine Verbindung zur Umwelt her. Da das Ich im Dienste des Es steht, hilft das Ich dem Es, mit all den Frustrationserfahrungen umzugehen, die der Mensch im Laufe seines Lebens erlebt. Diese wunderbare Instanz macht nun die Lust und die Unlust für alle Beteiligten kalkulierbar. Und wenn das alles kalkulierbar wird, wird es auch beherrschbar. Damit ein Mensch mit seiner Umwelt klarkommt, ist es nämlich unbedingt erforderlich, dass ein Mensch mit seinen Wünschen, Lüsten, Frustrationen, seiner Unlust umgehen kann. Sonst ist er nicht zuverlässig. Wenn ein Mensch aus lauter Freude sagt: „Au ja, bei Ihnen arbeite ich gern. Ich fange morgen früh pünktlich um acht Uhr an." Und er hat am nächsten Tag keine Lust, weil es so schön warm im Bett ist und er noch ein wenig länger liegen bleiben möchte, dann wird er ohne sein Ich genau das tun. Und sein neuer Chef wird ihn gleich wieder rausschmeißen.

Die Kooperation zwischen Ich und Es ist also eine notwendige Voraussetzung, um die Wünsche des Es mit den Anforderungen der Umwelt zu koordinieren. Das Ich sagt immer, wo es langgeht. Es legt fest, welchen Wünschen des Es nachgegeben werden darf und welchen nicht.

Aber es können zwei in Frieden nicht leben, wenn es dem Nachbarn nicht gefällt. So sagt schon ein Sprichwort. Also kommt jetzt die dritte Instanz und schaut sich an, was die beiden da so treiben.

4.1.1.3 Das Über-Ich

Mit der Erziehung wächst im Menschen eine Instanz, die alles speichert, was „man" so darf und was nicht. Ob man dem Onkel das rechte Händchen geben muss oder einen Diener oder Knicks machen muss vor Autoritäten, wird hier abgespeichert. Und dieser Speicher ist sehr wirksam. Er passt genau auf, ob das, was wir denken oder tun, zu diesen Regeln des Speichers passt. Dieser Speicher ist unser konventionelles Gewissen. Hier kommen alle Angst- Schuld-, Scham- und Mindergefühle her. Hier werde ich innerlich belohnt und bestraft. Und das kann ganz schön Stress machen.

Wenn also das Es will, dass man dem blöden Typ neben sich das Glas Bier ins Gesicht schüttet, dann donnert das Über-Ich gleich von oben: „Schäm dich, Schmutz und Schande über dich und die deinen! Gib dem Typ als Entschuldigung einen aus!" Und nun soll das Ich entscheiden, was zu geschehen hat. Soll einer ausgegeben werden oder soll das Glas Bier dem anderen ins Gesicht geschüttet werden? Oder soll vielleicht etwas ganz anders geschehen? Das Ich entscheidet immer. Aber je nachdem, wie es entscheidet, folgen entweder Stress, Frust, Angst- oder Schuldgefühle oder aber die Entscheidung stellt mich zufrieden – und damit ist sie orientiert.

4.1.2 Die Ich-Stärke

Das Ich ist eine Strategie, Lust zu gewinnen in einer Umwelt, die Lust nicht ohne Weiteres gewährt. Ein Beispiel: Ein Kleinkind überlegt sich: Wie oft muss ich schreien, um Zuwendung zu bekommen? (Das tut es etwa ab der sechsten Lebenswoche.)

1. Stufe
Das Ich ist also eine strategische Instanz, die im Spannungsfeld zwischen Psyche und Umwelt die Lustoptimierung gewährleistet. Das ist der Anfang der Ich-Bildung.

Das Ich prägt sich immer weiter aus. So versuchen wir, unsere psychischen Bedürfnisse der Umwelt anzupassen, um zumindest Unlust zu vermeiden.

Das Ich erhält im Laufe der Zeit eine zweite Komponente, die aus der ersten hergeleitet ist.

2. Stufe
Das Ich hat beim Erwachsenen folgende Funktion: Mit der Reifung wird das Ich zu einem „Organ", das reflektiert. Das Ich hat über sich selbst reflektierend handlungsleitende Werte ausbildet, die im Regelfall den Kompromiss zwischen dem eigenen Lustbedürfnis und dem Unlustvermeidungsbedürfnis auf der einen Seite und der Umwelt auf der anderen Seite reflektiert.

3. Stufe

Das Ich versucht, sich zu emanzipieren von dem psychischen Streben nach Lust und Unlust auf der einen Seite und von der Umwelt auf der anderen Seite. Nach Freud versucht das Ich, die narzisstische Homöostase (die Selbstachtung) zu stabilisieren. Das ist bei einem reifen Ich die wichtigste Funktion. Selbstverwirklichung ist demnach also der Versuch, die narzisstische Homöostase zu stabilisieren. Danach entsteht laut Ericson das Bedürfnis, sich von anderen Menschen abzugrenzen.

Ich-Stärke meint nun, dass das Ich sich gegenüber dem Über-Ich, dem Es und der sozialen Umwelt ausbildet. Es wird nun geklärt, ob das Ich die stärkste Instanz bei den drei Faktoren ist, die unser Handeln bestimmen. Diese drei Faktoren sind:

- das Es, die Triebhaftigkeit, der Ehrgeiz;
- das Über-Ich, das moralische Gewissen, das Selbstideal;
- die soziale Umwelt, privat und beruflich.

Es geht darum, sich in diesem Feld so zu organisieren, dass die Selbstachtung stabil bleibt. Sobald das Ich diese drei Bereiche zu seinen Gunsten überwindet, sprechen wir von Ich-Stärke. Es ist eine der wichtigsten Aufgaben der Psychologie, das Ich sich in einer konkreten Umwelt realistisch organisieren zu lassen.

Umgangssprachlich mag man mit Ich-Stärke Durchsetzungsvermögen meinen, das ist es jedoch nicht! Wer sein Durchsetzungsvermögen als Kampfmaschine realisiert, seine Siegzwänge auslebt, lebt Es-Merkmale, nicht Ich-Stärke. Das kommt bei Führungskräften durchaus vor, bei Führungspersönlichkeiten nicht.

Ich-Stärke bedeutet also, sein Leben nicht primärprozesslich zu gestalten. Primärprozesslich bedeutet, vordergründigem Lustgewinn nachzugeben. Der Primärprozessler kann für den späteren höheren Lustgewinn vordergründige Bedürfnisse nicht hintanstellen.

Es geht um das Aufschieben von Bedürfnisbefriedigung, also die Fähigkeit, sekundärprozesslich zu handeln. Man verzichtet darauf, jetzt ein Bedürfnis zu befriedigen, weil man es später mit einem höheren Lustgewinn tun kann.

Führungskräfte können durchaus eher zu den Primärprozesslern gehören. Führungspersönlichkeiten gehören nicht dazu. Sie sind Sekundärprozessler.

4.1.3 Das Ich – der Koordinator für unser Verhalten

Das Ich interpretiert also, was aus Es oder Über-Ich als Einfluss geltend gemacht wird. Damit ist das Ich der Koordinator unseres Verhaltens. „Funktioniert" das Ich optimal, wird der Konflikt „befriedigend" gelöst. Koordiniert das Ich unzureichend, ist es also desorientiert, kommt es zu Handlungen, die entweder starke Individualkonflikte zur Folge haben, also sehr viel Angst-, Schuld-, Scham- und

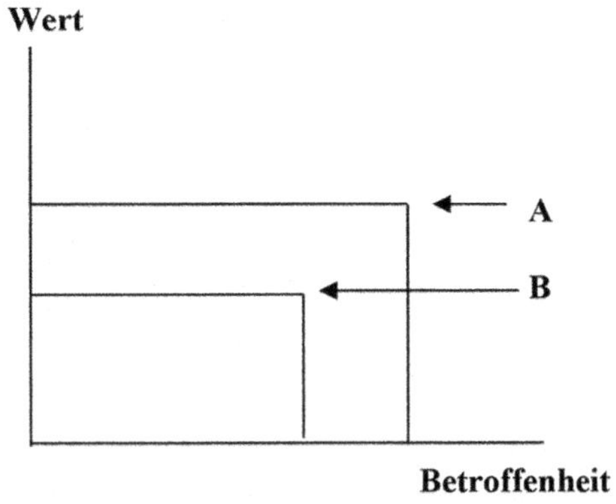

Abb. 4.1 Konfliktbetrachtung

Mindergefühle auslösen. Damit sind Depressivität und Aggressivität vorprogrammiert. Oder es kommt zu Stress in Beziehungen und damit zu destruktiven Sozialkonflikten. Das wiederum führt zu Hass, Wut, Neid, Zorn etc.

Ein Manager kann seine Orientierung also nur dadurch wieder herstellen, dass er solche Situationen analysiert.

4.1.4 Die Konfliktanalyse

Jedes Ereignis besitzt einen Wert, und jedes Ereignis löst in mir ein Gefühl, eine Betroffenheit aus. Diese Betroffenheit und dieser Wert sind jedoch nicht immer stabil. Je nach zeitlichem Abstand verändert sich die Betroffenheit. Dann folgen innere Überlegungen wie: „War es das wert?" Oder: „Es tut mir leid."

Gut – und damit orientiert – handelt ein Manager genau dann, wenn er auch im Nachhinein von seinen Handlungen sagen kann, dass sie richtig waren. Eine orientierte Führungspersönlichkeit muss sich selten entschuldigen, weil sie so handelt, dass sie sich nicht entschuldigen muss.

Um mit Konflikten umzugehen, gilt es, sie zu analysieren. Schauen wir uns das in Abb. 4.1 einmal an.

Punkt A bedeutet: So erlebte ich die Situation. So betroffen war ich in dem Moment, als es passierte. Und diesen Wert habe ich der Sache auch zu diesem Zeitpunkt gegeben. Als Oliver an diesem Morgen die Zahnpastatube sah, da konnte er nicht anders, er musste sich aufregen.

Punkt B bedeutet: So erlebt Oliver die Situation im Nachhinein. Es war alles nicht mehr so schlimm. Und nun schämt er sich, weil er an Punkt A reagiert hatte, obwohl er in der Nachbetrachtung meint, er hätte an Punkt B reagieren müssen.

Die große Frage ist nun: Wie komme ich von A zu B, und zwar schon in dem Moment, wenn etwas passiert? Man muss die Situation auf eine besondere Art

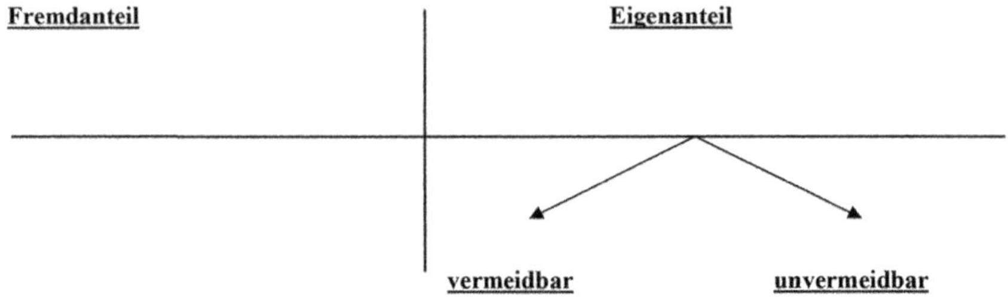

Abb. 4.2 Konfliktanalyse nach Prof. Dr. R. Lay

analysieren. Sie ist vergleichbar mit einem Menschen, der ein Hühnerauge hat. Tritt ihm jemand darauf, dann hat es keinen Zweck, Tabletten gegen den Schmerz einzunehmen, auch wenn dadurch der Schmerz betäubt wird. Es hat nur Sinn, dafür Sorge zu tragen, dass der andere von dem Fuß heruntergeht, um dann das Hühnerauge zu beseitigen. Stress lässt nicht wirklich nach, wenn ich Wirkungen bearbeite, sondern nur dann, wenn ich Ursachen für diesen Stress beseitige. Diese Ursachen für desorientiertes Handeln nennt man Neigungen.

Prof. Dr. R. Lay hat schon vor Jahren ein recht praktikables Analysemodell entwickelt (siehe Abb. 4.2):

Untersuchen wir einmal gemeinsam den Fall von Oliver:

- **Fremdanteil:** Wofür kann Oliver nichts? Er kann nichts für den Wecker, der nicht geklingelt hat. Er kann damit auch nichts für den Stromausfall. Ebenfalls nichts kann er für die in der Mitte gedrückte Zahnpastatube.
- **Eigenanteil:** Was hätte Oliver tun können, um keinen Ärger mit sich selbst zu bekommen? Nun er hätte im Büro anrufen können, dass er später kommt. Er hätte auch einen mechanischen Wecker zur Sicherheit nehmen können oder sich von der Telekom wecken lassen können, wenn er sicher gehen wollte, dass er pünktlich ist.
- **Vermeidbar:** Worauf muss Oliver in Zukunft achten? Er muss darauf achten, dass er seine Terminplanung noch sorgfältiger absichert. Dann muss er darauf achten, dass eventuell jeder in der Familie seine eigene Zahnpasta erhält. Er kann einen Spender kaufen oder Ähnliches.
- **Unvermeidbar:** Wozu neigt Oliver? Er neigt wahrscheinlich dazu, seinen Ärger an Schwächeren auszulassen. In seinem Fall an seinem Sohn und seiner Frau.

Und genau daran muss Oliver arbeiten. Wenn er nämlich diese Neigung nicht beseitigt, dann wird er immer wieder solche Fälle erleben.

Das Interessante ist, dass eine Neigung für ganz verschiedene Fälle verantwortlich ist. Wenn ich beispielsweise auf der Straße eine Brieftasche finde, nachschaue, ob Geld darin ist, dieses Geld herausnehme und behalte. Und wenn ich mich dann später zu Hause über mich selbst ärgere, weil ich eine Fundunterschlagung begangen habe, dann nützt es nichts, 500 € ans Rote Kreuz zu spenden, um mein Gewissen zu beruhigen. Es nützt auch nichts, wenn ich gegen Diebe und all dieses „Gesocks" noch mehr schimpfe als früher. Ich muss den Fall analysieren:

- **Fremdanteil:** Ich kann nichts dafür, dass die Brieftasche dort lag.
- **Eigenanteil:** Ich hätte wenigstens nachschauen können, ob eine Visitenkarte darin war.
- **Vermeidbar:** Ich sollte in Zukunft darauf achten, dass ich die Dinge, die mir nicht gehören, wieder denen zurückgebe, denen sie gehören. Dabei kann es sich auch um Bücher handeln, die langsam, allein durch die Zeit in meinen Besitz übergegangen sind, obwohl ich sie mir damals nur geliehen hatte. Dazu gehört auch die Bohrmaschine, die ich vom Nachbarn geliehen habe.
- **Unvermeidbar:** Vielleicht neige ich dazu, mich zu bereichern, wenn es unauffällig möglich ist. Und diese Neigung ist eventuell auch dafür verantwortlich, dass ich meine private Post mit Marken meines Unternehmens beklebe oder auf Geschäftskosten mit meiner Tante in Honolulu telefoniere.

Sie sehen, eine Neigung ruft verschiedene Stresssituationen hervor.

In Olivers Fall hat das Ich dem Es nachgegeben. Es gibt aber auch Fälle, in denen das Ich dem Über-Ich nachgibt und so Desorientierung erzeugt. Wenn mich zum Beispiel mein Chef ruft, ich in sein Büro gehe und mich zu wiederholten Mal ärgere, weil erst dort klar wird, worum es geht. Nun muss ich wieder zurück in mein Büro, um Akten oder sonstige Unterlagen zu holen. Es kann mich auch noch ärgern, dass ich all die Dinge, an denen ich gerade arbeite, einfach liegen lassen muss. Wenn ich mir fest vorgenommen habe, das meinem Chef endlich mal zu sagen, damit er damit aufhört, und ich sage auch beim nächsten Mal nichts, trete aber stattdessen anschließend vor Wut gegen meine Bürotür, dann wird es Zeit, diesen Fall zu analysieren:

- **Fremdanteil:** Für die Unarten meines Chefs kann ich nichts.
- **Eigenanteil:** Ich hätte zurückrufen und fragen können, was der Chef denn will. Ich hätte auch Fragen können, ob ich etwas mitbringen soll.
- **Vermeidbar:** Ich muss in Zukunft darauf achten, dass ich die Dinge, die mir wichtig sind, auch sage. Ich muss vielleicht sogar lernen, öfter nein zu sagen.
- **Unvermeidbar:** Ich neige dazu, vor Autoritäten zu kuschen. Es kann sein, dass diese Neigung auch für andere Desorientierungen verantwortlich ist. Zum Beispiel, wenn jemand ungerecht behandelt wird, ich aber meinen Mund dazu halte. Wenn ich allen Anweisungen folge, ohne mich zu fragen, ob das auch sinnvoll ist.

Sie sehen also, das Analysemodell schafft Klarheit. Verstehensklarheit. Und Verstehensklarheit hat schon immer zu Entscheidungsklarheit verholfen. Und wer hat schon keinen Spaß daran, so zu handeln, dass er auch hinterher sagen kann: „Das hast du vielleicht nicht optimal gemacht, aber es war richtig so."

Wer öfter seine persönlichen Konflikte analysiert, fördert seine Orientierung hin zu einer Führungspersönlichkeit. Wer es schafft, so zu handeln, dass er auch im Nachhinein mit seinem Handeln einverstanden sein kann, unterstützt seine Persönlichkeit, indem er noch glaubwürdiger, noch überzeugender handelt.

4.1.5 Fazit

Die psychische Entwicklung des Menschen lässt drei Instanzen wirksam werden. Zunächst entsteht das Es als Triebwerk der Psyche. Der Vermittler zwischen Es und Umwelt ist das Ich. Die dritte Instanz stellt das konventionelle Gewissen dar, das Über-Ich. Jedes Ereignis führt zu Auslösern, die die Ich-Stärke oder Ich-Schwäche eines Führenden aufzeigen.

Das Ich gibt dem Menschen einen Interpretationsrahmen, der aus dem Es und dem Über-Ich kommende Einflüsse interpretiert. Diese Interpretation führt zu Reaktionen.

Das Ich ist der Koordinator für das Verhalten! Wenn das Ich nicht zureichend koordiniert, kommt es zu: Desorientierung (falsch = unbefriedigend gehandelt). Diese Desorientierung führt zu destruktiven Individualkonflikten (und damit zu starken Emotionen wie Angst-, Schuld-, Scham- und Mindergefühlen. Daraus folgt Depressivität und Aggressivität) und zu destruktiven Sozialkonflikten (und damit starken Emotionen wie Hass, Neid, Wut, Zorn).

Jeder Konflikt hat einen Wert und eine Betroffenheit. Der Auslöser ist das Ereignis. „Funktioniert" das Ich optimal, wird der Konflikt „befriedigend" gelöst. Ist das Ich desorientiert, kommt es zu Lösungen, die Enttäuschungen, Frustration, destruktive Konflikte zur Folge haben, also unbefriedigend sind.

Um mit Konflikten umzugehen, gilt es, sie zu analysieren. Dazu ein Beispiel: Sie haben etwas gestresst beim Herausfahren aus einer Parklücke einen fremden Wagen touchiert. Es war niemand sonst auf dem Parkplatz, also sind Sie einfach losgefahren. Ab und zu erinnern Sie sich daran und haben ein schlechtes Gewissen. Den Sachverhalt sollten Sie jedoch nicht verdrängen, sondern verarbeiten. Das geschieht durch eine Analyse:

- **Fremdanteil:** (Wofür können Sie nichts?) Die Zeit war knapp, und der andere Wagen wurde sehr eng neben Ihrem Wagen geparkt.

- **Eigenanteil:** (Was hätten Sie tun können, um keine Schuldgefühle zu bekommen?) Sie hätten wenigstens Ihre Adresse unter den Scheibenwischer klemmen können.
- **Vermeidbar:** (Worauf müssen Sie in Zukunft achten?) In Zukunft muss ich beim Ausparken aufpassen. (Unachtsamkeit)
- **Unvermeidbar:** (Wozu neige ich?) Ich neige dazu, mich zu drücken, wenn es unauffällig möglich ist. (Verantwortungsscheu)

4.2 Die Integration

Integration befasst sich mit der Frage, ob es mir gelungen ist, all die Dinge, die zu mir gehören, auch in mein Verständnis von mir selbst zu integrieren. Persönlichkeiten leisten genau das. Führungskräfte negieren Eigenschaften, die durchaus zu ihnen gehören. Warum negieren sie diese Eigenschaften? Weil sie sie nicht wahrhaben wollen. Führungskräfte behindern sich selbst, indem sie diese Eigenschaften abspalten ins Uneigentliche, Unwichtige, Unpersönliche, Störende. Dazu gehören Dinge wie:

- Emotionalität,
- Ich-Realität,
- privates oder öffentliches Leben.

Das hat natürlich Folgen. Solche Folgen sind zum Beispiel:

- die Unfähigkeit, über Gefühle zu sprechen;
- die Zuwendung zu einer rationalen Scheinwelt;
- eine hohe Verwundbarkeit bei Kritik oder Misserfolg;
- Intoleranz;
- Eigenschaften, die man selbst hat, aber nicht anerkennt, werden bei dem Gesprächspartner vermutet und abgelehnt;
- es kommt zur Sinnkrise.

Mit sich identisch zu sein bedeutet, alle Teile seiner selbst auch in sein Selbstverständnis integriert zu haben. Integration meint hier, die Fähigkeit zu besitzen, mit sich selbst etwas anfangen zu können.

Das nicht Mit-sich-identisch-Sein vieler Führungskräfte rührt daher, dass sie die Person nicht kennen, die sie morgens im Spiegel sehen. Und damit gefährden sie ihr realistisches Selbstbild.

4.2.1 Drei Bereiche der Integration

Identisch zu sein heißt auch, zu wissen, wer man ist. Wer wissen will, wer er ist, sollte drei Bereiche seiner selbst zureichend sicher kennen: Zunächst einmal ist das das Ich-Ideal. Darin stecken all die Eigenschaften, die ich an mir gut finde, gleichgültig, ob ich sie auch tatsächlich besitze. Hier finden sich Eigenschaften, wie „Ich lüge nicht", „Ich bin ein freundlicher Zeitgenosse, ein guter Vater, ein guter Kollege" etc.

Neben dem Ich-Ideal gibt es aber noch die Ich-Realität. Hier stecken all die Eigenschaften, die ich tatsächlich besitze, unabhängig davon, ob sie mir nun gefallen oder nicht.

Letztlich kommt es darauf an, wie ich mich erlebe, welchen Ausschnitt von mir ich wahrnehme. So gibt es Menschen, die erleben nur ihr Ideal. Sie denken, sie seien tatsächlich so. Sie werfen sich jeden Morgen im Spiegel Kusshändchen zu. Dann gibt es Menschen, die erleben nur ihre Realität, vielleicht sogar außerhalb ihres Ideals. Sie halten sich für einen miesen Vogel.

4.2.1.1 Das Ich-Ideal

Beispiel zum Ich-Ideal (siehe Abb. 4.3)

Werner H. hat sich zu seinem 60. Geburtstag eine Eule als Steele schenken lassen. Die steht in seinem Garten. Er hatte seine Frau um dieses Geburtstaggeschenk gebeten, weil er jetzt, wie er sagt, ein weiser Mensch sei. Mit 65 war er Witwer. Er ging nun täglich zur Familie seiner Tochter und aß dort zu Mittag. Sein Haus ist recht groß. Er bewohnt rund 200 m^2. Das Haus besitzt eine Einliegerwohnung. Diese ist 80 m^2 groß. Dort wohnt seine Tochter mit ihren beiden Kindern, ihrem Mann und einem Hund. Werner hat erkannt, dass diese Wohnung doch ein wenig klein für eine vierköpfige Familie ist. Und so sagte er zu seinem Nachbarn: „Ich bin ein guter Mensch. Ich werde die Wohnsituation meiner Tochter und ihrer Familie ändern." Als der Nachbar mit der Tochter sprach, erzählte sie ihm von der „guten Tat" des Vaters: „Mein Vater hat von seinem Wohnzimmer etwa einen Meter abgetrennt. Die Handwerker haben die Wand durchbrochen. Es hat sehr viel Dreck gemacht. Wir hatten nur Ärger. Und nun haben wir eine Diele, die um einen Meter vergrößert wurde. Ja, ja, der Vater ist wirklich ein guter Mensch!"

So wirft sich Werner ob seiner guten Tat wohl täglich die schon erwähnten Kusshändchen im Spiegel zu, wenn er sich morgens rasiert. Auf die Idee, dass seine „guten Taten" auf Kritik stoßen könnten, kommt er nicht.

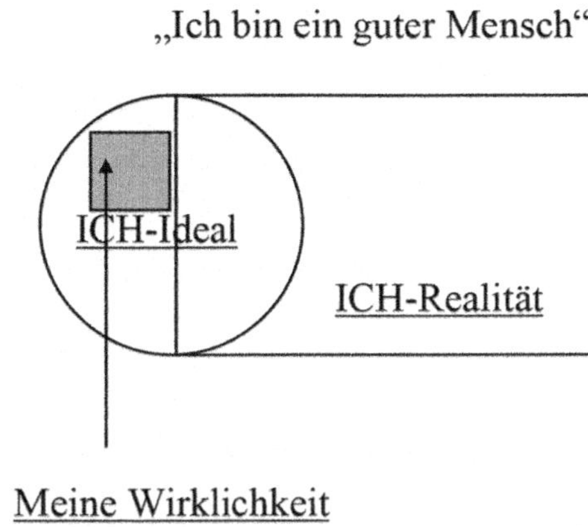

Abb. 4.3 Aufbau des Ich-Ideals

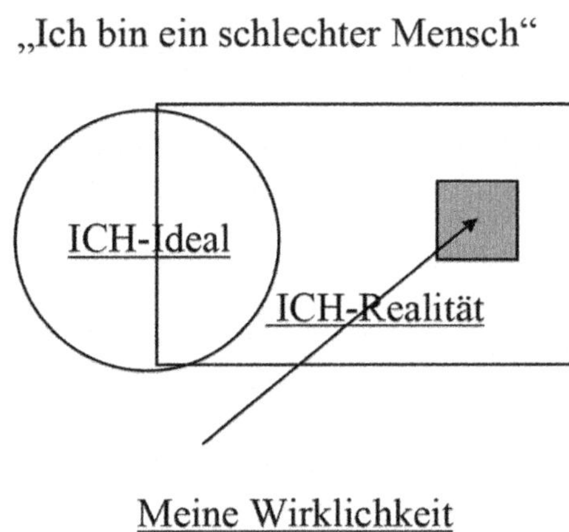

Abb. 4.4 Der Aufbau der Ich-Realität

4.2.1.2 Die Ich-Realität

Daneben gibt es aber auch die Wahrnehmung der Realität, die außerhalb des Ideals liegt. Manche Führungskräfte erleben nur ihre schlechten Eigenschaften. Ihre guten Eigenschaften nehmen sie nicht wahr, sie wollen sie nicht wahrhaben. Eine solche Führungskraft hält sich für einen miesen Zeitgenossen, mit dem nichts los ist und mit dem man nichts anfangen kann. Sie kann sich nicht vorstellen, dass irgendjemand sie leiden könnte (siehe Abb. 4.4).

4.2.1.3 Die Wahrnehmung der Ich-Wirklichkeit

Nun gibt es jedoch auch die mit sich identische Führungspersönlichkeit. Die mit sich identische Führungspersönlichkeit erlebt sich so, dass sie ihre Wahrnehmung

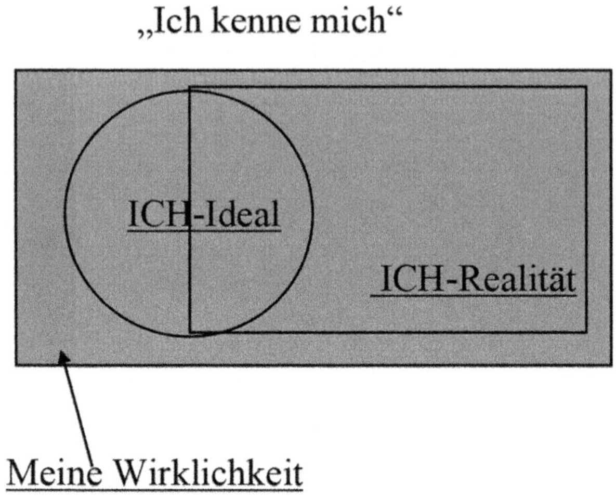

Abb. 4.5 Der Aufbau der Ich-Wirklichkeit

von sich selbst, also ihre Wirklichkeit so groß werden lässt, dass sie beide Bereiche (Ich-Ideal und Ich-Realität) erkennt (siehe Abb. 4.5)

4.2.2 Die Selbsterkenntnis

Wie kommt nun eine Führungspersönlichkeit zu ihrer Identität? Der beste, einfachste und schwerste Weg zugleich ist die Selbsterkenntnis. Schon das Orakel von Delphi hatte über dem Eingang in Stein gemeißelt stehen: *Gnothi seauton* – „Erkenne dich selbst". Die alten Griechen waren der Überzeugung, dass nur der Mensch, der sich selbst zureichend erkannt hat, mit anderen Menschen verantwortungsvoll umgehen kann. Nur ein Mensch, der weiß, wer er ist, ist nicht mehr auf der Suche nach sich selbst. Menschen, die noch auf der Suche nach sich selbst sind, suchen immer sich selbst im anderen Menschen. Damit fehlt ihnen die Bereitschaft, den anderen Menschen zu erkennen. Damit ist Selbsterkenntnis eine notwendige Voraussetzung für eine Führungspersönlichkeit und für die Fähigkeit, mit sich selbst identisch zu sein, denn ich sollte ja wissen, mit wem ich identisch sein will.

Selbsterkenntnis meint hier, verschiedene Bereiche zu ermitteln und anzunehmen (siehe Abb. 4.6).

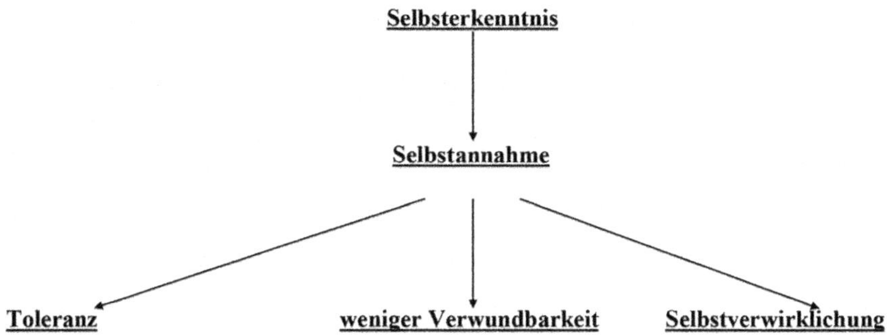

Abb. 4.6 Der Aufbau der Selbsterkenntnis

4.2.2.1 Die Folgen der Selbsterkenntnis

Das Schöne an der Selbsterkenntnis sind die Folgen. Wenn ich mich erkannt habe, kann ich mich so annehmen, wie ich tatsächlich bin, ich höre auf, mit einem Phantom zu leben. Habe ich mich selbst angenommen, dann wird meine Toleranz größer, ich werde weniger verwundbar bei Kritik oder Misserfolg, und ich kann alle Teile meiner selbst weiter entfalten, ich dynamisiere also meine Möglichkeiten. Und damit ist Selbstverwirklichung im besten Sinne möglich.

Ein Beispiel

Oliver hat eine Sekretärin, Elvira W., die er von seinem Vorgänger übernommen hat. Er geht freundlich mit ihr um, wie er meint, aber manchmal, da muss er doch etwas sagen. Wie neulich: „Frau W., so geht das nicht. Sie können nicht einfach später kommen, ohne das mit mir abgestimmt zu haben. Ich erwarte von Ihnen Pünktlichkeit. Wenn das noch einmal vorkommt, dann werde ich mit Ihnen ein ernsthaftes Kritikgespräch führen müssen. Das ist diese Woche schon das zweite Mal. Also, merken Sie sich das!“ Oliver war stolz auf sich. Denn eigentlich hätte er losbrüllen mögen. Aber dazu ist es zum Glück nicht gekommen. Seine Mitarbeiterin läuft langsam rot an, schnappt nach Luft und dann meint sie: „Ich habe Gleitzeit. Und da kann ich bis 9.15 Uhr kommen, wann es mir gefällt. Da habe ich gar nichts mit Ihnen abzustimmen. Außerdem war ja Frau M. hier. Und erst in der letzten Woche noch habe ich Ihnen gesagt, dass ich die Gleitzeit voll ausnutzen muss, weil mein Sohn krank ist und mein Schwiegermutter erst gegen 8.45 Uhr bei uns sein kann.“ Ach ja, das hatte Oliver vergessen. Stimmt. Ja. „Na ja“, meinte Oliver: „Ist ja schon gut. Sie brauchen deswegen hier nicht so rumzuposaunen, ja!“ Oliver war sauer. Also beim nächsten Mal würde er ihr ordentlich einen reinwürgen. Ein Glück, dass er so versöhnlich war.

Aber Frau W. sah das ganz anders. Sie hielt Oliver für einen schlechten Chef. Immer hatte er etwas zu meckern. Auch andere Mitarbeiter von Oliver waren mit ihm nicht so einverstanden, wie Oliver meinte. Aber wenn ihm jemand mal einen zarten Hinweis gab: „Oliver, deine Leute haben Probleme mit dir", dann blockte er und erwiderte: „Ach, die sollen mal vor ihrer eigenen Tür kehren. Ich weiß schon, was ich tue". Aber so richtig zufrieden war Oliver dabei auch nicht.

Selbsterkenntnis mit einem guten Feedback durch andere hätte ihm da sicher geholfen. Aber diese Selbsterkenntnis wird behindert. Manche Führungskräfte wollen einfach nicht wissen, wer sie sind. Und andere wiederum haben Angst davor, in sich zu gehen, weil sie fürchten, sie treffen dort niemanden an.

Wer seine Emotionen, seine Realität, sein privates oder berufliches Leben aus seinem Leben entfernt, also nicht wahrhaben will, der programmiert seine zukünftige Desintegration vor. Er lebt nicht mit sich identisch. Führungskräfte, die unfähig sind, über sich, über ihre Gefühle zu reden, die sich in einer Welt einrichten, von der sie meinen, sie sei total rational, entwickeln eine große Verwundbarkeit. Hier beginnt der Weg weg von sich selbst. Diese Führungskräfte leiden besonders hart bei Kritik oder Misserfolg. Jede kleine Korrektur ihrer Arbeit nehmen sie persönlich, fühlen sich angegriffen und bekommen fast Magengeschwüre.

Mangelnde Selbsterkenntnis führt außerdem zu Intoleranz. Desintegration entsteht dann dadurch, dass ich Eigenschaften, die ich selbst zwar habe, aber an mir nicht wahrhaben will, anderen Menschen zuordne. Ich lehne dann bestimmte Menschen ab, weil ich denke, dass sie solche Eigenschaften haben. Das Problem ist aber, dass ich gar nicht mehr prüfe, ob der andere tatsächlich diese Eigenschaften hat. Das Ende vom Lied ist eine Sinnkrise. Und die führt bekanntermaßen zu der Wahrnehmung: „Ich bin nicht mehr eins, identisch mit mir."

4.2.3 Woran ist eine misslungene Integration zu erkennen?

Ein wichtiges Feld für Führungspersönlichkeiten ist sicher die Verzahnung von Berufs- und Privatleben. Der Satz: „Ich kann Berufs- und Privatleben sehr gut voneinander trennen. Wenn ich die Bürotür zumache, dann lasse ich alles hinter mir", stammt von Führungskräften und ist eher gefährlich. Auch Sätze wie: „Mein wahres Leben findet nur privat statt. Da bin ich ein ganz anderer", zeugen von vorprogrammierter Desintegration einer Führungskraft. Sie werden sich sicher fragen, wieso?

Bestimmt kennen Sie die Werbung, in der eine Hausfrau gefragt wird, was sie denn so mache. Nach kurzer Überlegung meint sie: „Ich führe ein kleines Familienunternehmen." Es folgt ein anerkennender Blick des Fragestellers. Wie wäre wohl der Blick ausgefallen, wenn sie gesagt hätte: „Ich bin Hausfrau." Eine Werbung, die auf charmante Art entlarvt, woran wir kranken: Es fehlt in unserer Gesellschaft an der gleichberechtigten Anerkennung von erwerbstätiger und nichterwerbstätiger Arbeit. Daraus folgt eine Unfähigkeit, mit der Verträglichkeit von Familienleben und Berufsleben umgehen. Der Hauptfehler scheint mir dabei zu sein, dass wir hier eine Konkurrenz sehen, die zugunsten des Berufslebens ausgeht. Für die Anerkennung ist das Privatleben offensichtlich eher ungeeignet. Dabei sollte beides eine Symbiose sein; nicht nur ethisch, sondern auch gesellschaftlich, soziologisch und psychologisch.

Das Bedürfnis, in beiden Welten seine Persönlichkeit entfalten zu können, ist durchaus bei vielen Menschen vorhanden. Wir sollten aber nicht vergessen, dass Erfolg, Leistung und Anerkennung, die wir außerhalb des Beruflichen finden, immer noch nicht die gleiche Akzeptanz wie im Beruf haben.

Leider hat sich unsere Kultur dazu entschieden, stolz darauf zu sein, wenn es gelingt, Privat- und Berufsleben strikt voneinander zu trennen. Über die Folgen für das „Seelenheil" wird viel zu wenig nachgedacht, denn es gelingt wohl selten, einen Lebensbereich geordnet und den anderen Lebensbereich ungeordnet zu leben. Beides, Berufs- und Privatleben, sollte Leben spenden. Wer im Beruf sozial und psychisch verkümmert, der tut dies auch irgendwann im Privaten.

Die Überzeugung, die strikte Trennung von Berufs- und Privatleben sei gesellschaftlich richtig, ist für mich sicher auch eine Ursache für die fehlende Selbstverständlichkeit der Gleichberechtigung von beidem. Es fehlt an der Akzeptanz, dass Menschen in beiden Lebensbereichen ihre Anerkennung suchen, sich emotional und sozial entfalten wollen. Eine Flucht in eine schöne Privatwelt ist eine Flucht, die zumeist misslingt. Menschen, die mit ihrem Beruf nichts anfangen können, können wahrscheinlich auch mit ihrem Privatleben nichts Rechtes anfangen. Für mich steht fest, dass derjenige, der sich im Beruf nicht ausreichend sozial und emotional entfalten kann, dies außerhalb des Berufs nicht wird nachholen können.

Das für mich Tragische ist, dass es bei dieser Konkurrenz dazu kommt, dass die Werte der Kindwelt in der Welt der Erwachsenen auf der Strecke bleiben. In der Welt der Erwachsenen spielen die Werte Erfolg, Reichtum, Macht und Leistung die größte Rolle. In der Welt der Kinder sind es Dankbarkeit, Wohlwollen, Verzeihen können und Im-Kleinen-glücklich-sein. Diese Werte in die Welt der Erwachsenen hinüberzuretten, scheint mir eine der wichtigsten Aufgaben unserer Kultur zu sein, um menschliches Überleben zu sichern. Denn die Alternative wäre ja, dass der Mensch, der nicht leistet, misserfolgreich, arm und ohnmächtig ist, nichts mehr wert wäre.

Erst wenn diese Gleichberechtigung von erwerbstätiger und nichterwerbstätiger Arbeit unser Bewusstsein erreicht, werden wir mit der Verträglichkeit von Berufs- und Privatleben leichter umgehen können. Solange die berufliche Anerkennung jedoch einen gesellschaftlich höheren Stellenwert genießt als die nichterwerbstätige Arbeit, werden daraus entstehende Sehnsüchte nach Anerkennung kaum eine sinnvolle Befriedigung erfahren.

Woran erkenne ich nun, dass mein Privatleben mit meinem Berufsleben konkurriert? Solche Merkmale sind für mich zunächst einmal die Unfähigkeit, über seine Gefühle sprechen zu können. Nicht wenige Menschen meinen, Professionalität zeichne sich durch Gefühlskälte aus. „Wir wollen doch professionell sein", bedeutet oft: „Lass die Gefühle komplett weg!" So ist es nicht verwunderlich, dass immer mehr Managerinnen und Manager unter der Krankheit Alexithymie leiden. Das Wort stammt aus dem Griechischen, und meint „Stummheit der Seele". Ich kenne nicht wenige Menschen, die sich mittlerweile nur noch von einem traurigen Film im Fernsehen anrühren lassen, das Leben rührt sie nicht mehr.

Ein weiteres Merkmal ist der Gedanke, man könne seine Persönlichkeit nur in seinem Privatleben entfalten oder nur der Mensch, der etwas leistet, ist wertvoll. Auch gibt es Menschen, die außerhalb ihres Berufs nur noch Langeweile empfinden. Sie machen nicht mehr ausreichend Urlaub und können von ihren Sorgen nicht mehr abschalten. Oder das Gegenteil ist der Fall und Arbeit ist ihnen lästig.

All das sind Merkmale, die auf die Konkurrenz zwischen Berufs- und Privatleben hinweisen. Auf der Strecke bleibt der Mensch. Er wird auf seine Funktion reduziert.

Ich meine, nur wenn es gelingt, Berufs- und Privatleben miteinander in Einklang zu bringen, den Sinn des Lebens nicht nur auf den beruflichen Erfolg zu reduzieren, sich für Menschen und nicht nur für Funktionen zu interessieren, entgehen wir der Konkurrenz. Vor allen Dingen sollte man den beruflichen Erfolg nicht zur Messlatte des menschlichen Wertes machen.

Wie will man identisch mit sich leben, wenn das Privatleben in geordneten Bahnen verläuft, das Berufsleben jedoch nicht, oder umgekehrt? Ein Berufsleben soll mir auch Bereicherungen bieten, nicht nur mein Privatleben. Wenn ich das Gefühl habe, in meinem Berufsleben zu verkümmern, dann tue ich das irgendwann auch privat. Wer meint, er könne in eine wunderbare Privatwelt nach seinem Arbeitstag fliehen, der versucht eine Flucht, die in aller Regel misslingt. Denn wenn ich mit meinem Berufsleben nicht klarkomme, dann geschieht das auch irgendwann mit meinem Privatleben. Erst wenn es mir gelingt, mein Privat- und Berufsleben in ein gemeinsames Lebenskonzept zu bringen, werde ich auch eine Person. Vornehmlich die Menschen, die in ihr Privatleben vor dem schrecklichen Berufsleben fliehen, werden zum sozialen Krüppel.

All das sind Merkmale, die auf die Konkurrenz zwischen Berufs- und Privatleben hinweisen. Auf der Strecke bleibt der Mensch. Die Führungskraft reduziert sich selbst auf eine Rolle ihres Lebens, und das ist die, in der sie zu funktionieren hat.

Bei der Vereinbarkeit von Berufs- und Privatleben scheint der Hauptfehler zu sein, dass Führungskräfte hier eine Konkurrenz sehen. Es ist sicher so, dass Leistung und Anerkennung immer in einer Spannung stehen. Nicht nur Psychologen, auch Philosophen und Soziologen betrachten die Verträglichkeit von beruflicher und privater Welt mit kritischen Augen. Zu unterschiedlich sind diese beiden Welten, sagen sie. Tatsächlich haben Erfolg, Leistung und Anerkennung, die wir außerhalb des Beruflichen finden, nicht die gleiche Qualität wie Erfolg, Leistung und Anerkennung im Beruf. Für nicht wenige Führungskräfte fühlen sich Beruf und Privates, Job und Familie, wie ein Gegensatz an. Für Führungspersönlichkeiten ist es eine Symbiose – nicht nur gesellschaftlich, sondern auch im eigenen Leben. Die Verträglichkeit von Berufs- und Privatleben ist Bestandteil einer ausgewogenen Führungspersönlichkeit. Ihnen ist es wichtig, Beruf und Privates in ein gemeinsames Lebenskonzept zu fassen.

Führungskräften fehlt es an der Selbstverständlichkeit der Verbindung von beidem. Dabei ist der Beruf ein Ort des emotionalen und sozialen Entfaltens. Wenn Führungskräfte Arbeit und Leben nicht in Einklang bringen, fördern sie Angst, Aggression und Niedergeschlagenheit.

Führungspersönlichkeiten gelingt es, Berufs- und Privatleben miteinander in Einklang zu bringen, den Sinn des Lebens nicht nur auf den beruflichen Erfolg zu reduzieren, sich für Menschen und nicht nur für Funktionen zu interessieren. Damit entgehen sie dieser fatalen Spaltung. Vor allen Dingen machen Führungspersönlichkeiten den beruflichen Erfolg nicht zur Messlatte des menschlichen Wertes.

Was können wir tun, um die fatale Konkurrenz zwischen Beruf und Privatleben zu vermeiden? Wir können uns helfen, indem wir wieder gezielt über das sprechen, was uns bewegt und wie es uns bewegt. Wir müssen wieder gezielt über Emotionen und das sinnvolle Umgehen mit den eigenen und den fremden Gefühlen im Miteinander sprechen. Die daraus entstehenden Rückmeldungen unterstützen unsere Selbsterkenntnis, die wiederum die Voraussetzung dafür ist, Lebenslügen zu entgehen.

Für Führungspersönlichkeiten ist die Grundlage jeder gekonnten Interaktion die Fähigkeit, sich selbst problemlos mitzuteilen und sich angstfrei und unverstellt darstellen zu können. Das erfordert Mut. Dieser Mut zur Selbstdarstellung ist eine notwendige Voraussetzung für das Gelingen von Gesprächen. Deswegen ist es notwendig, zu anderen Menschen jederzeit so zu sprechen, wie diese mit uns sprechen können, ohne die Beziehung zu gefährden. Für Führungskräfte gibt es diese Gleichwertigkeit nicht. Ohne diese Gleichwertigkeit beider Gesprächspartner aber und das Gleichgewicht zwischen ihnen entstehen Beziehungsstörungen, die sich in Disbalancen äußern: Entweder durch eine Herabsetzung des Gesprächspartners, indem er lächerlich gemacht wird, er nicht ernst genommen wird, von der Führungskraft ständig Gebote und Verbote erlassen werden, dem Mitarbeiter Abneigung gezeigt wird oder gar gedemütigt wird. Andererseits geschieht dies durch Bevormundung, also indem die Führungskraft Anweisungen erteilt, Menschen permanent kontrolliert und mit Besserwisserei glänzt.

Das hat für die Führungskräfte natürlich Folgen, die nicht bedacht werden. Die Folgen sind, dass persönliche Differenzen sachlich und sachliche Differenzen persönlich ausgetragen werden. Am Ende wird jeder sachliche Widerspruch als persönlicher Angriff gewertet, und dementsprechend fällt wiederum die Reaktion des Gegenübers aus. Dagegen wehren sich Führungspersönlichkeiten. Das ist jedoch nicht einfach, es erfordert den schon vorhin angesprochenen Mut. Führungskräften scheint dieser Mut zu fehlen. Wer Angst vor unverstellter Selbstdarstellung hat, der greift meist zu Imponiergehabe und Fassadentechnik.

Das Imponiergehabe von Führungskräften erkenne ich daran, dass sie ständig Eindruck schinden müssen, ihr Wissen heraushängen lassen, ständig balzen und kokettieren. Die Fassadentechniker unter den Führungskräften hingegen zeigen nie Gefühle, legen professionelles Gehabe an den Tag, zeigen eine kalte Sachlichkeit und sind letztlich freundlich, ohne dabei herzlich zu sein.

Es ist schade, dass Führungskräfte sich selbst und andere auf das bloße Funktionieren reduzieren. Ein sinnvoll geführtes Leben, eine sinnvolle Symbiose von Berufs- und Privatleben wird so unmöglich. Es ist ein tragischer Fehler, das Selbstwertgefühl nur aus dem beruflichen Erfolg zu beziehen. Denn wegen ihrer Leistungen werden Führungskräfte kaum geliebt, vielleicht geachtet, wenn es gut geht, beneidet. Wenn meine Leistung, symbolisiert meist durch das, was ich an Besitz angehäuft habe, das Einzige ist, das mir Befriedigung gibt, dann bin ich ein ziemlich armer Tropf. Wenn ich all das verliere, dann habe ich mich selbst verloren. Das ist der wirkliche Grund, weswegen nicht wenige Führungskräfte große Angst davor haben, ihren Besitz zu verlieren. Sie merken dabei kaum, dass ihr Besitz anfängt, sie zu besitzen.

Führungspersönlichkeiten begreifen, dass berufliche Anerkennung eine andere Qualität besitzt als die private Anerkennung. Außerdem streben sie danach, den Mitarbeitern im Unternehmen Voraussetzungen zu bieten, die eine Vereinbarkeit und Verträglichkeit von Berufs- und Privatleben gewährleisten. Das nämlich ist die Voraussetzung dafür, dass wir die vielen Rollen unseres Lebens auch wahrnehmen können. Reduzieren wir uns nur auf eine einzige Rolle, dann kann diese Rolle letzten Endes nur eine Maske sein.

4.2.4 Überprüfung der Integration

Prüfen Sie mit dem folgenden Test einmal selbst, inwieweit Sie mit sich identisch sind.

Test

	Ja	Nein
1. Ist nur die Freizeit der Entfaltungsraum meiner Persönlichkeit?		
2. Stehen mein Familienleben und mein Berufsleben miteinander auf Kriegsfuß?		
3. Ist die Arbeit für mich ein Zufluchtsort, an dem ich Schwierigkeiten meines Privatlebens vergessen kann?		
4. Ist der Sinn meiner Arbeit die Arbeit selbst („Ich arbeite, um zu arbeiten" oder: „Ich arbeite nur für andere")?		
5. Sind beruflich erfolgreiche Menschen wertvoller als andere?		
6. Kann ich nicht mehr richtig spielen?		
7. Bin ich sehr ungern mit mir allein?		
8. Langweile ich mich in meinem Privatleben?		
9. Finde ich Träumen und Fantasieren unnütz?		
10. Kann ich von meinen beruflichen Sorgen kaum noch abschalten?		
11. Kann ich von meinen privaten Sorgen nicht abschalten?		
12. Bin ich gern dazu bereit, auf Urlaub zu verzichten?		
13. Liegt mein letzter Urlaub mehr als 2 Jahre zurück?		
14. Ist mir Arbeit meistens lästig?		
15. Ist der Sinn des Lebens in erster Linie Arbeit, Leistung und Erfolg?		
16. Kann ich nicht über meine Gefühle reden?		
17. Ertrage ich Kritik sehr schlecht?		
18. Halte ich mich für eher intolerant?		

Auswertung

Wie oft haben Sie mit Ja geantwortet?

0–3: Sie haben ein ausgewogenes Verhältnis zwischen ihrem Berufs- und Privatleben. Sie sind kaum identitätsgefährdet.

4–6: Sie sind identitätsgefährdet. Ihre Belastung bewegt sich am Rande von Aggressionen, Ängsten und auch Niedergeschlagenheit. Sie fahren manchmal zu sehr aus der Haut oder machen zu oft eine Faust in der Tasche.

7–10: Sie sind sehr gefährdet. Ihr Belastungskonto ist zu hoch. Sie müssen unbedingt etwas gegen diese enorme Belastung tun.
11–18: Oje, oje. Es steht zu vermuten, dass Sie dieses Buch nicht weiterlesen werden!

4.2.5 Gelungene Integration von Berufs- und Privatleben

Ein paar Hinweise können sicher helfen, herauszufinden, inwieweit die Integration von Berufs- und Privatleben gelungen ist. Mit sich identisch ist also eine Führungspersönlichkeit, die zu folgenden Aussagen ja sagen kann:

- Mir gelingt es, Beruf und Privatleben miteinander in Einklang zu bringen.
- Nicht nur meine Freizeit ist der Entfaltungsraum meiner Persönlichkeit.
- Nicht nur wer leistet, ist wertvoll.
- Der alleinige Sinn des Lebens ist es nicht, erfolgreich zu sein, zu leisten.
- Ich kann von Sorgen gut abschalten.
- Ich mache regelmäßig ausreichend Urlaub.
- Ich kann gut auch mal mit mir allein sein.
- Ich spiele gern Gesellschaftsspiele.
- Außerhalb meines Berufs gibt es keine Langeweile.
- Job-Mentalität ist mir eher fremd.
- Mich interessieren die Menschen, nicht nur Funktionen.
- Ich kann über meine Gefühle gut sprechen.
- Ich ertrage Kritik gut.
- Andere Menschen halten mich eher für tolerant.
- Ich rede mit anderen Menschen stets so, wie diese zu mir sprechen können, ohne dass unsere Beziehung gefährdet wird.
- Ich empfinde keine Langeweile außerhalb meines Berufs.
- Arbeit ist mir nicht lästig.
- Ich habe den Sinn meines Lebens nicht nur auf Arbeit, Erfolg und Leistung hin orientiert.
- Der berufliche Erfolg ist für mich nicht die Messlatte des menschlichen Wertes.

Nicht wenige Führungskräfte verweigern die Integration ihrer tatsächlichen persönlichen Eigenschaften oder eventuell auch ihrer Eigenheiten. Das ist leicht an den Beziehungsstörungen zu erkennen, die sie produzieren.

In einer Übersicht sehen Sie hier die bereits erwähnten Beziehungsstörungen:

Herabsetzung	Bevormundung
Ich mache jemanden lächerlich	Ich erteile Anweisungen
Ich nehme jemanden nicht ernst	Ich erlasse Vorschriften, Gebote und Verbote
Ich zeige meine Abneigung	Ich kontrolliere permanent
Ich demütige jemanden	
Ich weiß alles besser	

Die Folgen eines solchen Verhaltens sind – wie gesagt –, dass persönliche Differenzen sachlich ausgetragen werden, während sachliche Differenzen persönlich ausgetragen werden. Jeder sachliche Widerspruch wird als persönlicher Angriff empfunden und es folgt natürlich eine entsprechende Reaktion. Die Angst der Führungskraft, sich anderen Menschen gegenüber zu öffnen, löst dann bei nicht wenigen Managern Imponiergehabe und Fassadentechnik aus. Auch hier eine Übersicht über das bereits erwähnte Imponiergehabe und die schon angesprochene Fassadentechnik:

Imponiergehabe	Fassadentechnik
Ich will Eindruck schinden	Ich zeige keine Gefühle
Ich lasse mein Bildungswissen heraushängen	Ich zeige professionelles Gehabe
Ich balze und buhle permanent	Ich bin freundlich, aber nicht herzlich
Ich kokettiere überflüssigerweise	Ich zeige kalte Sachlichkeit
Motto	
„Ich bin beleidigt, aber ich lächle andere freundlich an"	
„Ich verstehe nichts von der Sache, aber ich gebe meine Kommentare dazu ab"	
„Ich fürchte mich, bin beunruhigt, aber ich mime eiserne Ruhe"	

4.2.6 Maßnahmen zur Förderung der Integration

Für Ihre Entwicklung hin zur Führungspersönlichkeit können Sie im Rahmen Ihrer Integration für sich folgende Dinge tun:

- Sprechen Sie zu anderen Menschen immer nur so, wie diese Menschen zu Ihnen sprechen können, ohne dass es zu Konflikten kommt.

- Stellen Sie sich anderen Menschen gegenüber so dar, wie sie sich auch selbst erleben.
- Verzichten Sie auf Imponiergehabe und auf Fassadentechnik.
- Machen Sie andere Menschen niemals lächerlich.
- Nehmen Sie andere Menschen ernst.
- Demütigen Sie andere nicht und zeigen Sie keine Abneigungen.
- Verzichten Sie darauf, permanent Anweisungen zu erteilen.
- Verzichten Sie darauf, einen Gebots- und Verbotskatalog zu erstellen, der für jeden verpflichtend ist.
- Hören Sie auf, andere Menschen permanent kontrollieren zu wollen.
- Verzichten Sie darauf, mit Ihrem Wissen vor anderen glänzen zu wollen.
- Hören Sie auf, Eindruck schinden zu müssen.
- Zeigen Sie Gefühle.
- Verzichten Sie auf professionelles Gehabe nach dem Motto: „Cool sein, alles im Griff haben…".
- Seien Sie herzlich und nicht nur freundlich.
- Verzichten Sie auf kalte Sachlichkeit.
- Legen Sie jegliches Aber-Verhalten ab.

4.2.7 Fazit

Integration bedeutet, all die Eigenschaften, die tatsächlich zu einem gehören, in sein Selbstverständnis aufzunehmen. Dazu gehören die Ich-Eigenschaften (Abgleich von Ich-Realität mit Ich-Ideal), die Gefühle, das Berufs- und das Privatleben. Es bedeutet außerdem, auf Herabsetzung und Bevormundung anderer zu verzichten sowie Imponiergehabe und Fassadentechnik zu vermeiden.

Wer sein Identisch-sein fördern möchte, kann sich gut helfen:

- Sprich mit anderen über dich und deine Gefühle.
- Hol dir Feedback, ohne es korrigieren zu wollen. Kommentiere es nicht, nimm es an! Es geht nicht darum, ob die anderen recht haben, sondern nur um die Erkenntnis, wie du von anderen wahrgenommen wirst.
- Frag dein soziales Umfeld, ob es die gleichen Eigenschaften an dir wahrnimmt, wie du selbst!

Die Kernregel lautet: „Sprich zu anderen Menschen jederzeit so, wie diese zu dir sprechen können, ohne die Beziehung zu gefährden."

4.3 Die Zentrierung

4.3.1 Die Entstehung der inneren Gelassenheit

Ein zentrierter Mensch hat das Gefühl, aus einer ruhenden Mitte heraus zu handeln. Er erlebt kaum Konflikte zwischen dem, was er bewusst will, und dem, was er unbewusst will.

Die Zentrierung eines Menschen entsteht überwiegend in den ersten zehn Lebensjahren. Im ersten Lebensjahr wird die Frage beantwortet, ob ich mir selbst und anderen Menschen vertrauen kann. Im zweiten und dritten Lebensjahr beantworte ich mir die Frage, wer ich bin. Im vierten und fünften Lebensjahr will ich herausfinden, was ich kann, und zwischen dem sechsten und zehnten Lebensjahr beantworte ich mir die Frage, was ich wert bin.

Der Mensch durchläuft von seiner Geburt an vier Phasen, die die Zentrierung entstehen lassen (siehe Abb. 4.7).

Es kommt darauf an, wie sich ein Kind diese Fragen selbst beantwortet. Im ersten Jahr findet das Kind durch die Art und Weise, wie Eltern mit seinem Schreien umgehen, heraus, ob es Menschen vertrauen kann oder nicht. Wenn die Eltern ihr Kind schreien lassen, weil sie möchten, dass es nachts endlich durchschläft oder weil die Oma gesagt hat, man solle das Kind sich „freikrähen“ lassen, dann macht das Kind eine besondere Erfahrung. Es lernt erstens: „Auf meine Eltern kann ich mich nicht verlassen; denn wenn ich sie brauche, kommen sie nicht.“ Die zweite Erfahrung ist: „Offensichtlich bin ich, kleines Würmchen, nicht so wichtig, dass man sich um mich kümmert.“ Das stärkt nicht gerade die Fähigkeit des Kindes, sich selbst und anderen Menschen zu vertrauen.

Kompensation	Was bin ich wert?	6. - 10. L. Jahr
Ödipale Konflikte	Was kann ich?	4. - 5. L. Jahr
Anale Phase	Wer bin ich?	2. - 3. L. Jahr
Orale Phase	Wem kann ich vertrauen?	3. - 12. L. Monat

Abb. 4.7 Aufbau der psychischen Entwicklung

In der zweiten Phase passieren wieder zwei Dinge. Wenn ein kleines Kind sprechen lernt, dann spricht es zunächst von sich in der dritten Person. Aber auf einmal sagt das Kind „ich“. Das ist ein großartiger Moment. Gleichzeitig kann das Kind zum ersten Mal seine Exkremente zurückhalten, wenn es will. Es benötigt keine Windel mehr. Wenn nun die Eltern in dieser Zeit dem Kind helfen, mit seinem Empfinden nach Reinlichkeit richtig umzugehen, und es nicht nur disziplinieren wollen, dann beantwortet sich das Kind durch diese beiden Ereignisse eben die Frage nach dem „Wer bin ich?“. So ist es für die Beantwortung der Frage: „Wer bin ich?“ nicht gerade hilfreich, wenn Eltern voller Stolz meinen: „Unserem Kind haben wir schon sehr früh beigebracht, aufs Töpfchen zu gehen.“ Das ist dann schon eine Disziplinierung, die dem Kind nicht hilft.

In der dritten Phase wird durch die Eltern entschieden, ob sie ihrem Kind im späteren Leben im Laufen die Schuhe besohlen oder im Gehen die Hose flicken können. Manche Eltern behüten ihr Kind zu sehr. Sie möchten, dass ihm nichts passiert. Dabei vergessen sie, dass ein Kind in dem Alter alles ausprobieren will. In dieser Zeit leben Kinder in dem Bewusstsein, kleine Erwachsene zu sein. Die Eltern bringen ihnen sehr schnell bei, dass das nicht stimmt. Sie sagen Sätze wie: „Das kannst du noch nicht“, „Dafür bist du noch zu klein“. Kinder sind jetzt eitel, ziehen nicht mehr an, was sie sollen, sondern nur noch, was sie wollen. Sie probieren aus, was sie können. Wenn sie nicht dürfen, was sie sich zutrauen, dann wird die Frage „Was kann ich?“ eben nicht so gut beantwortet. Im späteren Leben haben sie dann Probleme, etwas zu leisten. Sie trauen sich nichts zu.

In der letzten Phase finden die Kinder dann heraus, was sie wert sind. Das passiert in der Schulzeit durch den Vergleich mit anderen Schülern oder den Vergleich mit ihren Geschwistern. Wenn Kinder in dem Alter nur noch gemocht werden, wenn sie gute Noten nach Hause bringen oder den Mülleimer heruntertragen, dann denken sie: „Wenn ich etwas leiste, dann werde ich geliebt.“ Und das trifft im Arbeitsleben eben nicht zu. Wer Menschen führt, wird vielleicht für seine Leistungen bewundert oder auch gefürchtet. Nur geliebt wird der Manager dafür nicht. So kann es geschehen, dass eine Führungskraft ihren Selbstwert von ihren Leistungen abhängig macht. Dann hat sich die innere Gelassenheit einer Führungspersönlichkeit zur gegebenen Zeit nicht entwickelt.

4.3.2 Der Fels in der Brandung – vom Nutzen der Zentrierung

Eine zentrierte Führungspersönlichkeit hat also das Gefühl, aus einer ruhenden Mitte heraus zu handeln. Im Wesentlichen hat eine Führungspersönlichkeit die oben erwähnten vier Fragen positiv beantwortet. Da demzufolge ihre Entwicklung in den ersten zehn Lebensjahren erfreulich verlief, zeigt eine Führungspersönlichkeit folgende Merkmale:

- Unbekanntes macht mich neugierig.
- Ich nehme mir regelmäßig Zeit, über mich nachzudenken.
- Ich besitze zu meiner Arbeit einen Ausgleich.
- Ich richte mir regelmäßig Momente der Muße ein.
- Professionelles Gehabe ist mir fremd.
- Ich bin freundlich mit Herzlichkeit.
- Ich habe keine Angst davor, kritisiert zu werden.
- Ich mache mein Selbstwertgefühl nicht ausschließlich von meinen Leistungen abhängig.
- Ich will nicht immer vor anderen glänzen.
- Ich helfe gern und ich lasse mir auch gern helfen, ohne immer gleich zu denken, wie ich mich revanchieren kann.
- Ich vertraue Menschen auch ohne einen Vertrag geschlossen zu haben.

Wer seine Zentrierung unterstützen will, sollte regelmäßige Momente der Muße einrichten, über sich nachdenken, eventuell regelmäßig meditieren. Es geht um den Ausgleich, der dafür sorgt, dass man sich erholt, zur Ruhe kommt.

4.3.3 Fazit

Ein zentrierter Mensch hat das Gefühl, aus einer ruhenden Mitte heraus zu handeln. Ein zentrierter Mensch erlebt kaum Konflikte zwischen dem, was er bewusst will, und dem, was er unbewusst will. Die innere Ruhe, die Gelassenheit entwickelt sich im Kern in den ersten zehn Lebensjahren. Wer die Fragen „Kann ich mir und anderen vertrauen? Wer bin ich? Was kann ich? Was bin ich wert?" positiv beantworten konnte, lebt sein Leben mit innerer Gelassenheit. Diese Gelassenheit kann durch regelmäßige Muße unterstützt werden.

4.4 Die Überzeugerzeugungskraft

Führungspersönlichkeiten entwickeln durch die drei Bereiche Orientierung, Integration und Zentrierung genau das, was wir Überzeugungskraft nennen. Das sollte man nicht mit Überzeugungstechnik verwechseln. Überzeugungstechnik beherrschen auch Führungskräfte. Was ihnen fehlt, ist die Überzeugungskraft.

„Wir sollten den Markt dadurch erobern, dass wir mehr Werbung schalten." Hans K. war überzeugt, das ist der einzige Weg, um erfolgreich zu sein. „Nein", fiel ihm Dr. W. ins Wort: „Wir müssen erst die Produktqualität verbessern." Dr. W. war gegen die Werbeidee. Er schimpfte wie ein Rohrspatz. Hans K. ließ sich nicht aus der Ruhe bringen. „Die Qualität der Produkte ist für den Verbraucher akzeptabel. Das sagen unsere Untersuchungen deutlich aus." Herr K. war weder sauer noch erregt. Er versuchte nur den bestmöglichen Weg zu finden. Ihm war wichtig, dass seine Meinung überprüft wurde. Er war auch nicht gegen Herrn Dr. W. Er wollte sich auch nicht um alles in der Welt durchsetzen. Er wollte nur deutlich machen, worauf es bei einer erfolgreichen Vermarktung ankam. Und da er ruhig und sachlich blieb, zugänglich für Argumente und nicht mit Vehemenz auftrat, sondern mit deutlich erkennbarer sicherer Überzeugung, wirkte er auch so.

Überzeugung ist keine Sache von lautstarker Rhetorik oder von Durchsetzungskraft, sondern von innerer Ruhe, Gelassenheit und Sicherheit in der Sache. Man mag politisch denken, wie man will, aber Franz Josef Strauß besaß Überzeugungskraft, genau wie Alfred Herrhausen, Helmut Schmidt, Richard von Weizäcker oder Roman Herzog. Und sie alle gehören sicher nicht zu den lautstarken (von Franz Josef Strauß einmal abgesehen) Persönlichkeiten. Starke Emotionen sind nicht gerade ein Zeichen von guter Überzeugungskraft, sondern allenfalls von innerer Beteiligung. Und je stärker die Emotionen sind, desto größer ist die Gefahr, dass die Überzeugung auf der Strecke bleibt.

Überzeugende Persönlichkeiten sind auch in aller Regel keine starken Persönlichkeiten. Starke Persönlichkeiten sind eher bedrückend oder bedrängend, jedoch nicht sehr überzeugend. Überzeugende Persönlichkeiten sind auch nicht die, die rhetorisch zwingend glänzend sind. Mit Überzeugungstechnik lässt sich die Überzeugungskraft nicht ersetzen.

Überzeugungskraft ist im Wesentlichen von drei bereits erwähnten Faktoren abhängig:

Orientierung: „Wie gut gelingt es mir, so zu handeln, dass ich auch im Nachhinein mit meinem Handeln einverstanden bin?" Gemeint ist die innere Konfliktfähigkeit.

Integration: „Wie gut gelingt mir eine attraktive Symbiose aus Privat- und Berufsleben?"

Zentrierung: „Wie gelassen handele ich aus einer ruhenden Mitte heraus?"

4.4.1 Test: Wie gut ist Ihre Persönlichkeit entwickelt?

Kreuzen Sie bitte auf der 5er-Skala jeweils den für Sie zutreffenden Punktwert an und zählen Sie anschließend Ihre Punkte zusammen.

Test

Orientierung	*Selten*			*Oft*	
Ich ärgere mich über mich selbst	1	2	3	4	5
Ich mache die Faust in der Tasche, obwohl ich mich wehren sollte	1	2	3	4	5
Ich fahre sehr schnell und aggressiv Auto	1	2	3	4	5
Ich bin ungerecht und werfe mir das hinterher vor	1	2	3	4	5
Ich muss mich oft für mein Fehlverhalten entschuldigen	1	2	3	4	5
Ich schimpfe mit meinen Mitarbeitern, und später tut es mir leid	1	2	3	4	5
Ich neige dazu, unangemessene Sanktionen auszusprechen	1	2	3	4	5
Ich neige zu Übertreibungen	1	2	3	4	5
Ich habe Schuldgefühle	1	2	3	4	5
Ich neige dazu, mich eher minderwertig zu fühlen	1	2	3	4	5
Ich habe einen Hang zu Schamgefühlen	1	2	3	4	5
Ich kann richtig wütend werden	1	2	3	4	5
Es gibt Menschen, die ich richtig hasse	1	2	3	4	5
Es gibt Menschen, auf die ich neidisch bin	1	2	3	4	5
Integration	*Stimmt*			*Stimmt nicht*	
Mir gelingt es, Beruf und Privatleben miteinander in Einklang zu bringen	1	2	3	4	5
Auch meine Freizeit ist der Entfaltungsraum meiner Persönlichkeit	1	2	3	4	5
Wer nichts leistet, ist trotzdem wertvoll	1	2	3	4	5
Der Sinn des Lebens ist es *nicht*, erfolgreich zu sein, zu leisten	1	2	3	4	5
Ich kann von Sorgen gut abschalten	1	2	3	4	5
Ich mache regelmäßig ausreichend Urlaub	1	2	3	4	5
Ich kann gut auch mal mit mir allein sein	1	2	3	4	5
Professionelles Gehabe ist mir fremd	1	2	3	4	5
Ich bin freundlich mit Herzlichkeit	1	2	3	4	5
Reine Sachlichkeit ist mir fremd	1	2	3	4	5
Ich spiele gern Gesellschaftsspiele	1	2	3	4	5

Außerhalb meines Berufs gibt es keine Langeweile	1	2	3	4	5
Job-Mentalität ist mir eher fremd	1	2	3	4	5
Mich interessieren die Menschen, nicht nur Funktionen	1	2	3	4	5
Ich kann über meine Gefühle gut sprechen	1	2	3	4	5
Ich ertrage Kritik gut	1	2	3	4	5
Ich halte mich eher für tolerant	1	2	3	4	5
Ich rede mit anderen Menschen stets so, wie diese zu mir sprechen können, ohne dass unsere Beziehung gefährdet wird	1	2	3	4	5
Zentrierung	*Stimmt*			*Stimmt nicht*	
Ich handele aus einer ruhenden Mitte heraus	1	2	3	4	5
Auch in schwierigen Situationen behalte ich die Ruhe	1	2	3	4	5
Unbekanntes macht mich neugierig	1	2	3	4	5
Ich nehme mir regelmäßig Zeit, über mich nachzudenken	1	2	3	4	5
Ich besitze zu meiner Arbeit einen Ausgleich	1	2	3	4	5
Ich habe ein Hobby, das ich regelmäßig betreibe	1	2	3	4	5
Ich unternehme gern Spaziergänge, um aufzutanken	1	2	3	4	5
Ich genieße Momente der Muße	1	2	3	4	5
Ich richte mir regelmäßig Momente der Muße ein	1	2	3	4	5
Ich habe Menschen um mich herum, die mich mögen	1	2	3	4	5
Ich habe keine Angst davor, kritisiert zu werden	1	2	3	4	5
Ich binde mich gern an Menschen	1	2	3	4	5
Ich habe Anschauungen, die ich auch gegen Angriffe verteidige	1	2	3	4	5
Ich weiß, wer ich bin, und kann gut etwas mit mir anfangen	1	2	3	4	5
Langeweile ist mir fremd	1	2	3	4	5
Ich achte und pflege meinen Körper aufmerksam, aber nicht übertrieben	1	2	3	4	5
Ich fühle mich wohl in meiner Haut	1	2	3	4	5
Ich habe zu dem, was ist, immer noch eine sinnvolle Alternative	1	2	3	4	5
Ich fühle mich unabhängig von dem, was ich besitze	1	2	3	4	5
Ich mache mein Selbstwertgefühl nicht ausschließlich von meinen Leistungen abhängig	1	2	3	4	5

Ich gehe gern auf Menschen zu, auch wenn sie Erwartungen an mich haben	1	2	3	4	5
Ich habe keine Angst davor, andere könnten mich nicht mögen oder ablehnen	1	2	3	4	5
Ich spiele anderen nichts vor, ich gaukle nicht	1	2	3	4	5
Ich will nicht immer vor anderen glänzen	1	2	3	4	5
Ich helfe gern und ich lasse mir auch gern helfen, ohne immer gleich daran zu denken, wie ich mich revanchieren kann	1	2	3	4	5

Auswertung:
57–120 Punkte: Das Ergebnis ist außergewöhnlich. Ihre Persönlichkeit ist optimal entwickelt. Ihr Umfeld hat gern mit Ihnen zu tun und vertraut Ihnen. Sie genießen eine hohe soziale Akzeptanz. Ihre Mitarbeiter respektieren Sie sehr und vertrauen Ihnen. Bei Ihnen fallen natürliche Autorität und Hierarchie zusammen. Sie sind immer auch ein informeller Führer. Ihre Kollegen schauen immer zunächst zu Ihnen, wenn es um Entscheidungen geht. Ihr Urteil ist den Menschen um Sie herum wichtig.
121–175 Punkte: Wenn Sie sich zur Persönlichkeit entwickeln möchten, dann müssen Sie sich anstrengen. Aber es gelingt Ihnen dann auch. Sie kämpfen für Ihre Idee. Aber man stimmt Ihnen nicht sofort zu. Ihr Umfeld hört auf Sie, folgt Ihnen aber nicht blindlings. Es kommt manchmal vor, dass Sie der Mut verlässt und Sie Ihrer eigenen Sache nicht so recht trauen. Aber wenn Sie sich dann selbst aufmuntern, sich selbst Mut zusprechen, dann klappt es doch. Und so atmen Sie manchmal auf, wenn Ihre Überzeugungsarbeit sich doch gelohnt hat.
176–220 Punkte: Ihre Persönlichkeit hat es manchmal schwer, von anderen entdeckt zu werden. Ihre Überzeugungsarbeit ist so manches Mal ein Kraftakt. Es kann allerdings sein, dass Sie diesen Kraftakt deswegen nicht bemerken, weil Sie Ihre Mitarbeiter an die Wand geredet haben. Ihre Überzeugung hat so manches Mal mit einem etwas übersteigerten Sendungsbewusstsein zu tun. Nur weil Ihnen niemand widerspricht, haben Sie nicht automatisch recht oder gar die anderen überzeugt!
221–285 Punkte: Ihre Persönlichkeit wird durch Befehl und Gehorsam ersetzt. Persönlichkeit ist bei Ihnen eher eine rhetorische Angelegenheit. Die Überzeugungskraft ist Ihnen fremd. Sie neigen zu der Strategie: „Man kann die Dinge ja anordnen. Es ist nicht wichtig, ob ich meine Mitarbeiter überzeuge. Die Hauptsache ist, sie führen die Arbeit anständig aus." Sie sollten etwas für Ihre Persönlichkeit tun. Sonst werden Sie nicht nur auf ein ablehnendes Umfeld stoßen, sondern auch dem „So-what-Syndrom" immer näher kommen.

Literatur

Quellen

1. Posé, Ulf D. 2004. *Von der Menschenführung zur Lebensführung*. S. 217 ff. Büdingen: Ronneburger Kreis.

Weiterführende Literatur

2. Lay, Rupert. 1980. *Krisen und Konflikte*. Herbig: Wirtschaftsverlag Langen Müller.
3. Lay, Rupert. 1984. *Das Bild des Menschen*. Herbig: Wirtschaftsverlag Langen Müller.

5 Führung und Legitimation

„Es gibt keine schlechten Mannschaften, Marschall. Es gibt nur schlechte Offiziere."
Napoleon I. Bonaparte (1769–1829), französischer Feldherr und Kaiser

5.1 Die Führungsautorität

Führungskräfte und Führungspersönlichkeiten unterscheiden sich ebenfalls in der Antwort auf die Frage: „Woher kommt das Recht, anderen Menschen zu sagen, was sie zu tun oder zu lassen haben?" Bei den Jesuiten gibt es eine bemerkenswerte Aussage: „Wer nach Führung und Macht strebt, diskreditiert sich durch sein Streben bereits für ein verantwortungsvolle Führungsaufgabe." (Prof. Dr. R. Lay, S.J.) Hier hat Führung etwas mit Autorität zu tun, die man nicht hierarchisch bekommen hat, sondern die natürlich ist. Außerdem kann man ja einmal darüber nachdenken, ob mit einem Abschluss des Arbeitsvertrages schon automatisch die Art und Weise definiert ist, wie der Chef mit seinem Mitarbeiter umgehen kann oder nicht.

Die Idee der Führung entstammt unserer Evolution. Es ist sogar ein archaisches Programm in jedem Menschen, sozusagen genetisch vorprogrammiert, dass wir führen beziehungsweise uns führen lassen. Warum wohl? Immer schon haben Menschen versucht, etwas zu erreichen. Aber nicht immer konnten sie es allein. So benötigen wir andere Menschen, um bestimmte Ziele zu erreichen. Die Amish People in den Vereinigten Staaten zeigen sehr deutlich, wie eine Gemeinschaft miteinander umgehen muss, damit der Einzelne sich in ihr wohlfühlt. Sie bebauen gemeinsam ihre Felder, helfen sich gegenseitig, wenn es um die Ernte oder andere Dinge geht, die der Einzelne allein nicht schaffen kann. So haben Menschen immer

U. Posé, *Von der Führungskraft zur Führungspersönlichkeit*,
DOI 10.1007/978-3-658-10924-0_5

schon versucht, friedvoll miteinander auszukommen (was uns selten gelang!) oder ihren Kindern ein Vorbild sein wollen.

5.1.1 Zum Führen gehören Gehorsam und Autorität

Gehorsam ist angeboren. Wir Menschen können nicht allein leben, wir sind sozial verwiesen. Das Eremitentum ist nicht gerade unsere Welt. Da wir aber gern in Gemeinschaften leben, müssen wir uns anpassen. Wer sich in einer Gemeinschaft immer nur auslebt, wird sicher bald gemieden. So ist in uns die Fähigkeit zum Gehorsam, zur Anpassung gewachsen. Wir sind bereit, etwas zu tun oder zu unterlassen, nur weil irgendjemand uns einen Befehl erteilt oder weil etwas von uns erwartet wird. Wir tun Dinge auch, weil wir jemandem gefallen wollen. Auch das ist eine Art von Gehorsam. Dieser Gehorsam funktioniert dann besonders gut, wenn er an Autorität gekoppelt ist. Wir Menschen neigen dazu, uns in den verschiedensten Lebenssituationen jemanden zu suchen, dem wir Autorität zusprechen.

Da wir Menschen Horden- oder Rudelwesen sind, ist diese Koppelung von Gehorsam und Autorität nur zu gut verständlich. Sie macht deutlich, weshalb es Führung überhaupt gibt. Dass dieses archaische Programm nicht immer hilfreich ist, wird durch den Kadavergehorsam deutlich. Hier tun Menschen Dinge, die bei Lichte besehen schrecklich sind. Der Ausführende versteckt sich aber hinter dem Befehl und vielleicht sogar hinter dem Befehlsnotstand. Wie stark der Gehorsam wirkt, haben die Milgram-Experimente Anfang der 1970er Jahre bewiesen. Stanley Milgram testete mehr als 1000 Menschen auf ihren Gehorsam. In einer Versuchsanordnung sollten die Probanden einem eigens geschulten Lehrer Stromschläge erteilen, sobald dieser einen Lernfehler beging. Als die Testpersonen sich weigerten, wurden sie mit sanften Befehlen gebeten, das Experiment zu Ende zu führen. Und sie führten es zu Ende. Mehr als 70 % der Testpersonen brachten mittels Stromschlag den Biologielehrer fröhlich um, nur weil ein Psychologe gesagt hatte: „Machen Sie weiter!“ (5).

5.1.2 Wer führt, sollte Autorität besitzen

Wir gehorchen also. Und das tun wir am liebsten, wenn wir denjenigen, der führt, auch mögen. Um ihn zu mögen, benötigt er eine Autorität. Es gibt verschiedene Arten von Autorität.

Ein Beispiel zur Verdeutlichung der Unterschiede

Bruno S. ist Meister in der metallverarbeitenden Industrie. In seinem Unternehmen werden Lochnadeln sowie Metallteile für Automatikgurte hergestellt. Bruno führt ein Team von 18 Maschinenbauschlossern. Die Kompetenz von Bruno S. ist unbestritten. Er weiß über Lochnadeln mehr, als jeder andere Mitarbeiter. Nur wenn es um Führungsfragen geht, hat Bruno nicht den besten Ruf. Er fackelt nicht lange, staucht auch schon einmal Mitarbeiter ziemlich laut zusammen, wenn sie seiner Meinung nach Mist gebaut haben. Nun benötigt Bruno seine Mannschaft für Überstunden am Wochenende, da ein Großauftrag fertig werden muss. Er stellt sich also vor seine Leute und gibt den Wochenendplan bekannt. Seine Leute sagen nichts. Sie schauen stattdessen zu dem Gesellen Oliver B. Als dieser nickt, sagen auch alle anderen Mitarbeiter zu. Hätte Oliver B. nein zu den Überstunden gesagt, hätten auch seine Kollegen Bruno S. einen Korb gegeben.

Hier ist etwas Besonderes passiert. Zwei verschiedene Autoritäten sind aufeinandergestoßen, die natürliche *(naturalis)* und die funktionale *(peritia)* Autorität. Es gibt noch eine dritte Autorität, die hierarchische Autorität.

5.1.2.1 Die natürliche Autorität

Wir benötigen, um gern geführt zu werden, im Allgemeinen die natürliche Autorität. Diese Autorität hat Respekt vor der Würde des einzelnen Mitarbeiters. Der Mitarbeiter ist hier nicht nur Mittel zum Zweck, sondern immer auch Ziel der Führung. Die natürliche Autorität erzeugt eine Führung, die es schafft, glaubwürdig und überzeugend deutlich zu machen, dass es sich lohnt, etwas zu tun. Die Kommunikation findet auf Augenhöhe statt. Der Mitarbeiter kann mit einem Chef, der über natürliche Autorität verfügt, jederzeit so umgehen, wie dieser mit ihm, ohne die Beziehung zu gefährden. Über diese Art von Autorität verfügt offensichtlich Oliver B. Es ist die Autorität einer Führungspersönlichkeit.

5.1.2.2 Die funktionale Autorität

Die zweite Form von Autorität, die funktionale Autorität, ist die Autorität von Meister Bruno S. Ihm folgen die Mitarbeiter nur, weil er am besten über Lochnadeln Bescheid weiß. Bruno S. besitzt also genügend Sachkompetenz, um anerkannt zu sein. Er wird nur als Chef akzeptiert, weil er so kompetent ist. Diese Autorität kann sowohl eine Führungskraft als auch eine Führungspersönlichkeit haben.

5.1.2.3 Die hierarchische Autorität

Die dritte Form der Autorität ist die hierarchische. Hier gehorche ich nur, weil jemand im Organigramm mir steht. Weder die Person, noch die Aufgabe oder ein Ziel überzeugt hier den Mitarbeiter, sich zu engagieren, sondern ausschließlich die Stelle im Organigramm. Nicht selten funktionieren Armeen so. Da wird nicht gefragt, ob jemand kompetent ist, sondern nur, wie viele Streifen sich auf seinem Ärmel befinden. Damit wird wohl deutlich, dass Führung erst möglich wird durch die Existenz von Gehorsam und Autorität.

5.1.3 Fazit

Autorität wird unterschieden in:

- hierarchische Autorität,
- funktionale Autorität und
- natürliche Autorität.

Hierarchische Autorität ist gekennzeichnet durch das Organigramm. Ein weiterer Beleg erscheint nicht notwendig. Führungskräfte haben vielleicht nicht mehr zu bieten, als das Organigramm.

Funktionale Autorität ist gekennzeichnet durch fachliche Kompetenz. Hier sind Führungskraft und Führungspersönlichkeit anzutreffen.

Natürliche Autorität ist gekennzeichnet durch den Respekt und reversibles Verhalten dem Mitarbeiter gegenüber. Hier sind nur Führungspersönlichkeiten zu finden.

5.2 Die Führungsvollmacht

Führungskräfte verfügen also über die hierarchische und auch über die funktionale Autorität. Was ihnen fehlt, ist die natürliche Autorität. Die natürliche Autorität ist die Autorität der Führungspersönlichkeit.

Damit ist allerdings nicht geklärt, woher Führung ihre Legitimation erhält. Die Tatsache, dass Menschen gehorchen, klärt noch lange nicht, ob dieser Gehorsam berechtigt ist oder nicht. Woher bezieht also der Führende das Recht, anderen Menschen zu sagen, was sie zu tun oder zu lassen haben? Dazu bedarf es noch der Legitimation. Nun ist die wirklich große Frage, wie der Führende das selbst sieht. Auch hier gibt es wieder einen Unterschied zwischen Führungskräften und Führungspersönlichkeiten. Woher stammt die Erlaubnis, führen zu dürfen? Es kommt darauf an, wie der Chef über seine Führungslegitimation denkt. Aus dieser Einschätzung resultieren wiederum sehr unterschiedliche Führungsstile [2].

5.2.1 Potestas divina – die göttlich gegebene Vollmacht

Es gibt Führungskräfte, die meinen, man sei zum Führen geboren. Der Vorstand eines großen Konzerns hat mir einmal gesagt: „Ach wissen Sie Herr Posé, Führen kann man nicht lernen, das hat man oder hat man nicht." Woraufhin ich meinte: „Dann hat Sie also der Blitzstrahl seliger Erkenntnis bereits in der Wiege getroffen?"

Diesen Führungsanspruch nennt man *potestas divina* – die göttlich gegebene Vollmacht. Der Papst ist im Besitz dieser Führungsvollmacht. Aber die Kirche war clever genug zu wissen, dass diese Führungsvollmacht im Zustand seliger Erkenntnis wohl nicht ständig den Papst begleitet. So sind seine Pontifex-Maximus-Entscheidungen nur unter bestimmten Voraussetzungen und bei bestimmten Fragen als unumstößlich anzusehen. Selbst die Kirche weiß, dass die *potestas divina* nur für einen eng definierten Entscheidungsraum gültig sein darf.

Warum ist die *potestas divina* so gefährlich? Es liegt daran, wem gegenüber die Führungshandlungen zu verantworten sind. Jeder der führt, hat immer seine Führungshandlungen demjenigen gegenüber zu verantworten, von dem er die Vollmacht zur Führung erhalten hat. Jemand, der in der festen Überzeugung lebt, er sei zum Führen geboren, wird selbstverständlich nur dem lieben Gott gegenüber seine Führungshandlungen verantworten wollen. Führungspersönlichkeiten ist diese Führungsvollmacht völlig fremd.

5.2.2 Potestas paternalis – die väterliche Herrschaft

Der zweite Ansatz, sich für Führung zuständig zu fühlen, ist die *potestas paternalis*. Hier handelt es sich um einen Chef, der sagt: „Der Laden gehört mir, also habe ich auch das Recht, damit zu machen, was ich will."

In einem Vortrag über Ethik war einer der Zuhörer, ein österreichischer Brauereibesitzer recht sauer, als ich meinte: „Juristisch gehört Ihre Brauerei Ihnen allein, ethisch betrachtet gehört ihre Brauerei jedem Ihrer Mitarbeiter." „Na hören Sie einmal, junger Mann", entgegnetet er wütend: „Ich habe mein Geschäft ganz allein aufgebaut und immer das Risiko getragen, Herr Posé". Ich entgegnete: „Hatten Sie nicht wenigstens einen Pförtner, der Ihnen ab und zu die Tore auf- und wieder zugeschlossen hat?“ „Und außerdem“, meinte der Brauer weiter, „ich kann mit meinem Laden machen, was ich will, er gehört mir schließlich.“ Juristisch betrachtet hatte der Brauer sicher recht; ethisch betrachtet sieht die Sache wie gesagt anders aus.

Die *potestas paternalis* ist sehr verbreitet. Fragen Sie einmal eine Führungskraft, woher sie ihre Legitimation bezieht, dann erhalten Sie recht häufig eine der folgenden Antworten: „Vom Besitzer“, „Vom Kapitaleigner“, „Vom Vorstand.“ Mit dieser Legitimation gehe ich mit meinen Mitarbeitern natürlich anders um, als mit einer anderen Legitimation. Diese Legitimation ist unter Führungskräften wahrscheinlich am weitesten verbreitet.

5.2.3 Potestas occupata – Führung durch Diktatur

Man kann auch die Legitimation der Führung dadurch beziehen, dass ich sie mir einfach aneigne. Jeder Diktator hat dies getan. Dann nennt man das eine *potestas occupata*. Alle Diktatoren dieser Welt leben in dem Bewusstsein, dass man sich Führung einfach nehmen kann, ohne zu fragen. Da sich aber Menschen nicht ungefragt führen lassen, können wir uns gut vorstellen, dass solche Führungskräfte sich nur mit brachialer Gewalt durchsetzen können. Außerdem leben nicht wenige Mitarbeiter in dem Bewusstsein: „Ich lasse mich nur von jemandem führen, den ich auf legale Art und Weise wieder loswerden kann.“ Diese Führungsvollmacht ist wahrscheinlich allen Führungskräften und ganz sicher auch Führungspersönlichkeiten fremd.

5.2.4 Potestas delegata – die delegierte Vollmacht

Ganz zum Schluss gibt es noch Chefs, die in der Überzeugung leben, dass Ihre Führungsvollmacht dadurch entstanden ist, dass die Mitarbeiter Ihnen die Vollmacht übertragen haben, weil sie einen Arbeitsvertrag unterschrieben haben. Mit der Unterschrift unter einen Arbeitsvertrag wird automatisch ein zweiter Vertrag abgeschlossen. Eine Art Pakt. Der ist zwar nirgendwo schriftlich festgehalten, jedoch vorhanden – zumindest für eine Führungspersönlichkeit. Dieser nicht schriftlich fixierte Vertrag regelt nun, wie man miteinander umgehen darf. Diese Führungspersönlichkeit fühlt sich im Besitz einer *potestas delegata*. Diese Führungsvollmacht ist die Vollmacht der Führungspersönlichkeit.

Für die Frage nach der Führungslegitimation ist es sicher wichtig zu wissen, mit welcher Einstellung man seine Mitarbeiter führt. Denn die Einstellung hilft anschließend zu begründen, ob die Entscheidungen richtig sind oder nicht. Ein Chef mit der Haltung einer väterlichen Vollmacht, einem Besitzergefühl, sieht sich mit seinen Entscheidungen anders im Recht als ein Chef mit der Einstellung einer *potestas delegata*. Wer von den beiden ist wohl eher bereit, vor seinen Mitarbeitern eine Entscheidung zu begründen?

Führungspersönlichkeiten sehen es eher als selbstverständlich an, dass sie ihre Entscheidungen Mitarbeitern verständlich machen müssen, und ihre Entscheidungen nicht nur der Geschäftsführung oder dem Vorstand gegenüber zu verantworten haben, sondern auch vor den Mitarbeitern.

In Abb. 5.1 sehen Sie eine Gegenüberstellung von Führung durch Macht *(potestas)* und durch Autorität *(autoritas)*.

	Potestas	**Autoritas**
A)	**delegata** Die Führung wurde erteilt durch Mitarbeiter (auch juristisch durch Unterschrift unter den Arbeitsvertrag)	**Peritia (funktionale fachliche Autorität)** die fachliche Kompetenz wird von Mitarbeitern anerkannt. Führungserlaubnis in Fachfragen Ideal im Team
B)	**ocupata** die angeeignete Herrschaft die angemaßte Gewalt Diktatur	**naturalis** liegt in der Natur des Führenden, der Weisheit etc. Ausstrahlung, soziale Performance, dem Respekt vor der Würde des Mitarbeiters (oft informelle Führung)
C)	**divina** göttliche gegebene Vollmacht Gottesgnadentum	**posita** durch Hierarchie bestimmte Führung (Ober schlägt Unter) Das Organigramm ist Legitimationsgrundlage (fraglich, ob noch Autoritas oder schon potestas)
D)	**paternalis** durch Besitzverhältnisse festgelegte Führung. (Der Laden gehört mir) der principal hat ein Sorgerecht	

Abb. 5.1 Potestas und Autoritas

Test: Prüfen Sie Ihre Führungsfähigkeiten

Soziale Kompetenz	Immer				Nie
	1	2	3	4	5
Habe ich Zeit für meine Mitarbeiter/innen?					
Vertrauen sie mir?					
Können meine Mitarbeiter/innen mit mir auch über Privates reden?					
Kenne ich die Vornamen der Kinder/Partner meiner Mitarbeiter?					
Bin ich für sie jederzeit zu sprechen?					
Können meine Mitarbeiter/innen mir sagen, was sie von mir halten?					
Wissen sie, was ich von ihnen halte?					

Der Umgang mit Fehlern	Selten				Oft
	1	2	3	4	5
Neige ich dazu, Schuldige zu verhaften?					
Gehe ich mit eigenen Fehlern milder um, als mit Fehlern meiner Mitarbeiter?					
Befasse ich mich mit Schuldfragen intensiver als mit der Lösung eines Problems?					
Gibt es in meiner Abteilung einen häufigen Mitarbeiterwechsel?					
Machen Mitarbeiter gern krank bei uns?					
Mache ich gern aus einer Mücke einen Elefanten?					

Darf ich aus Fehlern lernen?	Immer				Nie
	1	2	3	4	5
Kann man offen über Fehler und Mängel in meiner Abteilung reden?					
Weiß jeder, woran er bei mir ist?					
Weiß jeder, ob er sich auf mich verlassen kann?					
Entscheide ich mich im Zweifel für den Mitarbeiter?					

Informationspolitik	Selten				Oft
	1	2	3	4	5
Enthalte ich meinen Mitarbeitern vor, was für ihre Arbeit wichtig ist?					
Bin ich derjenige, der immer am meisten redet?					
Bin ich derjenige, der am längsten redet?					
Leite ich grundsätzlich jedes Meeting?					
Hat man bei meinen Meetings das Gefühl, bei Diskussionen steht das Ergebnis schon vorher fest?					
Unterbreche ich häufig andere beim Reden?					
Rede ich auch dann noch, wenn es nichts mehr zu sagen gibt?					
Wiederhole ich mich gern?					

Optimale Zusammenarbeit	Sehr				Kaum
	1	2	3	4	5
Wie attraktiv ist es für mich, mehr zu arbeiten?					
Wie attraktiv ist es für mich, länger zu arbeiten?					
Wie attraktiv ist es für mich, mich für mein Unternehmen einzusetzen?					
Wie attraktiv ist es für mich, mehr als bisher zu agieren und nicht nur zu reagieren?					

Welche Mitarbeiter werden bevorzugt?	Kaum				Sehr
	1	2	3	4	5
Mag ich die eher pflegeleichten Mitarbeiter?					
Neigen meine Mitarbeiter zu vorauseilendem Gehorsam?					
Mag ich Mitarbeiter, die mir prinzipiell zustimmen?					

	Immer				Nie
	1	2	3	4	5
Gibt es in meiner Abteilung auch kritische Mitarbeiter?					
Können sich kritische Mitarbeiter ungestraft äußern?					
Werden kritische Mitarbeiter ernst genommen?					
Haben meine Mitarbeiter einen persönlichen Stil?					

Wie ist der Führungsstil?	Selten				Oft
	1	2	3	4	5
Ich höre mich gern reden					
Ich setze mich gern durch					
Ich rede immer sehr lang					
Ich rede sehr häufig					
Ich bin ein schlechter Zuhörer					
Ich bin oft ungeduldig					
Ich bin beim Zuhören abgelenkt					
Ich unterbreche gern und schnell					
Ich falle anderen gern ins Wort					
Ich weiß im Voraus, was der Mitarbeiter sagen will					
Ich werde ungeduldig, wenn der Mitarbeiter nicht schnell auf den Punkt kommt					
Während des Zuhörens mache ich gleichzeitig noch anderes					
Ich spiele mit Gegenständen (beispielsweise dem Kuli), wenn meine Mitarbeiter etwas sagen					
Wenn mir etwas einfällt, während andere sprechen, sage ich es auch sofort					

Fähigkeit zur Teamarbeit Oft Selten	Oft				Selten
	1	2	3	4	5
Wird Kreativität in unserem Team gefördert?					
Kann man auch schon mal „Querdenken"?					
Betrachte ich auch mein eigenes Verhalten kritisch?					
Suche ich die Schuld zuerst bei mir anstatt bei anderen?					
Werden kritische Mitarbeiter bevorzugt?					

Anerkennung	Oft				Selten
	1	2	3	4	5
Ich helfe Mitarbeitern zu wachsen					
Ich lobe angemessen					
Gute Leistungen werden bemerkt					
Über kleine Fehler sehe ich hinweg					

Auswertung:

59–100 Punkte:

Sie sind ja ein Prachtstück. Sie sollten sich gratulieren. Sie scheinen über die besondere Fähigkeit zu verfügen, Menschen begeistern und motivieren zu können. Mit Ihnen kann man alles besprechen. Bei Ihnen haben die Mitarbeiter das Gefühl, anerkannt zu sein. Ihre Mitarbeiter sind sich sicher, dass Sie auch an der Person und nicht nur der Arbeit interessiert sind. Sie haben wohl großen menschlichen Respekt vor Ihren Mitarbeitern. Glaubwürdigkeit, Charisma, Kompetenz und die Fähigkeit, Mitarbeitern das ehrliche Gefühl zu vermitteln, sie werden gebraucht, zeichnet Sie aus. Freuen Sie sich, dass sie so ein guter Chef sind.

101–175 Punkte

Sie wissen, was Sie tun. Sie sind in der Lage, Mitarbeiter zu motivieren – und Sie nehmen sie ernst. Dadurch kann man Ihnen vertrauen, auch wenn Sie nicht der beste Freund Ihrer Mitarbeiter werden. Aber Ihre Mitarbeiter fühlen sich durchaus ernst genommen und arbeiten gern in Ihrer Abteilung. Sie sind ein guter Teamarbeiter, der sachlich korrekt und menschlich glaubwürdig sein Team leitet. Sie sind ein Chef, auf den man sich verlassen kann, der seinen Mitarbeiter aber menschlich ein wenig fremd geblieben ist. Trotzdem wird Ihre Art zu führen, recht gut akzeptiert. Freuen Sie sich, ein solch korrekter Chef zu sein.

176–235 Punkte

Sie sind manchmal ein kleiner „Hallodri". Das Interesse an Ihren Mitarbeitern scheint nicht so stark ausgeprägt zu sein. Manchmal haben Sie einfach nicht genügend Geduld, und Sie sind der Überzeugung, wer Geld verdient, hat eine gute Leistung abzuliefern. Ansonsten kann man mit Ihnen arbeiten, denn Sie lassen Ihre Mitarbeiter weitestgehend in Ruhe. Nur wenn man direkt mit Ihnen zu tun hat, sind Sie manchmal ein wenig ungerecht oder gar launisch. Außerdem neigen Sie dazu, ihre Mitarbeiter nur bei Höchstleistungen anzuerkennen. Eine persönliche Anerkennung, ein Bemerken der Person und nicht nur der Funktion kann die Zusammenarbeit sicher erleichtern.

236–295 Punkte

Also, Sie sind nicht zu beneiden! „Ein guter Mitarbeiter riecht nicht, ist immer pünktlich, gibt keine Widerworte und macht nur das, was man ihm sagt", das scheint ein wenig zu Ihrer Überzeugung zu gehören. So kann es durchaus vorkommen, dass Ihre Mitarbeiter sich von Ihnen funktionalisiert behandelt fühlen. Prüfen Sie einmal, ob sich Ihre Leute ein wenig ausgenutzt und unter stärkeren Druck gesetzt fühlen. Sie sollten sich ein wenig mehr als bisher damit auseinandersetzen, dass Führung von Menschen auch bedeutet, sie so zu motivieren, dass Sie gern arbeiten. Sie scheinen manchmal zu vergessen, dass sich Höchstleistungen eben nicht verordnen lassen. Außerdem kann es gut sein, dass sich kreative und kritische Mitarbeiter unterdrückt fühlen. Da Sie selbst ja auch eher Mitarbeiter mögen, die Sie bewundern und Sie nicht ständig kritisieren, wäre es sicher sehr hilfreich, wenn Sie diese Behandlungsweise auch Ihren Leuten angedeihen lassen.

5.3 Fazit

Die Macht der Führung wird verliehen – entweder durch den lieben Gott (ich bin zum Führen geboren), durch den Kapitaleigner (der Laden gehört mir, also kann ich damit machen, was ich will), durch in Besitznahme (ich erkläre mich selbst zum Führenden, ohne dass ich jemanden gefragt habe) oder durch die Vollmacht meiner Mitarbeiter.

Führungskräfte fühlen sich entweder ausschließlich dem Kapitaleigner gegenüber verantwortlich oder sie halten sich für jemanden, der zum Führen geboren wurde, oder aber sie reißen die Führung an sich, ohne von jemandem legitimiert worden zu sein.

Führungspersönlichkeiten hingegen leben in dem Bewusstsein, dass ihre Mitarbeiter sie legitimiert haben zu führen. Aus diesem Bewusstsein entsteht die Verantwortungsrichtung, den Mitarbeitern, und nicht nur dem Eigner gegenüber alle Führungshandlungen zu verantworten und zu begründen.

Literatur

Quellen

http://de.wikipedia.org/wiki/Milgram-Experiment. Zugegriffen: 18. April 2015.

Posé, Ulf D. 2004. *Von der Menschenführung zur Lebensführung*, Ronneburger Kreis (Seite 49 ff.).

Weiterführende Literatur

Lay, Rupert. 1983. *Dialektik für Manager*. München: Langen Müller Herbig.

Lay, Rupert. 1983. *Ethik für Wirtschaft und Politik*. München: Wirtschaftsverlag Langen Müller Herbig.

Lay, Rupert. 1984. *Das Bild des Menschen*. München: Wirtschaftsverlag Langen Müller Herbig.

Lay, Rupert. 1989. *Ethik für Manager*. Düsseldorf: Econ Verlag.

Milgram, Stanley. 1982. *Das Milgram-Experiment: Zur Gehorsamsbereitschaft gegenüber Autorität*. Reinbek: RoRoRo Taschenbuch.

Posè, Ulf D. 2004. *Von der Menschenführung zur Lebensführung*. Büdingen: Ronneburger Kreis.

6 Führung und Elite

Es ist immer die Leistung, die bestimmt, wer zur Elite zählt.
Ludwig Marcuse (1894–1971), deutscher Literaturhistoriker und Philosoph

Bisher ist der Unterschied zwischen Führungskraft und Führungspersönlichkeit ein wenig verdeutlicht worden. Das bedeutet nicht automatisch, dass es Führungspersönlichkeiten leichter haben, Karriere zu machen. Denn wenn es um Karriere geht, spielt die Zugehörigkeit zur Elite eine Rolle. Wenn wir nun eine Verbindung zwischen Führung und Elite suchen, dann dürften Führungspersönlichkeiten eher zur Elite gehören als Führungskräfte. Allerdings ist es durchaus so, dass sich auch Führungskräfte durchaus für Elite halten.

Bei der Elite werden zwei recht unterschiedliche Formen unterschieden: die ideologische Elite und die Leistungselite. Die ideologische Elite hält sich für etwas Besseres, die Leistungselite kann etwas besser als andere.

Ich gebe es zu, ich kann bestimmte Dinge besser als andere. Ich spiele besser Schach als mein bester Freund, ich kann schneller laufen als viele Menschen in meinem Alter und ich kann noch richtig Kopfrechnen ohne Taschenrechner. Das können Sie auch? Na wunderbar! Wir sind oft besser als andere, erfolgreicher, weil stärker trainiert, intensiver geschult. Aber hat das schon etwas mit Elite zu tun? Ja, unbedingt. Es kommt allerdings darauf an, für welche Art von Elite ich mich halte. Das macht dann den Unterschied zwischen Führungskraft und Führungspersönlichkeit aus.

U. Posé, *Von der Führungskraft zur Führungspersönlichkeit*,
DOI 10.1007/978-3-658-10924-0_6

6.1 Führungskräfte sind durchschnittlich bis unterdurchschnittlich

Es gibt Führungskräfte, die halten sich für Eliten, obwohl sie keine sind. Das sind die ideologischen Eliten. Nicht wenige Führungskräfte meinen, nur weil sie über eine bestimmte Herkunft verfügen, seien sie etwas Besonderes. Manche meinen gar, sie seien eine besondere Spezies oder eventuell eine besondere Klasse aufgrund ihrer Zugehörigkeit zu einer bestimmten Gruppe. Wer im Rotary Club oder im Lions Club Mitglied ist, ist aufgrund seiner Zugehörigkeit noch keine Elite. Führungskräfte meinen das jedoch durchaus. Sie glauben, eine bestimmte Zugehörigkeit würde sie schon auszeichnen.

Nein, das scheint mir eher eine Form der Elite zu sein, bei der Führungskräfte etwas verwechseln. Die Zugehörigkeit zu einem Volk, einer Kaste, einer Berufsgruppe ist keine besondere Tat, sondern ein Wert. Und die Zugehörigkeit zu einer Familie ist ganz sicher kein Verdienst, sondern ein Zufall. Solch ein Elitedenken ist sicher bei Führungskräften beheimatet. Sie halten sich für etwas Besonderes, können jedoch einen Beweis dafür nicht antreten.

6.2 Führungspersönlichkeiten sind Elite

Es gibt noch eine andere Form von Elite. Und hier finden sich Führungspersönlichkeiten wieder. Das sind die Leistungseliten, die Experten. Besonderes Können, geschulte Fähigkeiten machen Experten, machen Elite, machen Führungspersönlichkeiten aus. In einer Sache besser zu sein, ist etwas ganz anderes, als sich für besser zu halten. Wenn wir wieder zwischen ideologischer Elite und Leistungselite unterscheiden, dann können wir uns dem sinnvollen, für eine Wirtschaft, eine Politik, eine Philosophie, eine Kultur förderlichen Elitebewusstsein widmen. Hier ist die Führungspersönlichkeit zu Hause. Die wahren Eliten haben nichts mit Werten, sondern mit Fähigkeiten zu tun.

Uns scheinen mittlerweile die Eliten der Führungspersönlichkeiten in Wirtschaft, Politik und Kultur zu fehlen. Und warum fehlen sie uns? Weil wir sie nicht fördern, sondern oft genug diffamieren. Die Frage darf an dieser Stelle durchaus erlaubt sein, ob es Führungskräften leichter als Führungspersönlichkeiten gelingt, Karriere zu machen. Wie macht man denn heutzutage oft Karriere? In den ersten Jahren der Karriere gilt es, über Ergebnisse zu überzeugen. Gute Ergebnisse führen zu ersten Karrieresprüngen. Meist völlig unabhängig von typischen Führungsfähigkeiten. Wie oft kommt es vor, dass der gute Sachbearbeiter zum Chef wird, ohne zu fragen, ob er auch führen kann. Wenn dann erste Karriereschritte durch gute Ergebnisse erfolgreich waren, dann kommt es im Bereich der Executives nicht mehr so sehr auf gute Ergebnisse an, sondern auf Kontakte. Den Erfolg muss man ab einer bestimmten Karrierestufe nicht mehr beweisen. Dann kommt es auf die Zugehörigkeit zu einer bestimmten, besonderen Gruppe oder Kaste an. Auch die Frage „Aus welchem Stall stammt jemand?“ wird wichtiger. Hier spielt der Elitegedanke der Ideologie eine Rolle, nicht der Elitegedanke der Leistung [1].

Führungskräften fällt es eher schwer zuzugeben oder anzuerkennen, dass manche Menschen viele Dinge besser können oder besser wissen als sie selbst. Dass manchen Führungskräften eine Meinung (ihre eigene!) reicht, um sich für etwas Besseres zu halten, ist bekannt, aber das hat mit Leistungselite ja nichts zu tun. Allerdings: Wer ein Klima fördert oder gar erzeugt, in dem eine Spitzenleistung nicht mehr anerkannt, ja diffamiert wird, der darf sich über mangelndes Elitebewusstsein nicht wundern, und damit über sinkende Produktivität, absinkende internationale Bedeutung. Die Bundesrepublik Deutschland ist auf dem besten Wege dazu. So neigen Führungskräfte dazu, eine Fremdleistung, die außergewöhnlich gut ist, schlecht zu machen. Sie neigen dazu, Leistungsträger für dumm zu halten, außer sich selbst, denn sie halten sich ja für Leistungsträger ohne entsprechende Beweisführung. Führungskräfte fördern nicht die Schlauen, Klugen, Begabten, um sie noch schlauer, klüger werden zu lassen, nein, sie fördern stattdessen die Dummen, die Unbegabten, denn diese können ihnen nicht gefährlich werden. Selbst in unseren Schulen sollen alle mitkommen, und dabei bleiben die Begabten auf der Strecke. Ich habe nichts gegen das Fördern von Unbegabten oder sogar Dummen, nein, ich habe etwas gegen ein „stattdessen“!

Die Gefahr solchen Denkens über Elite führt dazu, dass sich das Mittelmaß der Führungskräfte durchsetzt. Heute kann man fast schon behaupten: „Um erfolgreich zu sein, bin ich nicht mittelmäßig genug.“ Die Chancen für Führungspersönlichkeiten, denen es darum geht, Dinge besser zu machen als andere, werden durchaus von Führungskräften ausgebremst. Aber sie werden nicht unbedingt gestoppt, denn Führungspersönlichkeiten haben im Elitebereich erkannt: „Nicht der Schurke ist der Schurke, der Schurke ist das Mittelmaß!“

Führungspersönlichkeiten haben ein Bewusstsein, das Leistungselite fördern will. So nehmen Führungspersönlichkeiten die Chance wahr, statt der gewöhnlichen Leistungen außergewöhnliche zu zeigen.

6.3 Fazit

Bei Elite wird unterschieden zwischen ideologischer Elite und Leistungselite. Führungskräfte fühlen sich eher in ideologischen Eliten wohl. Sie halten sich für etwas Besseres, ohne dafür einen Beweis angetreten zu haben oder meinen, antreten zu müssen.

Führungspersönlichkeiten wollen zur Leistungselite gehören. Sie betonen nicht die Zugehörigkeit zu einer bestimmten Kaste, sie treten über ihre Leistungen den Beweis an, zur Leistungselite zu gehören.

Literatur

Quellen

1. http://de.wikipedia.org/wiki/Elite. Zugegriffen: 15. Mai 2016.

Weiterführende Literatur

2. Müller, Albrecht. 2007. *Machtwahn: Wie eine mittelmäßige Führungselite uns zu Grunde richtet*. München: Knaur TB.
3. Rust, Holger. 2005. Das Elite-Missverständnis: Warum die Besten nicht immer die Richtigen sind. Heidelberg: Gabler Verlag.

Führung und Werte

7

Werte kann man nicht lehren, sondern nur vorleben.
Viktor Frankl (1905–1997), österreichischer Psychiater und Autor

7.1 Die Bedeutung der Wertewelten

Die Fähigkeit, wirtschaftliche Ziele mit sozialen Zielen in Einklang zu bringen, hat etwas mit den Wertvorstellungen eines Menschen zu tun. Es kommt darauf an, welche Werte gelebt werden und ob sie vereinbar sind. Auch hier gibt es einen Unterschied zwischen Führungskräften und Führungspersönlichkeiten.

Wer führt, führt mit Werten. Das tun Führungskräfte genauso wie Führungspersönlichkeiten. Ein Wert ist letztlich das Wünschbare. Was Führungskräfte und Führungspersönlichkeiten sich also wünschen, ist für sie ein handlungsleitender Wert. Werte sind damit nicht automatisch etwas Gutes im Sinne einer Ethik. Selbst eine Mafia verfügt über Werte. Führungspersönlichkeiten verfügen allerdings über einen anderen Katalog an Werten als Führungskräfte. Damit verfügen sie auch über andere Tugenden, auch wenn sich das etwas antiquiert anhört.

7.1.1 Die Wertewelt der Kinder

Wir alle wachsen in unserem Kulturkreis mit Werten auf, denn die Form des Miteinander-Umgehens wird immer von Werten begleitet. Solche Werte entstehen in der Kindheit und werden mit dem Erwachsenwerden entweder durch neue Werte ersetzt oder es gelingt, die Werte der Kindwelt in die Welt der Erwachsenen

U. Posé, *Von der Führungskraft zur Führungspersönlichkeit*,
DOI 10.1007/978-3-658-10924-0_7

hinüberzuretten. In der Welt der Kinder werden ganz selbstverständlich Werte gepflegt wie:

- Dankbarkeit,
- Wohlwollen,
- Verzeihenkönnen und
- Im-Kleinen-glücklich-sein.

7.1.2 Die Wertewelt der Führungskraft

Je älter wir werden, desto mehr müssen wir uns mit den Werten der Erwachsenenwelt auseinandersetzen. Die Welt der Erwachsenen ist überwiegend geprägt durch Werte wie:

- Erfolg,
- Reichtum,
- Macht und
- Leistung.

Für Kinder spielen diese Werte noch keine Rolle. Wenn ich allein an den Wert des Wohlwollens oder Verzeihenkönnens denke, könnte manche Führungskraft davon etwas lernen. Werden nun die Werte der Kindwelt durch Werte der Erwachsenen ausgetauscht, also ersetzt, dann entsteht das Problem, dass Menschen, die ohnmächtig, Minderleister, misserfolgreich, arm sind, nichts mehr wert sind. Wer jedoch die Werte der Kinder in die Welt der Erwachsenen hinüberrettet, der findet Formen des Miteinanderumgehens, die nicht nur ökonomisch, sondern auch sozial sinnstiftend sind. Und genau hier unterscheiden sich Führungskräfte von Führungspersönlichkeiten. Führungskräfte kennen nur die Werte der Erwachsenenwelt; Führungspersönlichkeiten hingegen versuchen, die Werte der Kindwelt mit den Werten der Erwachsenenwelt verträglich zu halten.

7.1.3 Die Wertewelt der Führungspersönlichkeit

In der Wertewelt werden zwei Tugendrichtungen unterschieden. Es sind die Primärtugenden und die Sekundärtugenden. In der Wertewelt von Führungspersönlichkeiten sind Primärtugenden zu Hause. Dazu gehören Zivilcourage oder die Kunst der Tapferkeit, notwendige Konflikte auszutragen, kreativ ungehorsam zu sein, für Minderheiten (die nicht sozial schädlich sind) einzutreten und kritische Gerechtigkeit walten zu lassen.

In der Welt der Führungskräfte spielen Sekundärtugenden die entscheidende Rolle, etwa Pünktlichkeit, Gehorsam, Ordnungsliebe und Fleiß. Das ist auf den ersten Blick nichts Schlechtes. Doch es ist Vorsicht vor der Macht der Sekundärtugenden geboten, denn ohne Primärtugenden verkommen Sekundärtugenden zu Lastern.

Führungspersönlichkeiten und Führungskräfte verfügen in ihrem Wertekanon also über Tugenden. Es gilt auch hier, die Unterschiede zu klären. Was ist Tugend überhaupt? Und über welche Tugenden verfügen Führungspersönlichkeiten im Unterschied zu Führungskräften?

7.2 Was sind Tugenden?

Die Tugend ist ein *habitus operativus bonus*. Der Habitus ist eine auf das gute Handeln eingerichtete Grundeinstellung. Das Laster ist demnach ein *habitus operativus malus*.

Die Schwierigkeit ist nun herauszufinden: Was ist das Gute? Das Gute setzt nicht automatisch die sittliche Qualität einer Handlung voraus. Das Gute ist ein Substantiv und bezeichnet etwas Abstraktes, während das gute Handeln etwas Konkretes bezeichnet. Jetzt müssen wir also fragen, was das Gute ist. Nach Platon ist das Gute etwas, wonach alle Menschen streben. Allerdings ist das, wonach alle streben problematisch in seiner Generalisierung. Die Frage ist also: Was ist das Gute eines tugendhaften Managers? Nicht das gute Handeln, sondern „das GUTE"!

Die Bestimmung des Guten, und damit der Tugend, kann über Gegensätze erfolgen. Gegensätze gibt es vier:

- kontradiktorische,
- konträre,
- privative und
- relative.

7.2.1 Das Gute im Gegensatz

Kommt nun das Gute beziehungsweise das Schlechte als Gegensatz des Kontradiktorischen, des Konträren, des Privativem oder des Relativem vor?

Im kontradiktorischen Gegensatz gibt es im menschlichen Handeln nur gutes oder schlechtes Handeln. Es gab einmal eine Schule der Moraltheologie, die sagte, was nicht gut ist, ist automatisch böse, dazwischen gibt es nichts. Es gibt kein differentes Handeln. Hier sind Gut und Böse kontradiktorisch gesetzt.

Im konträren Gegensatz gibt es Abstufungen des Handelns. Es gibt Handeln, das dem Guten oder Bösen nähersteht. Es gibt eine Skala zwischen Gut und Böse.

Im Privativen gibt es den Gegensatz beispielsweise zwischen Sachverhalten, von denen der eine Sachverhalt eine Eigenschaft besitzt, die dem anderen fehlt. Zum Beispiel sehend und blind, stark und schwach.

Im relativen Gegensatz geht es darum, dass das eine nicht ohne das andere sein kann, obwohl beides nicht identisch ist – Vater und Sohn, Mann und Frau, Mutter und Kind etc.

Nun ist die Frage, was ist das *bonum* (das Gute) und das *malum* (das Schlechte) für ein Gegensatz? Es handelt sich um ein *privatio boni debiti*, um ein geschuldetes Gutes. Das ist das *debitum*.

Das bedeutet, zum *bonum* gehört immer das *debitum*. Das Gute muss geschuldet sein. Die Selbstzwecklichkeit des Guten taucht erst später im neuzeitlichen Denken auf. Sicher hatte schon Platon eine Vorstellung davon, dann taucht es erst wieder bei Nietzsche auf. Dazwischen hat man Jahrhunderte lang den privaten Gegensatz angenommen.

7.2.2 Das geschuldete Gute

Wenn das *debitum* nun das Geschuldete ist, dann bleibt die Frage, was genau ist das Geschuldete? Das Gute muss geschuldet sein. Bezogen auf die Handlung, auf die Einstellung der Menschen, auf das Tugendhafte im Menschen. Das Gute kennt somit letztlich zwei Aspekte:

- das Sein-Sollen (es muss gewollt sein),
- die Idee des Guten (etwas, an dem alle Menschen teilhaben können, auch wenn sie es konkret nicht tun. Das ist die Idee des Guten.).

Damit wurde schon in der Scholastik etwas Entscheidendes festgestellt: Was gut ist, lässt sich nicht wirklich definieren, jeder versteht etwas anderes darunter.

Aristoteles hat das Gute als *bonum esse* bezeichnet [1]. Das Gute ist das vollständige Sein. Zum vollständigen Sein eines Lebewesens gehören all diese Bestimmungen hinzu, die wir in einem vollständigen Begriff ihnen zudenken. Dann wäre das *malum* das Fehlen einer Sache, die da nicht ist. So ist das *bonum* (das Gute) viel schwerer zu definieren als das *malum* (das Schlechte).

7.3 Die Tugenden der Führungspersönlichkeit – die Tugenden des Aristoteles

Aristoteles stellte die Primärtugenden, von ihm alle unter Tapferkeit subsumiert, vor, von denen die Sekundärtugenden ihre Tugendhaftigkeit erst bekommen. Werden nur die Sekundärtugenden gelebt, dann ist Gefahr im Verzug. Die Primärtugenden sorgen dafür, dass die Sekundärtugenden nicht zu Lastern verkommen. Als primäre Tugenden stellte Aristoteles vor:

1. **Die Zivilcourage:** Die Führungspersönlichkeit sollte ihre begründete Meinung auch dann äußern, wenn sie gegen die Meinung der meisten anderen ist. Hier wird das Prinzip realisiert: „Wer zu den Quellen will, muss gegen den Strom schwimmen."
2. **Die Konfliktfähigkeit bei notwendigen Konflikten**: Notwendig ist eine Konfliktlösung genau dann, wenn Menschen unter einem Konflikt leiden.
3. **Die Epikie – der kreative Ungehorsam**: *„Agere contra verbum legis sekundum mentem legislatoris rationalis"* – „Gegen den Wortlaut der Norm handeln, im Sinne eines vernünftigen Normengebers." Aristoteles meinte: „Epikie ist die Korrektur des Gesetzes da, wo dasselbe wegen seiner allgemeinen Fassung mangelhaft bleibt." „Epikie ist gleichsam die höhere Regel der menschlichen Handlungen" (Thomas von Aquin) [2, 3]. Vernunft ist hier nicht als Epiphänomen des Interesses gemeint, sondern gemeint ist das, was Schaden vom Gemeinwohl abwendet.
4. **Eintreten für Minderheiten:** Gemeint ist hier das Eintreten für Minderheiten, die nicht sozial schädlich sind. Nicht gemeint ist das Eintreten für alle Minderheiten. Denn es gibt eine ganze Menge an Minderheiten, die sich nicht besonders sozialverträglich verhalten.
5. **Kritische Gerechtigkeit**: Gerechtigkeit ist der feste Wille, einem jeden Menschen sein Recht zukommen zu lassen (Ulpian). Gerechtigkeit ist ein fester Wille, also eine Tugend. Sie hat mit der Juristerei nichts zu tun. Juristerei ist eine Rechtsauslegung. Hier reden wir über Sittlichkeit. Eine Führungspersönlichkeit kommt einer Vorschrift dann am nächsten, wenn sie nach dem Sinn und nicht nach dem Buchstabenlaut entscheidet. Für eine Führungspersönlichkeit kommt es darauf an, den Schaden aller Beteiligten so gering wie möglich zu halten. Kritisch meint hier: die Selbstverständlichkeiten nicht für selbstverständlich zu halten. Kritisch ist also eine Gerechtigkeit genau dann, wenn man dabei gegen scheinbare Selbstverständlichkeiten denkt (zum Beispiel beim Reengeneering).
6. **Tapferkeit**: Tapferkeit war für Aristoteles das entscheidende Kriterium der Primärtugenden. Tapfer sein heißt, etwas zu tun, obwohl es mir Angst macht.

Tapfer ist genau der Mensch, der etwas tut, weil er sein Tun für richtig hält, obwohl er Angst hat. Eine Zivilcourage (aber auch alle anderen Primärtugenden) hat dann besonders große Chancen, wenn man mit der Angst fertig wird. Bei allen Primärtugenden werden die Verhältnismäßigkeit und die berechtigte Hoffnung auf ein Ergebnis vorausgesetzt.

Diese Kriterien sind dazu geeignet, zu prüfen, inwieweit jemand eher Führungspersönlichkeit oder Führungskraft ist. Führungskräfte sind unter anderem dadurch gekennzeichnet, dass sie nur die Sekundärtugenden kultivieren. Sind aber – wie bereits gesagt – Primärtugenden nicht vorhanden, verkommen Sekundärtugenden zu Lastern. Führungskräfte neigen übrigens auch dazu, sich an Sekundärtugenden zu klammern.

Sekundärtugenden sind zum Beispiel:

- Gehorsam,
- Treue,
- Pünktlichkeit,
- Pflichtbewusstsein,
- Ordnungsliebe,
- Sauberkeit,
- Verlässlichkeit,
- Fleiß,
- Teamgeist,
- Ehrlichkeit [4].

Fehlen also Primärtugenden, dann kann Gehorsam zum Kadavergehorsam verkommen, dann kann Treue bedeuten: „bis in den Tod". Dann kann Pflichtbewusstsein absolut gesetzt, menschliches Miteinander ruinieren. Schon Oskar Lafontaine, dessen politische Überzeugungen ich nicht unbedingt teile, meinte einmal, nur mit Sekundärtugenden ausgestattet, könne man sehr gut ein KZ führen [5].

7.4 Führung und ihr sittlicher Charakter

Führungspersönlichkeiten unterscheiden sich also von Führungskräften auch bei der Auswahl und Pflege ihrer Tugenden. Führungspersönlichkeiten begnügen sich allerdings nicht nur mit Primärtugenden. Und Führungskräfte wie auch Führungspersönlichkeiten können neben den Sekundärtugenden ebenfalls weitere Tugenden pflegen. Welche weiteren Tugenden können das sein?

Über-Ich-Tugenden sind typisch für Führungskräfte. Hier findet eine Übernahme durch Internalisierung der Strukturen von Institutionen statt. Diese Strukturen sollen die Institution erhalten. Dadurch ist jederzeit Fremdsteuerung möglich, also eine schädliche Tugend. Allerdings erlaubt die Über-Ich-Tugend der Führungskraft eine konfliktarme Anpassung an die soziale Umwelt. Über-Ich-Tugenden sind:

- Fleiß,
- Gehorsam,
- Pünktlichkeit,
- Sauberkeit,
- Pflichtbewusstsein,
- Leistungsbereitschaft.

Die Folgen dieser Über-Ich-Tugenden sind:

- Kameradschaft,
- Solidarität,
- Vaterlandsliebe,
- Opferbereitschaft,
- Treue.

Diese Tugenden sind eher für Führungskräfte wesentlich. Führungspersönlichkeiten gleichen diese Tugenden immer mit ihren Primärtugenden ab.

Es-Tugenden sind Tugenden durch Orientierung von Lust und Unlust in früher Kindheit. Es-Tugenden sind:

- sich betreffen lassen,
- Umgang mit Emotionen,
- angstfrei vertrauen können.

Diese Tugenden werden eher von Führungspersönlichkeiten gepflegt.

Ich-Tugenden sind Tugenden, die durch rational geleitete und emotional engagierte Deduktion handlungsleitender Werte aus ethischen Prinzipien entwickelt wurden. Ich-Tugenden sind:

- Kritikfähigkeit,
- Mündigkeit,
- Selbstverantwortung,
- individueller Glücksanspruch.

Hier ist die „Spielwiese" der Führungspersönlichkeit. Alle Über-Ich und Es-Tugenden können durch verantwortete und kritische Übernahme durchaus zu Ich-Tugenden werden.

Passungstugenden sind beziehungsabhängig. Sie existieren nur für die Dauer der Beziehung und verschwinden danach wieder, zum Beispiel Hilfsbereitschaft.

7.4.1 Sich betreffen lassen – eine besondere Tugend der Führungspersönlichkeit

Manche Menschen verfügen über eine ideale ethische Theorie. Sie sind überzeugt, sich auch in der Praxis daran zu halten. Allerdings merken Außenstehende nichts davon. Der Grund ist, die ethische Überzeugung findet sich in der tatsächlichen Führungsorientierung nicht wieder. Eine Führungspersönlichkeit sollte auch in der Lage sein, Anwendungsfälle für ihr ethisches Handeln auszumachen. Hier besteht ein Unterschied zwischen: Es macht mich betroffen und ich bin betroffen. Ich bin betroffen heißt: Ich bin aufgefordert, etwas zu tun.

Menschen, die über sittliche Normen verfügen, jedoch nicht die Fähigkeit besitzen, Anwendungsfälle zu finden, sind moralisch oder sittlich blind. Führungskräfte von scheinbar untadeligem Charakter und hohen moralischen und sittlichen Idealen entgehen der Betroffenheit oft durch trickreiche Strategien:

- Betroffensein wird ersetzt durch Betreffen lassen. Das erlaubt ‚ohnmächtiges Mitleid'. Ich bin zu keinem Handeln verpflichtet.
- Ich verschließe mich. Würde ich von aller Not etc. betroffen sein, würde ich mich selbst vernichten.
- Ich delegiere Betroffensein auf Nebenkriegsschauplätze. Ich empöre mich moralisch gegen Oben-Ohne-Baden, nicht aber gegen das Unrecht, das alltäglich in meiner Umgebung geschieht. Oder: Ich empöre mich über zu knappe Röcke, nicht aber über zu knappe Löhne.

7.4.2 Der „gute Charakter" der Führungspersönlichkeit

Damit sich die Primärtugenden und weitere Tugenden der Führungspersönlichkeit auch im täglichen Miteinander realisieren lassen, sollte eine Führungspersönlichkeit über Charakter verfügen. Umgangssprachlich sagen wir gern: „Er hat einen guten oder miesen Charakter".

Psychologisch verstehen wir unter Charakter einen festen strukturellen Bestandteil der Persönlichkeit.

Somit verfügt jeder Mensch über einen Charakter. Aus ethischer Sicht wird dieser Charakter nun unterschieden zwischen gutem und schlechtem Charakter. Das Urteil darüber wird durch die jeweiligen ethischen Werte gefunden.

Charakter ist also ein ethischer Begriff und kein moralischer, also kann man auch nicht von einem moralischen Charakter sprechen. Moral ist immer auf den systemischen Nutzen ausgerichtet. Sittlichkeit ist grundsätzlich ein transsystemisches Verhalten.

Charakter ist somit nicht psychologisch oder systemisch zu verstehen. Also hat eine psychologische Einstellung einer exogenen Moral (mit möglichst wenig sozialem Aufwand leben zu können) auch nichts mit dem ethischen Charakter zu tun.

Was spielt nun für den ethischen Charakter einer Führungspersönlichkeit eine Rolle? Sicher können wir uns da bei Immanuel Kant bedienen. Für ihn stand die Würde des Menschen, die Selbstzwecklichkeit des Menschen im Mittelpunkt. In der *Methaphysik der Sitten* sagt er: „Handle so, dass du die Menschheit sowohl in deiner Person, als auch in der Person eines jeden anderen jederzeit zugleich als Zweck, niemals bloß als Mittel brauchest." [6]. Charakter wird von Kant also in einem sittlichen Sinne verstanden.

Pater Lay hat für den tugendhaften Manager und seinen ethischen Charakter sein Biophilie-Postulat angeboten: „Handle und entscheide dich stets so, dass durch dein Handeln und Entscheiden das personale Leben in dir und in der Person eines jeden anderen Menschen eher gemehrt, denn gemindert wird." [7].

Damit der ethische Charakter der Führungspersönlichkeit auch praktisch wird, sollten ein paar Voraussetzungen erfüllt sein. Solche Voraussetzungen können sein:

- Werte wurden über Identifikation internalisiert.
- Es besteht Zwangsfreiheit von äußeren und inneren Zwängen.
- Eine zwangsfreie Übernahme von Primärtugenden hat stattgefunden.
- Aktive Intoleranz wird reaktiv abgewiesen (Verhältnismäßigkeit bedenken).
- Anfälligkeiten für ein Leben aus zweiter Hand werden beherrscht.
- Die Lebensorientierung wird sittlich verantwortet.
- Die Freiheit vom Selbstideal hin zum Selbstreal besteht.
- Man wird nicht durch ein System vereinnahmt.
- Ein anderer Mensch wird nicht gedrängt, ein Leben aus zweiter Hand zu leben.

7.5 Fazit

Werte sind das Wünschbare. Unterschieden werden Werte der Kindwelt und der Erwachsenenwelt.

Die Kindweltwerte sind:

- Dankbarkeit,
- Wohlwollen,
- Verzeihenkönnen und
- Im-Kleinen-glücklich-sein.

Die Welt der Erwachsenen ist überwiegend geprägt durch Werte wie:

- Erfolg,
- Reichtum,
- Macht und
- Leistung.

Wer Primärtugenden entwickelt, hat sehr gute Voraussetzungen geschaffen, sich unabhängig von Systemen oder Ideologien sozialverträglich zu verhalten. Diese Primärtugenden unterstützen nicht nur den eigenen Charakter, helfen ihm, sich zu entwickeln, sondern diese Tugenden sind auch eine notwendige Voraussetzung dafür, ein Leben aus erster Hand, ein Leben in Freiheit, das eigene Leben zu leben. Daran scheinen mir Führungspersönlichkeiten mehr interessiert zu sein als Führungskräfte.

In der Wertewelt werden zwei Tugendrichtungen unterschieden. Es sind die Primärtugenden und die Sekundärtugenden. In der Wertewelt von Führungspersönlichkeiten sind Primärtugenden zu Hause. Dazu gehören Zivilcourage oder die Kunst der Tapferkeit, notwendige Konflikte auszutragen, kreativ ungehorsam zu sein, für Minderheiten (die nicht sozial schädlich sind) einzutreten und kritische Gerechtigkeit walten zu lassen.

In der Welt der Führungskräfte spielen Sekundärtugenden die entscheidende Rolle. Das sind Dinge wie Pünktlichkeit, Gehorsam, Ordnungsliebe, Fleiß etc. Das ist auf den ersten Blick nichts Schlechtes. Doch Vorsicht vor der Macht der Sekundärtugenden., denn ohne Primärtugenden verkommen Sekundärtugenden zu Lastern.

Darüber hinaus gibt es vier besondere Arten der Tugend:

1. **Über-Ich-Tugend** (Fleiß, Gehorsam, Pünktlichkeit, Sauberkeit, Pflichtbewusstsein, Leistungsbereitschaft),
2. **Es-Tugenden** (sich betreffen lassen, Umgang mit Emotionen, angstfrei vertrauen können),

3. **Ich-Tugenden** (Kritikfähigkeit, Mündigkeit, Selbstverantwortung, individueller Glücksanspruch),
4. **Passungstugenden** (zum Beispiel Hilfsbereitschaft).

Die Realisierung und auch das Vorhandensein von Primärtugenden ist abhängig vom Charakter des Führenden. Die Führungspersönlichkeit verfügt über einen sittlichen Charakter. Die ethischen Werte der Führungspersönlichkeit helfen hier, zwischen einem guten und schlechten Charakter zu unterscheiden.

Literatur

Quellen

1. http://de.wikipedia.org/wiki/Transzendentalien. Zugegriffen: 04. April 2015.
2. http://www.textlog.de/33484.html. Zugegriffen: 24. Aug. 2015.
3. http://sz-magazin.sueddeutsche.de/texte/anzeigen/3531/Die-Gewissensfrage. Zugegriffen: 24. Juni 2015.
4. http://de.wikipedia.org/wiki/Sekund%C3%A4rtugend. Zugegriffen: 04. April 2015.
5. https://jungefreiheit.de/kultur/gesellschaft/2014/der-selbsthass-blueht/. Zugegriffen: 04. April 2015.
6. http://de.wikipedia.org/wiki/Grundlegung_zur_Metaphysik_der_Sitten. Zugegriffen: 04. April 2015.
7. Lay, Rupert. 1989. *Ethik für Manager*, 64. Düsseldorf: Econ Verlag, .

Weiterführende Literatur

8. Lay, Rupert. 2000. *Charakter ist kein Handicap – Persönlichkeit als Chance*. Freiburg: Urania-Verlag.
9. Lay, Rupert. 1989. *Ethik für Manager*. Düsseldorf: Econ Verlag, S. 64 ff.
10. Lay, Rupert. 1983. *Ethik für Wirtschaft und Politik*. München: Wirtschaftsverlag Langen Müller Herbig.
11. Lay, Rupert. 1985. *Vom Sinn des Lebens*. München: Wirtschaftsverlag Langen Müller Herbig.

Führung und Ethik

8

Wer ein Unternehmen erfolgreich führen will, davon bin ich fest überzeugt, der braucht ein paar Grundsätze, zu denen er auch in schwierigen Zeiten steht und die er nicht jeden Tag neu in den Wind hängt.
*Wendelin Wiedeking (*1952), ehemaliger Vorstandsvorsitzender der Porsche AG*

Fragt man heute jemanden nach Ethik, dann bekommen nicht wenige Manager einen leicht verklärten Blick und drücken ihr Kreuz durch. Man hört noch ein leichtes Seufzen: „Ach ja, ganz wichtig!" Und danach wird erst einmal argumentiert, dass Ethik eine Sache sei, die man sich in heutiger Zeit bei dem Wettbewerbsdruck nicht so ohne Weiteres leisten könne. Fragt man nach, was denn nun Ethik sei, dann kommen Antworten wie: „Das ist sehr wichtig für das Zusammenleben", „Das hat etwas mit Menschlichkeit zu tun" oder noch andere alberne Definitionsversuche.

Wenn wir uns mit Ethik befassen wollen, dann sollten wir den Begriff definieren und unterscheiden zwischen Ethik, Moral und Sittlichkeit. Außerdem sollten wir feststellen, wo Ethik heute eine Chance hat und wie Ethik eine Chance hat. Dazu ist es notwendig, sich mit den Ethikkategorien, der Grenzhaftigkeit (Abschn. 3.3.3) und den Fiedler-Werten (Abschn. 11.1) auseinanderzusetzen.

8.1 Die Entwicklung der Ethik

Bei Ethik geht es ums Nachdenken über das Gute. Der Gegensatz zwischen Moral und Ethik besteht darin, dass die faktische Moral teilweise emotionale Ursprünge hat (Ekel, Hass, Angst) sowie kultur- und gesellschaftsabhängig ist, die Ethik

U. Posé, *Von der Führungskraft zur Führungspersönlichkeit*,
DOI 10.1007/978-3-658-10924-0_8

hingegen mit Logik auf „absoluten" Maßstäben aufzubauen versucht. Ethik kann ebenso als das Nachdenken über Moral verstanden werden.

Bei Moral geht es um die Einhaltung der durch die Gesellschaft festgelegten Normen, sonst gibt es Druck. Das bedeutet, auch eine Mafia hat wohl moralische, jedoch keine ethischen Werte.

Übrigens, schon die Sophisten vertraten die Auffassung, dass es für ein Vernunftwesen wie den Menschen unangemessen sei, wenn dessen Handeln ausschließlich von Konventionen und Traditionen geleitet wird.

Ein weiterer Unterschied zur Moral ist, dass die Ethik als philosophische Disziplin allein auf das Prinzip der Vernunft baut. Darin unterscheidet sie sich vom klassischen Selbstverständnis theologischer Ethik, die sittliche Prinzipien als in Gottes Willen begründet annimmt. Es gibt nicht *die* Ethik. Es gibt viele Ethiken, zum Beispiel Aristoteles' Eudaimonia. Das bedeutet, glücklich sein, gesegnet sein, erfolgreich sein, dadurch dass das Volkswohl durch den Bürger selbst gemehrt wird.

Petrus Abaelard löste Aristoteles im Mittelalter ab. Er wollte den Willen Gottes erfüllt sehen. Aber, wer kennt den schon?

Thomas von Aquin war ziemlich mutig, als er mit seiner Ethik Petrus Abaelard ablöste. Von Aquin stellte das Naturgesetz in den Mittelpunkt seiner Ethik und wollte, dass man dem Anspruche seiner Vernunft zu folgen habe.

Immanuel Kant, der große Philosoph aus Königsberg schaffte mit seinen ethischen Prinzipien eine Grundlage für unser Grundgesetz. Er wollte zunächst, dass wir immer so handeln, dass unser Handeln zur Grundlage eines gültigen Gesetzes werden kann und er stellte den Menschen und seine Würde in den Mittelpunkt seiner Ethik, indem er forderte, dass wir den festen Willen haben, einen Mensch niemals zum bloßen Mittel unserer Zwecke zu machen, sondern den Menschen als Ziel unseres Handelns ansehen. Damit wollte er die Würde des Einzelnen sicherstellen.

Die Utilitarier wollten als politische Partei das größte Glück der höchsten Zahl. Als bemerkt wurde, dass bei einer solchen Ethik Minderheiten auf der Strecke bleiben, wurde der Utilitarismus um eine Sozialvariante erweitert. Der Sozialutilitarismus wollte zwar immer noch das größte Glück der höchsten Zahl, jedoch unter Berücksichtigung von Minderheiten und deren Ansprüchen.

Anfang des letzten Jahrhunderts kam George Edward Moore auf die Idee, es sei ethisch gut, wenn man seinen ästhetischen Neigungen folgt. Ethik verkam hier zum emotionalen Brei.

Rupert Lay entwickelte seine Ethik in den 1970er und 1980er Jahren, indem er die Biophilie, also die Lebensmehrung, in den Mittelpunkt seiner Ethik stellte.

8.2 Die Bedeutung der Ethik für ein Unternehmen

Braucht ein Unternehmen Ethik? Ist das nicht letztlich akademischer Blödsinn? Reicht es nicht völlig aus, sich anständig zu benehmen? Auf solch eine Idee kommen Führungskräfte. Führungspersönlichkeiten hingegen sehen die Notwendigkeit für sinnvolle Leitlinien ethischer Natur für Unternehmen.

Ein Unternehmen realisiert mit seinen Beschäftigten nicht nur ökonomische Ziele. Erfolgreiche Führungspersönlichkeiten folgen daher ausdrücklich fünf Unternehmensfunktionen:

- Soziokulturell: Es geht um die Versorgung mit Gütern, Innovationen.
- Operativ-instrumentell: Es geht um die Gestaltung von Strukturen und Prozessen.
- Führungsfunktion: Es geht um die Integration aller Funktionen.
- Personal/sozial: Es geht um die bestmögliche Entfaltung der Mitarbeiter und sozialverträgliche Interaktionen.
- Ökonomische: Es geht um den wirtschaftlich vernünftigsten Umgang mit Ressourcen, Kosten, Finanzen, Wertschöpfung.

Die Ausgewogenheit dieser fünf Funktionen ist Führungspersönlichkeiten wichtig und gibt Auskunft über die gelebte Bedeutung der Unternehmenskultur in einem Unternehmen. Nur sie entwickelt bei den Unternehmensmitgliedern die Fähigkeit und Bereitschaft, außerökonomische Ziele, Maßnahmen und Handlungen mit ökonomischen Zielen, Maßnahmen und Handlungen zu verbinden und verträglich zu halten. Allein dies erfordert Richtlinien, nach denen Führungspersönlichkeiten ihr Handeln gestalten. Denn der Realismusgehalt der Unternehmenskultur ist entgegen der allgemeinen Annahme hoch. Keine Firma funktioniert ohne Unternehmenskultur. Wie ist das zu beweisen?

1. Beweis
Menschen – in Unternehmen als Mitarbeiter und in Märkten als Nachfrager – handeln immer aus einem Bündel von Motiven heraus, und unter diesen sind die ökonomischen zwangsläufig in der Minderheit.

2. Beweis
Menschen – in Unternehmen und Märkten – handeln in komplex zusammengesetzte Realitäten hinein, und in denen sind die ökonomischen zwangsläufig in der Minderheit.

3. Beweis
Im Unternehmen wie im Markt handeln immer Menschen, immer Menschen mit Menschen, immer Menschen für Menschen. Menschen sind aber immer mehr als nur Arbeitskräfte oder nur Nachfrager. Deshalb lässt sich ein Bild dieser Menschen nur außerökonomisch gewinnen, deshalb kann man Menschen in Unternehmen nicht bloß ökonomisch führen und deshalb kann man mit den Menschen in den Märkten nicht bloß ökonomisch interagieren. Man kann beides nur aufgrund eines ethisch-motivierten Menschenbildes.

8.2.1 Ethische Grundsätze für Führung und Unternehmen

Meine Vorschlag für Führungspersönlichkeiten: Schaffe eine Vertrauenskultur (da ist alles drin)!

Persönliche Grundsätze von Führungspersönlichkeiten können sein:

- Ich handle und entscheide möglichst so, dass meine Entwicklungsmöglichkeiten und die von anderen eher zunehmen als behindert werden.
- Ich respektiere die Würde und Freiheit meiner Mitarbeiter.
- Ich übernehme für die überschaubaren Folgen meines Handelns die alleinige Verantwortung.
- Ich handle und entscheide so, dass das Vertrauen in meine Handlungen und Entscheidungen möglichst gefestigt wird.
- Ich handle und entscheide so, dass alle Beteiligten niemals nur Mittel, sondern jederzeit auch Ziel meines Handelns sind.
- Ich zwinge niemanden, gegen sein verantwortet übernommenes ethisches und/oder sittliches Gewissen zu handeln.
- Ich handle und entscheide so, dass die Interessen aller Beteiligten berücksichtigt und in verantworteter Güterabwägung gegeneinander abgewogen werden.
- Ich bemühe mich darum, dass meine Entscheidungen von allen Beteiligten verstanden werden.
- Ich handle und entscheide so, dass das Erreichen von Unternehmenszielen und sozialverträglichem Miteinander in Einklang stehen können.

Unternehmerische Grundsätze von Führungspersönlichkeiten können sein:

- Wir handeln und entscheiden so, dass bei jedem unserer internen und externen Partner die Bereitschaft zu selbstständigem und selbstverantwortlichem Handeln gefördert wird.

- Wir handeln und entscheiden so, dass die Identifikation mit dem Unternehmen unterstützt wird.
- Wir gehen mit unseren externen und internen Partnern so um, dass das Vertrauen in unser unternehmerisches Handeln gefestigt und gefördert wird.
- Wir handeln und entscheiden gewinnorientiert so, dass der langfristige Unternehmensbestand sichergestellt ist.
- Wir unterstützen und erwarten von jedem Mitarbeiter eine verantwortungsbewusste Erfolgsorientierung.
- Wir handeln und entscheiden so, dass Mitarbeiter/Kunden/Lieferanten und die Öffentlichkeit sich informieren und unsere Entscheidungen verstehen können. Dafür schaffen und pflegen wir transparente Strukturen.
- Wir berücksichtigen bei konkurrierenden Interessen die Folgen für alle Beteiligten.
- Wir pflegen und fördern einen ökologisch sinnvollen Umgang mit Ressourcen.
- Wir fördern, unterstützen und belohnen die Entwicklung von Zivilcourage, kreativem Ungehorsam, Konfliktfähigkeit und kritischer Gerechtigkeit unserer Mitarbeiter.

8.2.2 Unternehmen haben eine ethische Aufgabe

Wieso ist Führungspersönlichkeiten Ethik wichtig? Weil sie im Unterschied zu Führungskräften der Überzeugung sind, dass Unternehmen auch eine ethische Aufgabe haben. Führungskräfte sehen nur die ökonomische Verantwortung eines Unternehmens. Vielleicht auch noch die ökologische Verantwortung, eventuell auch eine soziale Verantwortung. Aber eine ethische Verantwortung? Die Begründung für die ethische Verantwortung eines Unternehmens ist leicht auszumachen.

Menschen verbringen einen Großteil ihres Lebens in Unternehmen, um ihren Lebensunterhalt zu verdienen. Gleichzeitig ist das ökonomische Motiv im Motivbündel von Menschen in der Minderheit. Allein dadurch muss dem Unternehmen auch ein Großteil an Bedeutung bei der Ausbildung des ethisch-moralischen Bewusstseins von Menschen zufallen. Ethik ist demnach nicht etwas, das notwendig von außen an ein Unternehmen herangetragen werden muss, sondern es kann innerhalb des Unternehmens selbst entstehen. Dafür fühlen sich Führungspersönlichkeiten mitverantwortlich.

Zudem fällt mit dem globalen und epochalen Wandel unserer Gesellschaft den Unternehmen eine besondere soziale gestalterische Rolle zu. Es ist bereits heute deutlich, dass der Staat immer weniger die Sicherung und Gestaltung der Wohlfahrt erfüllen kann.

Die entscheidende Prämisse für ethisches Handeln steckt im Selbstverständnis einer jeden Führungspersönlichkeit. Es ist die Prämisse der Freiheit. Jeder Unternehmer zieht es vor, sich in einer Welt wiederzufinden, in der Handlungen so interpretiert werden, als hätten sie auch unterbleiben können, und Handlungen, die unterblieben sind, so interpretiert werden, als hätten sie auch geschehen können. Demnach will kein Unternehmer sich in einer Welt bewegen, in der alles nach nacktem Determinismus vorherbestimmt ist und ihm nur die Rolle desjenigen zukommt, der der Vorsehung die Kastanien aus dem Feuer holt. Aus diesem Grund erwächst aus dem Selbstverständnis des Unternehmertums die maßgebliche ethische Forderung: Wir sind aufgrund des Bedürfnisses, uns als freie Menschen wahrnehmen zu wollen, verpflichtet, nach Wegen der bewussten Gestaltung unserer Umwelt zu suchen. Andernfalls überlassen wir alles der blinden Notwendigkeit, den strukturellen Sachzwängen, dem zufälligen Recht des Stärkeren, der Willkür und dem Chaos. Das wird wohl eher nur Führungskräften passieren.

Aus dem Unternehmertum selbst folgt also die ethische Vorgabe, die Welt nicht kritiklos so anzuerkennen, wie sie zufällig gerade ist, sondern an ihrer Veränderung derart zu arbeiten, dass wir uns darin erleben als Menschen, die einander hin und wieder die Fähigkeit verbildlichen, dass sie die bewussten Gestalter der Welt sind, in der sie auch leben wollen. Dafür stehen Führungspersönlichkeiten.

Führungspersönlichkeiten ist sicher der Unterschied von Ethik und Moral und Sittlichkeit bekannt. Führungskräfte hingegen kümmert diese feine Unterscheidung sicher wenig. Das heißt nicht, dass nicht auch Führungskräfte über Ethik verfügen können. Das gilt es jedoch etwas genauer anzuschauen.

8.2.3 Der Unterschied von Ethik, Moral und Sittlichkeit

Was ist Ethik?

Ethik ist nichts anderes als eine wissenschaftliche Disziplin, mit der wir alles, was wir tun, bewerten. Diese Bewertung findet statt vor dem Hintergrund von hohen Gütern, die wir schützen wollen. Die kürzeste Definition könnte sein: Ethik ist die Lehre von Gut und Böse.

Was ist Moral?

Moral ist der Katalog, den eine Gesellschaft aufstellt, um die Mitglieder dieser Gesellschaft dazu zu bringen, sich sozialverträglich zu verhalten. Es ist also ein Normenkatalog.

Was ist Sittlichkeit?
Sittlichkeit ist die Fähigkeit und Bereitschaft eines Menschen, seine Handlungen nach hohen zu schützenden Gütern auszurichten und diese Taten auch zu verantworten. Die Verantwortung bezieht sich hier auf die überschaubaren Folgen der Handlungen.

Die Frage ist nun, wie kommt es zu einer sittlichen Handlung? Wann greift denn Ethik oder Moral? Das hängt zunächst davon ab, welcher Ethik ich mich verpflichtet fühle. Im Kern gibt es drei verschiedene Ethikkategorien, die ebenfalls helfen, Führungspersönlichkeiten von Führungskräften zu unterscheiden: Es gibt eine Gesinnungsethik. Hier zählt die gute Absicht. Allerdings sollten wir bedenken, das Gegenteil von gut ist gut gemeint. Gleichzeitig kann ich niemals die Gesinnung eines Menschen eindeutig erkennen, denn selbst wenn jemand eine bestimmte Gesinnung behauptet, wissen wir doch nie, ob sie tatsächlich vorliegt. Das ist durchaus eine Spielwiese der Führungskräfte.

Ebenfalls von Führungskräften bevorzugt ist die Ergebnisethik. Hier zählt das Resultat. Auch bei dieser Ethik gibt es ein Problem: Wenn nur das Ergebnis zählt, dann kann der Zweck die Mittel heiligen.

Als dritte Möglichkeit bietet sich die Handlungs- oder Professionsethik an. Das ist die Ethik von Führungspersönlichkeiten. Für sie zählt die Vorgehensweise. Ich muss das verantworten, was ich tatsächlich getan habe, unabhängig von meiner Gesinnung und dem erreichten Ergebnis. Ich kann mich hier weder hinter meiner guten Absicht, noch hinter einem ethisch verwertbaren Ergebnis verstecken. Handlungsethik fordert eine hohe Sittlichkeit der Führungspersönlichkeit ein.

Sowohl Führungskräfte als auch Führungspersönlichkeiten stellen die Frage, ob Ethik in einem Unternehmen machbar und auch sinnvoll ist. Nicht wenige Führungskräfte sind der Auffassung, Ethik komme erst dann zum Tragen, wenn ein Unternehmen genügend Gewinne macht. Klar, es gibt Ethik, die Geld kostet, jedoch gilt das nicht für jede Ethik. Eine kostenneutrale Ethik ist es zum Beispiel, die Kommunikations- und Konfliktfähigkeit seiner Mitarbeiter zu aktivieren. Dann kann ich auf die Nutzung von mir unzulässig zugegangenen Geschäftsgeheimnissen verzichten. Ein gutes Beispiel dafür hat vor wenigen Jahren Pepsi Cola geliefert. Als Mitarbeiter von Coca Cola dem Wettbewerber Pepsi Geschäftsgeheimnisse zum Kauf anboten, hat Pepsi nicht nur auf den Kauf verzichtet, sondern seinen schärfsten Wettbewerber darüber informiert, damit der gegen seine Leute vorgehen kann. Generell kann ich auf unethische Praktiken verzichten, das muss kein Geld kosten. Das ist Führungspersönlichkeiten klar. Und Führungspersönlichkeiten leben durchaus in dem Bewusstsein, dass ethisch motiviertes Handeln Vorteile in der Außen- und Innenwirkung eines Unternehmens hat.

8.3 Fazit

Es werden Ethik, Moral und Sittlichkeit voneinander unterschieden:

- Ethik ist eine wissenschaftliche Disziplin, die hohe, schützenswerte Güter entwickelt und Handlungen zur Sicherung der Güter legitimiert und/oder zurückweist.
- Moral ist der Normenkatalog einer Gesellschaft, der die soziale Verträglichkeit darin sichert.
- Sittlichkeit ist persönliche Orientierung an selbst gewählten Werten mit der Bereitschaft, eigene Handlungen zu verantworten.

Es gibt nicht *die* Ethik. Verschiedene Ethiken seit der Antike waren:

- Aristoteles und seine Eudaimonia. Das bedeutet, glücklich sein, gesegnet sein, erfolgreich sein dadurch, dass das Volkswohl durch den Bürger selbst gemehrt wird.
- Petrus Abaelard wollte den Willen Gottes erfüllt sehen.
- Thomas von Aquin stellte das Naturgesetz in den Mittelpunkt seiner Ethik und wollte dass man dem Anspruche seiner Vernunft zu folgen habe.
- Immanuel Kant schaffte mit seinen ethischen Prinzipien eine Grundlage für unser Grundgesetz. Er wollte zunächst, dass wir immer so handeln, dass unser Handeln zur Grundlage eines gültigen Gesetzes werden kann. Und er stellte den Menschen und seine Würde in den Mittelpunkt seiner Ethik, indem er forderte, dass wir den festen Willen haben, einen Mensch niemals zum bloßen Mittel unsere Zwecke zu machen, sondern den Menschen als Ziel unseres Handelns ansehen.
- Die Utilitarier wollten als politische Partei das größte Glück der höchsten Zahl. Später wurde der Utilitarismus um eine Sozialvariante erweitert. Der Sozialutilitarismus wollte zwar immer noch das größte Glück der höchsten Zahl, jedoch unter Berücksichtigung von Minderheiten und deren Ansprüchen.
- Anfang des letzten Jahrhunderts kam George Edward Moore auf die Idee, es sei ethisch gut, wenn man seinen ästhetischen Neigungen folgt.
- Rupert Lay stellte in den 1970er und 1980er Jahren die Biophilie, also die Lebensmehrung, in den Mittelpunkt seiner Ethik.

Es werden drei Ethikkategorien unterschieden:

- Die Gesinnungsethik – die Absichten zählen,
- Die Ergebnisethik – die Verwertbarkeit des Handlungsziels steht im Mittelpunkt,
- Die Handlungsethik – unabhängig von Absicht und Ergebnis wird die Vorgehensweise verantwortet.

Weiterführende Literatur

1. Posé, Ulf. 2012. *Ethik für Einsteiger*. Edition Winterwork
2. Lay, Rupert. 1989. *Ethik für Manager*. Düsseldorf: Econ Verlag
3. Lay, Rupert. 1983. *Ethik für Wirtschaft und Politik*. München: Wirtschaftsverlag Langen Müller Herbig

9 Führung und Würde

Der Mensch hat keinen Wert, sondern Würde.
Immanuel Kant (1724–1804), deutscher Philosoph

9.1 Was ist Würde?

Würde finden Sie im Artikel 1 unseres Grundgesetzes verankert. „Die Würde des Menschen ist unantastbar. Sie zu achten und zu schützen ist Verpflichtung aller staatlichen Gewalt.“ [1]

Würde ist in nicht wenigen Staatsverfassungen verankert. In der Europäischen Union sind dies:

- Deutschland – Art. 1 Grundgesetz,
- Griechenland – Art. 2 der griechischen Verfassung,
- Portugal – Art. 1 der portugiesischen Verfassung,
- Spanien – Art. 10 der spanischen Verfassung,
- Italien – Art. 3 der italienischen Verfassung,
- Finnland – Art. 1 des finnischen Grundgesetzes,
- Schweden – Art. 2 der schwedischen Verfassung,
- Irland – Präambel der irischen Verfassung,
- Belgien – Art. 23 der belgischen Verfassung.

Auch in der Schweiz (Art. 7) und in Südafrika ist die Menschenwürde als wichtigstes Prinzip enthalten [2].

Aber was ist Würde überhaupt? Und was hat sie mit Führungskräften und Führungspersönlichkeiten zu tun? Es war Immanuel Kant, der uns eine brauchbare Definition von Würde in seinem kategorischen Imperativ anbot: „Handle so, dass

U. Posé, *Von der Führungskraft zur Führungspersönlichkeit*,
DOI 10.1007/978-3-658-10924-0_9

du die Menschheit sowohl in deiner Person, als in der Person eines jeden anderen jederzeit zugleich als Zweck, niemals bloß als Mittel brauchst." [3]

Das Wort „Würde" kommt zwar darin nicht vor, jedoch liefert Kant damit etwas Besonderes. Er verlangt, dass ein Mensch niemals nur Mittel zum Zweck sein darf, sondern immer auch Ziel des Handelns sein muss. Daran denken Führungspersönlichkeiten, Führungskräfte neigen dazu, Mitarbeiter zu verzwecklichen.

Würde hat etwas zu tun mit der Toleranz, das Anderssein des Mitarbeiters zu respektieren. Die Wirklichkeit des Mitarbeiters anzuerkennen. Damit setzt Würde die Einmaligkeit des Menschen voraus. Würde ist somit die Akzeptanz der Einmaligkeit des Menschen. Meine Würde ist die Einmaligkeit der Werte, die ich mir schaffe.

Nicht selten wurde Würde dem Menschen als notwendige Folge seiner Gottähnlichkeit zugeordnet. Für mich ist die Ursache der Würde in der Einzigartigkeit der von mir konstruierten Welt zu finden.

Wie begründet ein Mensch seine Würde? Sie geht hervor aus der Fähigkeit, die Welt zu erklären.

Was erklären wir mit dem Wort Würde? Wir erklären zunächst die Einzigartigkeit des Menschen, die darin besteht, dass Menschen als einzige Spezies Vernunftbegriffe bilden können.

9.2 Würde im Unternehmen

In nicht wenigen Unternehmen wird Würde durch Führungskräfte unterdrückt. Damit verhalten sich diese Unternehmen lebensfeindlich, also nekrophil. Ein Unternehmen, das Würde unterdrückt, ist nekrophil.

Über viele Jahre wurde von Soziologen und Psychologen untersucht, was Menschen antreibt, ihnen das Wichtigste in ihrem Leben ist. Aktuell wird Würde als treibender Motor der Menschen angesehen. Das höchste Gut des Menschen ist das Bedürfnis, seine Selbstachtung zu bewahren.

Führungskräfte stellen durch ihr Handeln durchaus die Selbstachtung, und damit die Würde ihrer Mitarbeiter infrage. Das geschieht durch:

- die Struktur des Systems,
- den Kollektivismus,
- die mentale Globalisierung durch die Ökonomisierung aller Werte.

Die Globalisierung zum Beispiel ist letztlich eine Vermassung von Menschen. Damit verwandeln Führungskräfte die Menschheit in einen Ameisenstaat. Das ist die pure Vernichtung der Würde.

Inzwischen werden durchaus Werte kommerzialisiert, und zwar alle Werte, auch die Würde. Der Mensch wird von Führungskräften versachlicht und damit entwürdigt. Für Führungskräfte dominiert immer der Faktor Kapital. Damit wird der Mensch zum Faktor. Unternehmen, die von Führungskräften geleitet werden, lassen den Faktor Kapital den Faktor Arbeit dominieren.

Letztlich gibt es in jedem Unternehmen drei Faktoren: das Kapital, die Arbeit und der Kunde. Wer dominiert? Karl Marx betonte in seiner Philosophie die Bedeutung des Faktors Arbeit.

Für Führungskräfte als auch für Führungspersönlichkeiten ist die Frage, ob die Ökonomisierung aller Werte und die Ökonomisierung der Globalisierung der Feind der Würde ist. Für Führungskräfte ist die Ökonomie die letzte Instanz, den Menschen zu bewerten. Für Führungspersönlichkeiten eben nicht.

Würde ist für Führungspersönlichkeiten der einzige Grund der Toleranz. Toleranz hat die Aufgabe, Würde zu realisieren. Dazu muss ich die Individualität des Mitarbeiters sehr ernst nehmen. Daraus folgt, dass Toleranz in Würde gründet.

Schon Marx warnte vor der Ökonomisierung aller Werte. Diese Ökonomisierung vernichtete für ihn die Würde. Der Mensch wird von sich selbst entfremdet. Marx warnte vor der Entfremdung von:

- Arbeit,
- Natur,
- sich selbst und
- der Gesellschaft.

Er wollte dies verhindern. Das ist letztlich der Versuch von Marx, die Vernichtung der Würde zu verhindern.

Damit stellt sich für Führungspersönlichkeiten sicher die Frage: Wie kann Ökonomie gestaltet werden, ohne die Würde zu vernichten, ohne zu entfremden? Wie muss also ein Unternehmen strukturell aufgebaut sein, um Würde zu sichern? Für Führungspersönlichkeiten gelten zwei Merkmale:

- Die absolute Herrschaft der Ökonomie ist zu verhindern.
- Die Koordinations- und Subordinationsverhältnisse müssen koordiniert werden.

Warum ist das Führungspersönlichkeiten so wichtig? Weil jeder Mensch, der in seiner Würde verletzt wird, demotiviert ist. Für Führungspersönlichkeiten bedeutet Führen, die Stärken und Grenzen des Mitarbeiters zu ermitteln und im Einsatz zu beachten.

Für Führungskräfte ist der Mitarbeiter nur ein Produktionsfaktor, für Führungspersönlichkeiten auch ein Mensch. Für Führungspersönlichkeiten stellt die Eigenwertigkeit und Individualität des Mitarbeiters einen Wert dar. Somit ist Würde keine ökonomische Größe, während die Entwürdigung eines Mitarbeiters durchaus eine ökonomische Größe darstellt. Wer Mitarbeiter nur als ein Rädchen in der „Maschine" Unternehmen ansieht, entwürdigt seine Mitarbeiter. Denn letztlich ist die Relativierung der eigenen Person entwürdigend.

Führungspersönlichkeiten ist klar, dass man im Unternehmen nicht nur ökonomisieren darf, sondern auch humanisieren muss. Die Frage ist, welches Primat gibt es? Es gilt dabei zu bedenken, dass Kapitalismus, Laborismus und Humanismus eine Symbiose eingehen, die es für Führungspersönlichkeiten in ihrer Ausgewogenheit zu beachten gilt.

9.3 Fazit

Würde fußt auf der Idee Immanuel Kants und seinem kategorischen Imperativ: „Handle so, dass du die Menschheit sowohl in deiner Person, als in der Person eines jeden anderen jederzeit zugleich als Zweck, niemals bloß als Mittel brauchst."

Würde hat etwas zu tun mit der Toleranz, das Anders-Sein des Mitarbeiters zu respektieren. Die Wirklichkeit des Mitarbeiters anzuerkennen. Damit setzt Würde die Einmaligkeit des Menschen voraus. Würde ist somit die Akzeptanz der Einmaligkeit des Menschen. Meine Würde ist die Einmaligkeit der Werte, die ich mir schaffe.

Würde geht hervor aus der Fähigkeit, die Welt zu erklären. Mit Würde erklären wir zunächst die Einzigartigkeit des Menschen, die darin besteht, dass Menschen als einzige Spezies Vernunftbegriffe bilden können.

Für Führungskräfte als auch für Führungspersönlichkeiten ist die Frage, ob die Ökonomisierung aller Werte und die Ökonomisierung der Globalisierung der Feind der Würde ist. Für Führungskräfte ist die Ökonomie die letzte Instanz, den Menschen zu bewerten. Für Führungspersönlichkeiten eben nicht.

Würde ist für Führungspersönlichkeiten der einzige Grund der Toleranz. Toleranz hat die Aufgabe, Würde zu realisieren. Dazu muss ich die Individualität des Mitarbeiters sehr ernst nehmen. Daraus folgt, dass Toleranz in Würde gründet.

Literatur

Quellen

1 http://dejure.org/gesetze/GG/1.html. Zugegriffen: 27. Juni 2015.
2 https://de.wikipedia.org/wiki/Menschenw%C3%BCrde. Zugegriffen: 28. Juni 2015.
3 Kant, Immanuel. *Kritik der praktischen Vernunft*. Ausgabe der Preußischen Akademie der Wissenschaften, Berlin Seite 1900 ff.

Weiterführende Literatur

4 Bieri, Peter. 2013. *Eine Art zu leben – Über die Vielfalt menschlicher Würde*. München: Hanser Verlag.
5 Schreiber, Mathias. 2013. *Würde: Was wir verlieren, wenn sie verloren geht.* Kindle Edition. Deutsche Verlags-Anstalt.

Führung und Vertrauen 10

„Beides ist falsch: Allen zu trauen und keinem zu trauen. Aber der eine Fehler ist doch sozusagen der ehrenwertere, wenn auch der andere mehr Sicherheit bietet.“
Seneca (4/1 v. Chr.–65 n. Chr.), römischer Philosoph

10.1 Die Macht des Vertrauens

Wer ein Versprechen gibt, der erzeugt Hoffnung; wer ein Versprechen hält, der erzeugt Vertrauen.

In den letzten Jahren ist das Vertrauen in die Krise geraten. Die Finanzkrise hat uns alle erschüttert. Wir vermissen Führungspersönlichkeiten, denen wir vertrauen können. Da unser bisher mäßiges Vertrauen in die Politik, in die Wirtschaft, in die Gesellschaft so maßlos enttäuscht wurde, scheint es mir sehr angebracht, einmal etwas über das zu sagen, was wir derzeit dringender benötigen als alles andere: die Fähigkeit, ein Vertrauensklima herzustellen.

Menschen benehmen sich heute unangemessen und finden es auch noch gut. Menschen beuten andere Menschen aus, sozial, emotional, ökonomisch – und darauf sind einzelne Mitmenschen auch noch stolz. Sie brüsten sich damit, dass es ihnen so gut gelungen ist, andere Menschen über den Tisch zu ziehen, sie zu übervorteilen. Die Folge ist, dass wir immer misstrauischer werden. Unsere Fähigkeit, anderen Menschen Vertrauen zu schenken, nimmt rapide ab. Eine weitere Folge ist die Vereinsamung von Menschen. Je mehr wir uns nur noch um uns selbst kümmern, desto weniger kümmern wir uns um andere Menschen und diese sich um uns. Wie heißt das Sprichwort? „Jeder denkt an sich, nur ich denke an mich.“ Das tue ich am besten in einer „Ich-AG“. So oder ähnlich könnte das Lebensmotto der

U. Posé, *Von der Führungskraft zur Führungspersönlichkeit*,
DOI 10.1007/978-3-658-10924-0_10

heutigen Zeit heißen. Sich durchsetzen, Recht behalten, klarkommen auf Kosten anderer. Sich bereichern, andere abzocken, den eigenen Vorteil so intensiv wie möglich wahren. Das sind wohl Kennzeichen der heutigen Zeit. „Geiz ist geil" kann übersetzt werden mit: „andere über den Tisch zu ziehen, ist geil." Erfolg auf Teufel komm raus, ohne auf die Kosten zu achten, die andere dadurch haben. Hier sind nicht wenige Führungskräfte zu Hause.

Ich bin der Überzeugung, die entscheidende Voraussetzung für vertrauensvolles, ethisches Handeln sollte in Selbstverständnis eines jeden Menschen stecken, der andere führen will. Es ist die schon erwähnte Prämisse der Freiheit. Führungspersönlichkeiten wie Führungskräfte wollen sicher in einer Welt leben, die ihnen Handlungsalternativen erlaubt. Nur dem nackten Determinismus folgen zu dürfen, vernichtet die Freiheit der Entscheidung. Unsere Umwelt bewusst gestalten zu können, und nicht nur tun zu müssen, was getan werden muss, ist Führungspersönlichkeiten wichtig. Sie überlassen eben nicht alles in ihrem Leben der blinden Notwendigkeit. Sie wollen die Welt verändern, entwickeln mit Handlungen, die zeigen, dass man sich auf sie verlassen kann. Führungskräfte folgen hier eher den Vorgaben, den Sachzwängen. Damit gestalten sie zwar auch unsere Welt, jedoch als Systemagenten, die nur tun, was ihnen aufgetragen wurde. Die sittliche Reife, die Orientierung an einer menschen- und umweltgerechten Welt ist für Führungspersönlichkeiten eine ethische Verpflichtung, die in einer Vertrauenskultur mündet, die dazu führt, unsere Welt so zu gestalten, dass wir auch gern in und auf ihr leben wollen. Führungspersönlichkeiten nehmen diese Aufgabe ernst, Führungskräfte eher nicht.

Warum ist das so wichtig in der Unterscheidung von Führungskraft und Führungspersönlichkeit? Aus der fehlenden Moral nicht weniger Führungskräfte entsteht fehlendes Bewusstsein für Unredlichkeit und fehlendes Bewusstsein für Redlichkeit. Dadurch entsteht ein Vertrauensverlust. Und die Kosten für einen Vertrauensverlust sind gigantisch. Die Vereinsamung, die dadurch entsteht, ist so enorm, die Gefühlskälte, die dadurch entsteht, ist so enorm, der Verlust an Geborgenheit, der dadurch entsteht, ist so enorm, die Orientierungslosigkeit, die dadurch in einer Gesellschaft, einer Kultur entsteht, ist so enorm, die Entmenschlichung, die dadurch entsteht, ist so enorm, die Zerstörung des sozialverträglichen Miteinanders ist so enorm. Es kann sein, dass nicht wenige Führungskräfte all das um des eigenen Vorteils willen billigend in Kauf nehmen.

Führungspersönlichkeiten neigen nicht dazu. Sie sind da nicht allein, allerdings unterscheiden sie sich von einigen selbsternannten Tugendwächtern aus der Politik und auch aus dem klerikalen Bereich insofern dadurch, dass Führungspersönlichkeiten deren Ansicht, mit einem straffen politischen Regelwerk ließe sich Moral und Vertrauen in unserer Gesellschaft wieder herstellen, nicht teilen. Wer meint, dem entfesselten Unternehmertum müsse nur das richtige Zaumzeug angelegt werden, dann würde Vertrauen wieder hergestellt sein, der täuscht sich. Mit Gesetzen lassen sich nun mal Moral und Vertrauen nicht herstellen. Es ist schon etwas blauäugig zu meinen, per Dekret entstünde Vertrauen. Wer meint, mit Gesetzen fangen wir die wild entfesselten Unternehmen und deren Führungskräfte wieder ein, dann herrscht wieder Ruhe im Land, lebt in Law-and-Order-Kategorien. Vertrauen ist keine Frage von Gesetzen, sondern von Ethik, Moral, innerer Haltung und Charakter.

Gerade in der Vertrauensbildung unterscheiden sich Führungskräfte von Führungspersönlichkeiten fundamental. Vertrauen ist ein sehr sensibles Kapital, es ist das Fundament unserer Tugenden. Vertrauen ist das Kapital, das nicht wenige Führungskräfte aus der Wirtschaft, der Politik, der Banken in den letzten Jahren leichtfertig verspielt haben. Die Lessing-Hochschule in Berlin hat es einmal treffend in einem Vortragszyklus festgehalten: „Vertrauen ist ein ‚Wert an sich' – ein ‚Wert für alle anderen Werte'. […] Vertrauen sichert die Effizienz. Seine Zerstörung schafft nicht allein ein Klima des Misstrauens, sondern verursacht außerdem volkswirtschaftliche Kosten. Einmal zerstört, ist die Ressource Vertrauen zudem nur schwer wieder nutzbar zu machen" [1].

Vertrauen ist im Kern eine ethische Kategorie. Sie politisch zu diktieren oder gar durch Gesetze herstellen zu wollen, zeugt von Ignoranz. Gesetze stellen kein Vertrauen her, sondern Menschen durch ihren Umgang miteinander. Damit können nur die Akteure selbst, und damit alle, die die Aufgabe der Menschenführung wahrnehmen, Vertrauen herstellen, indem sie vertrauenswürdig handeln und Vertrauen schenken.

Was aber ist eigentlich Vertrauen? Unter Vertrauen verstehen wir im Allgemeinen die Annahme, dass unsere Erwartungen an Menschen, an Entwicklungen, an Zusagen genau den Verlauf nehmen, den wir erwarten. Vertrauen ist damit eine Überzeugung. Sie meint, ich glaube fest daran, dass ich mich verlassen kann auf die Richtigkeit einer Zusage oder die Wahrheit einer Aussage. Vertrauen meint auch, ich verlasse mich auf die Kompetenz, das Wissen oder die Fähigkeiten eines Menschen oder einer Institution. Vertrauen meint ebenfalls, ich verlasse mich auf einen fairen Umgang durch Ehrlichkeit und Gleichberechtigung, und ich verlasse mich darauf, dass soziale Verantwortung im Umgang miteinander eine gewichtige Rolle spielt. Führungspersönlichkeiten fällt es leicht, solch ein Klima herzustellen; Führungskräfte tun sich damit schwer.

Vertrauen hat enorme Vorteile, da gibt es keinen Zweifel. Vertrauen senkt Rechts- und Vertragskosten. Vertrauen senkt die Migrationskosten und auch die Informationskosten. Ich benötige kein umfangreiches Vertragswerk mehr, wenn zwischen zwei Partnern ein Vertrauensverhältnis besteht. Ich muss mir auch nicht ständig neue Partner, neue Kunden, neue Lieferanten, neue Freunde suchen. Und ich muss mich nicht mehr ständig absichern mit Kopien, CCs meiner E-Mails oder mit Notizen.

Der Soziologe Luhmann hat Vertrauen als eine Art Vorleistung an die Zukunft beschrieben, allerdings nannte er Vertrauen eine „riskante Vorleistung". Er ist der Überzeugung, wir erbringen diese riskante Vorleistung immer dann, wenn wir auf unüberschaubare Zustände stoßen. Wir haben allerdings nicht immer genügend Informationen, und wenn wir sie haben, dann können wir sie oft genug nicht kompetent genug bewerten. Auch sehr komplexe Zustände können von uns nicht immer durchschaut werden. Genau hier findet dann diese riskante Vorleistung des Vertrauens statt. Nach Luhmann nehmen Menschen, die Vertrauen schenken, die Zukunft positiv vorweg und handeln dann so, als ob die Zukunft sicher wäre [2].

Damit sind wir beim Problem des Vertrauens angekommen. Denn weil gerade Vertrauen ein so wichtiges, so hohes und auch sensibles, anfälliges ethisches Gut ist, muss über Maßstäbe nachgedacht werden, die erfüllt sein müssen, damit durch Führungspersönlichkeiten Vertrauen entstehen kann. Leider leben wir in einer Welt, in der alles, was möglich ist, auch getan wird. Damit kann in unserer Welt alles gebraucht und alles missbraucht werden. Vertrauen ist deswegen ein so sensibles Gut, weil es missbraucht oder sogar gebrochen oder das Verhältnis einseitig auslegt werden kann, indem man sich blindlings dem anderen anvertraut oder ein blindes Vertrauen des anderen für sich in Anspruch nimmt.

10.2 Die Merkmale einer Vertrauenskultur

Vertrauen setzt sich zusammen aus:

Kompetenz Damit sind die Sprachkompetenz, die Handlungskompetenz mit der Fähigkeit, in Alternativen denken zu können, und die Urteilkompetenz mit der Fähigkeit zur Abwägung gemeint.

Angemessenheit Damit sind die Güterabwägung, Gerechtigkeit im Handeln und Gerechtigkeit in der Sanktion gemeint. Angemessenheit prüft den möglichen Grad des Vertrauens.

Zuverlässigkeit Damit ist die Fähigkeit gemeint, sich auf jemanden berechtigt verlassen zu können, aufrichtig und ehrlich im Sprechen und Handeln zu sein, nur zu versprechen, was man auch halten kann, und einzuhalten, was man versprochen hat.

10.2.1 Vertrauen benötigt Kompetenz

Kompetenz erhalte ich durch Wissen und Fähigkeiten. Es bedeutet, ich weiß etwas Konkretes über eine Sache, ich habe mich um Wissen bemüht. Leider sind immer weniger Führungskräfte an Wissen interessiert, geschweige denn an Fähigkeiten. Sie verlassen sich auf ihre Gefühle nach dem Motto: „Was stört mich Wissen, wenn ich doch schon eine Meinung habe."

Kompetenz beginnt schon bei der Sprache. Weiß ich, was ein Wort bedeutet oder habe ich nur ein ungefähres Gefühl über die Bedeutung? Der Philosoph Aristoteles sah hier schon in der Antike ein Grundübel. Es war der Meinung, dass fehlendes Wissen die Ursache für Unredlichkeit sei. Für ihn verhielt ein Mensch sich redlich, wenn er in der Lage war, über eine Sache selbst zu sprechen, und nicht nur von den Gefühlen spricht, die er hat, wenn er an etwas denkt. Diese Form der Redlichkeit ist Führungspersönlichkeiten wichtig; Führungskräften eher nicht.

Es ist schon erstaunlich, wie wenig Menschen manchmal wissen. Eine Meinung zu haben, ist vielen Führungskräften wichtiger, als etwas zu wissen. So gehen sie dann mit ihren Meinungen hausieren und leisten Überzeugungsarbeit. Damit stecken sie Mitarbeiter mit Meinungen an, die kaum einer kritischen Prüfung standhalten können. Auf diese Weise werden inhaltsleere Worte zu Überzeugungen. Wenn dann viele Mitarbeiter diese Überzeugungen teilen, schließen sie daraus, die Überzeugung sei richtig. Sie prüfen sie nicht mehr. Die Stichhaltigkeit eines Arguments bleibt bei Führungskräften dabei auf der Strecke.

Wer sich einmal mit der Wissenschaft der Philosophie beschäftigt hat, wird schnell erfahren, dass diese Wissenschaft nur zwei Fragen beantwortet haben will: Erstens, warum ist das so? Zweitens, woher weißt du das? Wer diese beiden Fragen beantworten kann, der kümmert sich um Kompetenz im Wissen.

10.2.1.1 Vertrauen benötigt Sprachkompetenz

Wenn Menschen auf die Welt kommen, dann können sie noch nicht sprechen. Sie leben in einer Welt der Begriffe. Sie wissen nicht, dass ein Schnuller Schnuller heißt. Sie haben jedoch eine Vorstellung von einem Schnuller; sie haben den Begriff schon erkannt. Kleine Kinder verfügen sehr schnell über Begriffe, sie wissen, was das Wesen eines Gegenstandes ausmacht. Sie kennen sich ohne Worte aus. Erst langsam entwickelt sich dann die Sprache, und die Kleinkinder haben jetzt auf einmal Wörter, mit denen die Begriffe bezeichnet werden können. Das finden sie interessant. Endlich können sie sagen, was sie wissen. Kinder wissen, dass eine Kuh auf der Weide schwarz-weiß gefleckt ist und nicht lila, wie die Kuh aus dem Fernsehen. Sie wissen auch, dass dieses Tier vier Beine hat, „Muh" machen kann und Milch gibt. Sie wissen auch, dass die Kuh Gras frisst. All das wollen sie der Mama mitteilen, wenn sie eine Kuh sehen. Aber ihre Sprache gibt all das noch nicht her, die Menge der bekannten Wörter ist noch klein. Und so wollen sie eigentlich der Mama sagen: „Schau mal Mama, auf dieser Weide grast eine Kuh. Die sieht ganz anders aus, als die Schokoladenkuh im Fernsehen." Da die Wörter noch fehlen, sagen sie nur: „Da, Wauwau." Und dann wundern sich Eltern, wenn die Sprachkompetenz der Kinder so ab dem zweiten Lebensjahr regelrecht explodiert. Dabei ist es kein Wunder, denn die entsprechenden Begriffe haben die Kinder längst gelernt und erfasst, nur die passenden Wörter haben ihnen gefehlt. Warum ich mich so lange und ausführlich damit beschäftige? Nun, der Grund ist einfach: Im Laufe der weiteren Lebensjahre lernen wir so viele Wörter, dass es vielen Menschen gleichgültig ist, die dazu notwendigen Begriffe ebenfalls zu beherrschen. So geben wir uns mit Wörtern zufrieden, deren Inhalt, deren Begriff uns nicht mehr klar ist. So müssten wir wieder werden wie Kleinkinder, indem wir wieder lernen, Wörter mit ihrem sachlich richtigen Inhalt, mit ihrem Begriff zu füllen. Führungspersönlichkeiten ist es wie selbstverständlich wichtig zu wissen, worüber sie reden. Führungskräfte tun sich hier eher schwer. Die eigene Überzeugung dominiert die Bereitschaft, Erkenntnisfortschritt über Denkfehlerminimierung zu betreiben. So werden sich Führungspersönlichkeiten weitaus eher als Führungskräfte an folgende Regeln halten:

- Bevor du dir eine Meinung bildest, kümmere dich um die Fakten.
- Frage dich, ob du nur etwas fühlst oder etwas von einer Sache weißt.
- Sage nur etwas zu Dingen, von denen du etwas verstehst.
- Hör zu, wenn dir jemand sein Wissen zur Verfügung stellt.
- Frage nach, wenn du etwas nicht weißt oder nicht verstehst.
- Die Tatsache, dass jemand eine andere Meinung vertritt als du, heißt nicht, dass der andere unrecht hat.
- Ärgere dich nicht, wenn sich deine Überzeugung als falsch herausstellt; freue dich, wenn du deine Irrtümer entdeckst.

10.2.1.2 Vertrauen benötigt Handlungskompetenz

Wann ist ein Manager in seinen Handlungen kompetent? Wenn er etwas von der Sache versteht. Wenn er sich auskennt, wenn er genügend Qualifikation besitzt.

Ich erinnere mich an eine Talkshow, in der ein Politiker von Gegnern seiner Fraktion heftig angegriffen wurde. Einer der Angreifer meinte ziemlich aufgeregt: „Sie haben doch keine Ahnung, Herr Kollege." Darauf lehnte sich der Angegriffene zurück und konterte ziemlich süffisant: „Ich gebe gern zu, dass Sie von der Sache mehr Ahnung haben als ich Herr Kollege. Ich begnüge mich mit Wissen." Das saß!

Handlungskompetenz meint die Fähigkeiten, Fertigkeiten und das Wissen um Gegebenheiten. Bei Führungskräften erleben wir Handlungskompetenz als etwas, das reduziert wird auf die Bereitschaft, sich mit seinen Ahnungen oder Vermutungen zufriedenzugeben. Handlungskompetenz ist bei Führungskräften eher ein Gefühl. Das Gefühl, sich gut zu fühlen, sich für kompetent zu halten, ohne den Kompetenzbeweis antreten zu können. Das erzeugt meistens eine ziemlich gefährliche Mischung. Das Elend in der Welt entsteht nicht durch bösen Willen, sondern durch gute, beste Absichten, die an Inkompetenz in der Sache gekoppelt sind. Dadurch entsteht nur Unsinn, bei dem man sich auch noch gut fühlt.

Handlungskompetenz der Führungspersönlichkeiten ist immer ausgestattet mit dem festen Willen und Bemühen, sich kundig in der Sache zu machen. Im Kern fordert Handlungskompetenz:

- Die Fähigkeit und Bereitschaft, über mögliche Folgen des Handelns vor der Tat nachzudenken.
- Die Fähigkeit und Bereitschaft, zu überlegen, ob es nicht doch zu der vorgesehenen Handlung eine sinnvolle, möglicherweise bessere Alternative gibt.
- Die Fähigkeit und Bereitschaft, jederzeit sein Handeln begründen zu können. Ich muss angeben können, warum ich so, und nicht anders handeln musste.
- Die Fähigkeit und Bereitschaft, für sein Handeln anschließend geradezustehen. Wer Handlungskompetenz besitzt, übernimmt auch jederzeit für die überschaubaren Folgen seines Tuns die Verantwortung.

Führungspersönlichkeiten besitzen Handlungskompetenz, und damit die Fähigkeit und Bereitschaft, in Alternativen zu denken. Wer in Alternativen denken kann, weiß immer um die Möglichkeit, auch anders handeln zu können. Dadurch bleibt eine Führungspersönlichkeit offen für Lernprozesse. Wer in Alternativen denkt, verhindert den Handlungszwang. Es gibt Führungskräfte, die meinen, nur so und nicht anders handeln zu können. Damit berauben sie sich der Chance, zu erkennen, dass es durchaus anders geht. Wer in Alternativen denken kann, der entdeckt schneller als andere seine Denk- und Handlungsfehler, bevor sie stattfinden. Wer in Alternativen zu denken weiß, der fragt sich vor jeder Tat, ob es nicht doch noch eine andere, vielleicht bessere Möglichkeit gibt, um ein bestimmtes Ziel zu erreichen. „Viele Wege führen nach Rom“ ist sicher ein hilfreicher Gedanke dabei.

Es gibt nicht wenige Führungskräfte, die Alternativen ablehnen. „Da kommt man ja nie zu einer Entscheidung. Eine schlechte Entscheidung ist immer noch besser als gar keine Entscheidung.“ So oder ähnlich lauten die Vorwürfe. Aber sind sie berechtigt? Das wären sie sicher, wenn man sich ausschließlich auf die Suche nach Alternativen begibt und damit nie aufhört. Zum Alternativdenken der

Führungspersönlichkeiten gehört es eben auch, dass ich diese Alternativen einer Prüfung unterziehe. Nachdem das geschehen ist, muss ich entscheiden.

Diese Prüfung ist notwendig, um zu einer besonders guten Entscheidungsqualität zu kommen. Wer das Denken in Alternativen unterlässt und seine Alternativen nicht einer gewissenhaften Prüfung unterzieht, der beraubt sich der Chance, ein Problem mit einem Minimum an Aufwand bei gleichzeitiger optimaler Lösungsqualität in den Griff zu bekommen.

Das Denken in Alternativen verbessert immer die Lösungsqualität. Für Führungspersönlichkeiten gibt es hilfreiche Kriterien, die bei der Prüfung der Alternativen eine Rolle spielen:

- Wähle die Alternative, die einer geringeren Anzahl von Menschen schadet oder schaden könnte.
- Wähle die Alternative, die einer größeren Anzahl von Menschen nutzt oder voraussichtlich nutzen kann.
- Wähle die Alternative, die voraussichtlich vor allem sozial Schwachen nutzt.
- Wähle die Alternative, bei der voraussichtlich die Schädigung der Umwelt klein bleibt oder der Schaden nur kurzfristig eintritt.
- Wähle die Alternative, die den geringsten sozialen, emotionalen, finanziellen Aufwand einfordert.
- Wähle die Alternative, die die geringsten Reibungsverluste und damit die geringsten Interaktionskosten hervorruft.
- Wähle die Alternative, die mit dem geringsten Aufwand verständlich gemacht werden kann.
- Wähle die Alternative, die bei unerwarteten Folgen am leichtesten rückgängig gemacht werden kann.

Gerade der letzte Punkt macht deutlich, warum das Denken in Alternativen so wichtig ist. Was nützt eine Entscheidung, die bei Misserfolg nicht mehr rückgängig gemacht werden kann? Da wäre es doch besser, ich hätte eine Alternative gesucht, die dasselbe Ziel erreichen kann, jedoch im Misserfolg wieder korrigiert werden kann. Das haben Führungspersönlichkeiten internalisiert.

10.2.1.3 Vertrauen benötigt Urteilskompetenz

Vor wenigen Jahren habe ich unserem ehemaligen Bundeskanzler Helmut Schmidt zuhören können. Er äußerte sich zu der berühmte „Ruck-Rede“ aus dem Jahre 1997 unseres ehemaligen Bundespräsidenten Roman Herzog. Helmut Schmidt sagte damals: „Vielleicht hätte Herzog eine größere Wirkung erzielt, wenn er weniger verbindlich und stattdessen stärker provozierend gesprochen hätte. Denn wenn die

Vorstände von Unternehmen und Banken ihre Pflichten gegenüber dem eigenen Volk nicht recht begreifen, weil sie Global Player sein wollen, weil sie gegenüber dem Publikum alle möglichen Aktien über den grünen Klee loben und sie zu kaufen empfehlen, wenn sie nur noch von Shareholder Value faseln, wenn persönliche Raffgier, wenn Machtgier von Managern der Verbände und Gewerkschaften zu entscheidenden Motiven werden, wenn die politischen Eliten im Bundestag und ebenso im Bundesrat ihre Pflichten gegenüber dem eigenen Volk nicht begreifen, weil ihnen ihr parteitaktischer Opportunismus den Blick verstellt oder weil sie Angst davor haben, die Interessen von solchen Teilen unserer Gesellschaft zu verletzen, von denen sie sich abhängig wissen – wenn also die Führungseliten insgesamt die gebotene Urteilskraft und den notwendigen Mut nicht aufbringen, dann kann es in der Tat auf den Bundespräsidenten ankommen! Bundespräsident Herzog hat 1997 recht gehabt! Und ich füge frank und frei hinzu: Es ist eine Schande, dass die politischen Eliten und die Managerklasse und die Verbände und Gewerkschaften seine Kritik nicht haben hören wollen" [3]. Soweit Helmut Schmidt. Ich denke, das ist Kritik an mangelnder Verantwortung und Urteilskraft in schärfster Form.

Wie steht es nun um die Urteilskompetenz von Führungskräften und Führungspersönlichkeiten? Für Führungspersönlichkeiten ist Urteilskompetenz nicht nur eine Frage von Spezialwissen oder reinem Expertentum; Urteilskompetenz hat für sie auch etwas zu tun mit der Fähigkeit, ein solches Wissen angemessen anwenden zu können. Dazu gehört schon eine gewisse Lebensreife, Lebenserfahrung. Reife ist wichtiger als Spezialwissen, denn sie entscheidet über die Anwendung und Tragweite solchen Wissens.

Urteilskompetenz einer Führungspersönlichkeit bedeutet, auf der einen Seite qualitatives Wissen zu besitzen und auf der anderen Seite dieses Wissen kompetent bewerten zu können, also mit persönlichen Wertsetzungen für alle Beteiligten und vom Urteil Betroffenen in transparenter Weise zu verknüpfen oder Indikatoren zu finden und diese auch einzusetzen.

Urteilskompetenz gibt sich also nicht nur mit Expertenwissen zufrieden, sondern Urteilkompetenz bedeutet, dieses Wissen auch angemessen einsetzen zu können. Leider geben sich nicht wenige Führungskräfte ausschließlich mit Informationen zufrieden. Dabei gibt es mehr als Informationswissen. Daneben gibt es noch Erfahrungswissen und Lebenswissen. Gerade Letzteres ist für die Urteilkompetenz einer Führungspersönlichkeit neben dem Informations- und Erfahrungswissen notwendig.

Verschiedene Arten des Wissens

Also sollten wir die verschiedenen Arten des Wissens unterscheiden. Es gibt vier Arten des Wissens:

- Informations- und Sachwissen,
- Erfahrungswissen,
- Gewohnheitswissen,
- Lebenswissen.

Das Informations- oder Sachwissen Wie groß ist die Erde, wie viel ist der Euro wert, welche Kriterien müssen bei der Delegation einer Aufgabe eingehalten werden? Welches Datum haben wir heute, wie lange herrschten die Römer? All das ist Informationswissen.

Das Erfahrungswissen Wenn ich meine Finger an eine Flamme halte, dann verbrenne ich mich und Ähnliches.

Das Gewohnheitswissen Ich weiß, wie man ein Butterbrot schmiert, ein Auto fährt oder so weiter.

Das Lebenswissen Genau hier spielt sich die Urteilkompetenz ab. Urteilskompetenz hat also nicht zwingend nur etwas mit Gewohnheiten, Erfahrungen oder Informationsständen zu tun, sondern mit dem Wissen um das Leben. So kann ein fünfjähriger Mensch kompetenter urteilen, als ein 60-jähriger Mensch. Urteilskompetenz hat nicht zwingend etwas mit dem Alter zu tun. Im Kapitel „20. Führung und Weisheit" werde ich darauf noch einmal ausführlich eingehen.

In den ersten drei Kategorien sind Führungskräfte zu Hause; die vierte Kategorie ist ihnen eher fremd. Hier jedoch sind Führungspersönlichkeiten zusätzlich beheimatet.

Vielleicht lässt sich Urteilkompetenz am Unterschied zwischen Bildung und Intelligenz deutlich machen. Intelligent ist genau der Mensch, der:

- Regelmäßigkeiten erkennen kann,
- Wesentliches von Unwesentlichem unterscheiden kann,
- sich konzentrieren kann.

Es gibt nicht wenige Menschen, die sehr viel wissen, sehr gebildet sind, jedoch im Sinne der Intelligenz ziemlich dumm sind. Sie erkennen in ihrem Wissen keine Regelmäßigkeiten und können das Notwendige nicht vom Überflüssigen unterscheiden. Hinzu kommt die Neigung, sich zu verzetteln. Damit kommen sie trotz ihrer hervorragenden Informationsstände zu ziemlich unsinnigen Urteilen.

Es ist für Vertrauen also notwendig, die Urteilkompetenz zu prüfen, bevor ich mich ausschließlich auf die Qualität meines Wissens verlasse.

Zur Urteilskompetenz einer Führungspersönlichkeit gehört sicher, bestimmte Mindestkriterien zur Beurteilung von Analysen, Lösungsvorschlägen und Entscheidungen zu kennen. Ich sollte ebenfalls nach Anregungen suchen, die mich zum kritischen Nachdenken meiner eigenen Analyse- und Lösungsvorschläge anregen. Das bedeutet, ich bin bereit, meine Überlegungen gemeinsam mit anderen zu reflektieren. Dazu sollte ich mir meiner eigenen Einstellung bewusst sein, die möglichen Folgen meines Handelns bedenken und Normen und Werte prüfen, die mein Handeln begleiten.

Urteilskompetenz ist für Führungspersönlichkeiten eine Qualitätsfrage. Wer Urteilskompetenz besitzt, fällt qualitativ bessere Entscheidungen. Es ist also bei der Urteilskraft nicht die Quantität des Wissens entscheidend, sondern die Qualität. Und genau hier unterscheiden sich wieder Führungskräfte von Führungspersönlichkeiten.

Diese Qualität wird ausgemacht durch folgende Faktoren:

- Urteilskompetenz versucht, Irrtümer und Täuschungen zu minimieren. Ein urteilsinkompetenter Manager ist ein Dogmatiker, und er schließt als Dogmatiker Irrtümer und Täuschungen aus. Dazu neigen nicht wenige Führungskräfte.
- Alles, was uns sinnvoll, nützlich und brauchbar erscheint, ist immer auch unnütz, unbrauchbar unsinnig. So besteht immer die Gefahr, dass sich das Gegenteil realisiert. Eine Führungskraft, die etwas unter allen Umständen für nützlich, brauchbar und sinnvoll erachtet, ist urteilsinkompetent.
- Eine urteilskompetente Führungspersönlichkeit stellt Selbstverständlichkeiten infrage. Nur indem sich die Welt verändert, sich die Dinge verändern, bleiben sie gut, bleibt das Wahre wahr, das Nützliche nützlich, das Kluge klug. Eine Führungskraft, die im Käfig ihrer Wahrheiten thront und ihre Selbstverständlichkeiten für immer richtig und immer sinnvoll erachtet, ist urteilsinkompetent. Die urteilskompetente Führungspersönlichkeit weiß, dass ihre Selbstverständlichkeiten nur für sie selbst verpflichtend sind. Für eine Führungspersönlichkeit hat jeder Mensch das Recht, sich an andere Selbstverständlichkeiten zu binden, aber niemand hat das Recht, diese Verbindlichkeiten auf andere Menschen zu übertragen, für sie verpflichtend zu machen.
- Eine urteilskompetente Führungspersönlichkeit kann differenzieren. Sie ist in der Lage, komplexe Sachverhalte möglichst realistisch zu reduzieren. Sie negiert sie nicht. Das differenzierte Denken ist eine Methode, komplexe Sachver-

halte so weit zu vereinfachen, dass sie möglichst ohne wesentlichen Verlust an Parametern zu Aussagen führen, die differenziert sind. Die urteilsinkompetente Führungskraft verliert sich in komplexen Sachverhalten.
- Die urteilskompetente Führungspersönlichkeit denkt in Alternativen. Es gibt für sie zu jeder Vorgehensweise auch noch eine andere Möglichkeit. So denkt sie nicht adversativ, sondern eben alternativ. Die urteilsinkompetente Führungspersönlichkeit denkt nicht alternativ, sondern adversativ. Ihr ist es wichtig, etwas zu widerlegen. In nicht wenigen Unternehmen sind die Konferenzen geprägt durch adversatives Denken. Die Führungskräfte wollen sich gegenseitig widerlegen und nicht herausfinden, was bringt uns sinnvollerweise in dieser oder jener Sache weiter.
- Eine urteilskompetente Führungspersönlichkeit versucht, sich auf die Wertvorstellungen, Erwartungen, Interessen und Bedürfnisse anderer Menschen einzustellen, die urteilsinkompetente Führungskraft versucht das nicht. Die urteilsinkompetente Führungskraft überträgt ihre Werte, Erwartungen, Bedürfnisse und Interessen auf andere. So macht sie sie für andere verpflichtend.

10.2.2 Vertrauen benötigt Angemessenheit

Wer Vertrauen erzeugen möchte, handelt angemessen. Angemessen ist eine Handlung jedoch nur dann, wenn die Nachteile, die mit der Tat verbunden sind, auf keinen Fall größer sind als die Vorteile, die dadurch entstehen. Damit erfordert Angemessenheit, immer eine Abwägung sämtlicher Vor- und Nachteile der Handlung gegeneinander vorzunehmen. So ist Angemessenheit letztlich eine Frage der Verhältnismäßigkeit. Gerade wenn aus einer Position der Stärke heraus gegenüber einem Schwächeren entschieden werden muss, greift das Verhältnismäßigkeitsprinzip. Das ist Führungspersönlichkeiten bewusst. Unser Rechtssystem hat sich sehr ausführlich mit der Angemessenheit befasst. Angemessen ist in der Jurisprudenz ein Handeln nur dann, wenn es geeignet, erforderlich und verhältnismäßig ist. Der Gedanke der Verhältnismäßigkeit ist aus dem im Grundgesetz verankerten Rechtsstaatsprinzip und „aus dem Wesen der Grundrechte selbst“ hergeleitet worden. Der Grundsatz der Verhältnismäßigkeit hat daher sogar Verfassungsrang.

Drei Merkmale stellen im Allgemeinen Angemessenheit her:

- **Geeignetheit:** Wenn durch die Maßnahme der gewünschte Erfolg erreicht werden kann.
- **Erforderlichkeit:** Wenn kein milderes, also weniger belastendes Mittel den gleichen Erfolg erreichen könnte.

- **Verhältnismäßigkeit:** Nachteil und erstrebter Erfolg müssen in einem vernünftigen Verhältnis zueinander stehen.

Angemessenheit will im Kern sicherstellen, dass die Nachteile, die abgewendet werden sollen, immer kleiner sind als die Nachteile, die durch die Handlung erzeugt werden. Damit ist Angemessenheit nicht kostenlos zu haben. Wer angemessen handeln will, wird auf kurzfristige Erfolge dann verzichten müssen, wenn andere Menschen sie bezahlen müssen, sie zulasten unserer Umwelt gehen. Sicher wünschen sich viele Menschen diese Art von Angemessenheit, jedoch: Wer ist schon bereit, dafür die Aufwendung auch zu bezahlen? Führungspersönlichkeiten sind bereit, diesen Preis zu zahlen; Führungskräfte eher nicht.

In der Handlungsethik setzt für Führungspersönlichkeiten genau an diesem Punkt die Güterabwägung ein. Die Handlungsethik bestimmt zunächst das hohe ethische Gut, das es zu schützen gilt. Als Beispiel könnten wir die Biophilie nehmen, also die Lebensmehrung. Die Güterabwägung untersucht nun, welche Handlungen wie ethisch zu bewerten sind, damit Angemessenheit entsteht. Im Kern geht es um vier Fragen:

- Was ist, wenn die Handlung allen Beteiligten im Sinne der Lebensmehrung nutzt? Dann ist diese Handlung ethisch geboten.
- Was ist, wenn die Handlung allen Beteiligten schadet? Dann ist die Handlung ethisch verboten.
- Die dritte Frage ist: Was passiert, wenn die Handlung mehr Nutzen als Schaden anrichtet? Nun, dann ist die Handlung ethisch erlaubt, wenn der Geschädigte seinem Schaden zustimmt.
- Der vierte Aspekt ist, was Handlungsethik zu einer Handlung sagt, die mehr Schaden als Nutzen anrichtet? Nun, dann ist diese Handlung ethisch verwerflich. Es ist also ethisch verwerflich, darauf zu drängen, dass jemand einen großen Schaden in Kauf nimmt, nur weil es mir ein wenig nutzt.

Die Güterabwägung macht sofort klar: Die Crux ist, wer unterscheidet sorgsamst zwischen Schaden und Nutzen? Wer ist unabhängig genug, um sich nicht durch Eigennutz soweit verblenden zu lassen, dass der Fremdschaden kleingeredet wird, verniedlicht wird?

Damit taucht sofort die Frage auf, wer das feststellen soll, wer das bewerten, kontrollieren soll? Zunächst bin ich selbst gefordert. Selbstkontrolle ist ein wunderschöner Anspruch, nur reicht das auch? Führungspersönlichkeiten fällt dies sicher auch schwer; jedoch stellen sie sich im Unterschied zu Führungskräften dieser Aufgabe.

Vertreter einer Handlungsethik stellen die Selbstverantwortung und damit die Selbstkontrolle in den Mittelpunkt. Professor Dr. Pfadenhauer von der Technischen Universität Berlin hat „Codes of ethics" als Kontroll- und Steuerungsmodus hier vorgeschlagen. Dieser Ethik-Code gilt für sie besonders für Berufe, die im hohen Maß durch Selbstkontrolle, Selbstreflexion und Autonomie bestimmt sind.

Sechs Charakteristika sind laut Prof. Dr. Pfadenhauer für die Selbstverantwortung und Selbstkontrolle der Angemessenheit wichtig:

- Es existiert ein Ethikkodex, der im Normalfall schriftlich niedergelegt ist.
- Die Beteiligten identifizieren sich mit den Ethikregeln des Kodex, und sie handeln auch danach.
- Es gibt definierte Kriterien und Indikatoren, die die Befolgung und Einhaltung des formalen Kodex verstärken. Diese Selbstverpflichtung an die ethischen Regeln wird zur öffentlichen Transparenz und Kontrolle von Verletzungen der ethischen Standards genutzt.
- Die ethischen Kodizes richten sich an individuelle Personen und deren individuelles Verhalten. Dabei geht es um die Handlung selbst, der Akteur kann sich nicht hinter seinen besten Absichten verstecken können.
- Die Beteiligten verfügen über entsprechende ethische Kompetenz. Das wird nur dann sichergestellt sein, wenn der Kodex durch eine unabhängige Kommission kontrolliert wird.
- Als letztes Charakteristikum schlägt Frau Pfadenhauer vor, dass „die Bindung des professionellen Handelns an leitende gesellschaftliche Wertüberzeugungen, wie z. B. Gemeinwohlorientierung. Solidarität, Autonomie und Vertrauen usw. kommuniziert" wird [4]. Diese Kommunikation hilft, die Kontrolle und Sanktionierung professionellen Handelns sicherzustellen.

Wenn diese sechs Charakteristika erfüllt sind, ist Angemessenheit durch Selbstkontrolle möglich. Diese sechs Charakteristika sagen jedoch nicht, dass bei ihrem Vorhandensein Selbstkontrolle die notwendig einzige Form von Kontrolle der Angemessenheit ist. Wer also Selbstkontrolle fordert, muss prüfen, ob diese sechs Bedingungen auch im Unternehmen erfüllt sind. Führungspersönlichkeiten stellen sich dieser Anforderung; Führungskräfte meiden sie.

10.2.2.1 Angemessenheit und Gerechtigkeit

Für die Unterscheidung von Führungskräften und Führungspersönlichkeiten gibt es innerhalb der Angemessenheit ein weiteres Prüfkriterium, denn Angemessenheit ist ebenfalls eine Frage der Gerechtigkeit. Für mich gilt immer noch die Definition von Ulpian (170–228 n. Chr.), der schon vor fast 2000 Jahren Gerechtigkeit definierte als: „Gerechtigkeit ist der feste und dauernde Wille, jedem sein Recht zuzuteilen" [5]. Angemessenheit will also sicherstellen, dass die Entscheidung, eine Handlung das Recht des Betroffenen berücksichtigt. So bedeutet Angemessenheit, darüber nachzudenken, ob die Handlung auch aus Sicht des Betroffenen und nicht nur aus Sicht des Handelnden verhältnismäßig ist. Ich frage mich, ob solche Überlegungen bei den Entscheidungen einer Führungskraft überhaupt eine Rolle spielen.

Vor allem, wenn es um Sanktionen geht, muss über die Angemessenheit nachgedacht werden. Es kommt immer wieder vor, dass Menschen Fehler machen. Die dafür vorgesehene Sanktion muss zum Fehler passen. Ein 10-Cent-Vergehen darf eben nicht mit einer 100-€-Ohrfeige sanktioniert werden. Derzeit wird zum Beispiel das Fehlverhalten der Bankmanager im Jahre 2007 und 2008 bis heute mit einem Verlust an Reputation geahndet, der inzwischen die Grenzen der Angemessenheit weit übertrifft. Es erscheint mir nicht mehr angemessen, wie sehr Finanzmanager öffentlich angeklagt werden. Der Pranger des Mittelalters scheint mir durch einen Medienpranger ersetzt worden zu sein. Selbst die Vertreter einer christlichen Moral haben hier das Maß verloren.

Für Führungspersönlichkeiten bedenkt Angemessenheit auch den Dualismus des Vertrauens. Dualismus meint generell, jede Sache benötigt ihr Gegenteil, sonst weiß ich nicht, was es ist. Ein Oben benötigt ein Unten, um bestimmt zu werden. Ein Links ist ohne ein Rechts nicht vorstellbar. Wenn ich ein Rückwärts nicht kenne, weiß ich nicht, ob ich mich tatsächlich vorwärtsbewege. Das gilt auch für das Vertrauen. Vertrauen steht in einem Spannungsverhältnis zur Vorsicht. Ja, Sie haben richtig gelesen, zur Vorsicht, und nicht, wie Sie vielleicht vermutet haben zum Misstrauen. Misstrauen ist eine fast paranoide Form von Vorsicht, so wie Vertrauensseligkeit eher eine paranoide Form von Vertrauen darstellt. Wir benötigen Vorsicht, denn sie ist das notwendige Korrektiv des Vertrauens, damit wir vor blindem Vertrauen geschützt sind.

Je besser wir Menschen kennenlernen und je weniger uns diese Menschen enttäuscht haben, desto größer wird unsere Bereitschaft, ihnen zu vertrauen. Manchmal reicht schon ein höflicher Umgang, ein paar Fragen nach unserem persönlichen Befinden und wir erzählen mehr von uns, als wir normalerweise Fremden gegenüber zugeben. Ein höfliches Gegenüber im ICE und schon sind wir bereit, diesem doch wildfremden Menschen unser Gepäck anzuvertrauen, während wir im Speisewagen etwas zu trinken holen. Wir tun das in einer Vertrauensseligkeit nach dem Motto: „Wird schon nichts schiefgehen". Dabei könnte unser neuer Nachbar mit unseren Habseligkeiten genauso verschwinden, wie jeder andere Passagier aus dem Zug.

Natürlich vertrauen wir nicht jedem Menschen unendlich oder unbegrenzt. Die Tatsache, dass wir anderen Menschen für kurze Zeit unser Gepäck anvertrauen, bedeutet nicht automatisch, dass wir jedem Fremden unser Geld anvertrauen würden, mit der Bitte, mal eben darauf aufzupassen. Denn wir wissen schon, dass Vertrauensseligkeit ausgenutzt werden kann. Das zeigen die Begegnungen mit „Hütchenspielern". Die ersten drei Spiele lassen sie uns gewinnen, dann zocken sie uns ab.

Ich denke, Führungspersönlichkeiten prüfen die Angemessenheit ihres Handelns, sie kalkulieren, ob eine Sache gutgehen kann. Das sollten wir Führungskräften ebenfalls nicht absprechen; sie tun dies auch, wenn auch aus anderen Motiven und zumeist mit der Aussicht auf den rein persönlichen Vorteil. Doch wir wissen, Vertrauen wächst durch besseres Kennenlernen, Angemessenheit verhindert, dass Vertrauen automatisch ins Uferlose wächst. Sonst könnte man theoretisch einem Pädophilen ruhig sein Geld anvertrauen und einem Kleptomanen seine Kinder. Wie Winfried Berger und seine Kollegen des BDU in Ihrem Artikel „Vertrauen: Der steinige Weg zur ‚Vertrauenskultur'" festgehalten haben [6].

Das Problem für Führungskräfte ist, sie verwenden das Wort Vertrauen etwas inflationär. Sie befassen sich zu wenig mit der Angemessenheit von Vertrauen. So entsteht ganz unmerklich ein Entweder-oder-Denken. Entweder man hat Vertrauen zueinander – oder eben nicht. Entweder man verzichtet auf jede Kontrolle und Nachprüfung – oder man misstraut dem anderen. Vergessen wird dabei, dass dieses Schwarz-Weiß-Denken nur das bedingungslose Vertrauen kennt. Angemessenheit prüft, wann Vertrauen bedingungslos sein darf und wann eben nicht.

Führungskräfte, die über die Angemessenheit des Vertrauens nicht nachdenken, empfinden auch nur den kleinsten Hauch von Kontrolle als Ausdruck großen Misstrauens, als Ausdruck mangelnden Vertrauens. Diese Art Denken verkennt, dass es verschiedene Arten von Gegensätzen gibt, wie zuvor schon erläutert wurde. Es gibt tatsächlich den kontradiktorischen Gegensatz, also etwas, das sich gegenseitig ausschließt. Tod und Leben stellen einen solchen Gegensatz dar. Alles, was nicht lebt, ist tot, und alles, was tot ist, kann nicht leben. Diese Art von Gegensatz sorgt für die stillschweigende Unterstellung, dass Vertrauen und Kontrolle sich gegenseitig ausschließen. Dabei gibt es auch noch den konträren Gegensatz, also so etwas wie schwarz und weiß. Alles Nichtschwarze ist nicht automatisch weiß und umgekehrt.

Diese Idee des bedingungslosen und absoluten Vertrauens ist eher etwas für Romantiker unter den Führungskräften. Wir alle wissen, eine private wie auch geschäftliche Beziehung kann noch so langjährig, gut und bisher verlässlich gewesen sein, es wäre recht blauäugig, vielleicht sogar fahrlässig oder dumm, absolutes, bedingungsloses oder grenzenloses Vertrauen jeder unserer Beziehungen zugrunde zu legen. Selbst wenn wir durch bisherige Erfahrungen zu Recht annehmen, dass unser Vertrauen momentan wirklich bedingungslos und grenzenlos sein darf, es können immer Dinge passieren, die das Vertrauen enttäuschen und damit zerbrechen lassen.

Damit dies auch klar ist, ich habe nicht grundsätzlich etwas gegen bedingungsloses Vertrauen, ich halte es sogar für menschliches Miteinander in dem einen oder anderen Fall für möglich und für eine glückende Lebensgestaltung sogar für notwendig. Das bedingungslose Vertrauen in jeden und alles allerdings ist in aller Regel nur von Enttäuschungen begleitet, weil ich durch das bedingungslose Vertrauen meine Täuschungssicherheit ein Stück weit ausblende. Mir scheint die Menge der Enttäuschungen bei Führungskräften größer zu sein als bei Führungspersönlichkeiten.

Prüfen Sie selbst, wie groß Ihre Bereitschaft zu bedingungslosem Vertrauen ist: Stellen Sie sich vor, Sie befinden sich an einer Kletterwand am Mount Everest. Nun stellen Sie sich vor, jemand begleitet Sie, bei dem Sie sich auch in Momenten der Gefahr an dessen Seil hängen müssten. Na, bei welchem Ihrer Freunde, Familienmitglieder oder Bekannten würden Sie sich bedingungslos ans Seil hängen? Sehen Sie, bedingungsloses Vertrauen ist nur bei ganz bestimmten Menschen in unserem Bekanntenkreis möglich. Wir stufen also unbewusst Vertrauen in verschiedenen Stufen ab. Wir stellen Bedingungen an das Vertrauen. Oder können Sie sich vorstellen, mit jemandem, dem Sie durchaus absolut vertrauen, zu einem Notar zu gehen und eine Erklärung zu unterschreiben, in der festgelegt wird, dass dieser Jemand ab sofort jederzeit für den Rest Ihres Lebens bestimmen darf, was Sie zu tun oder zu lassen haben? Das wäre dann wohl die höchste Stufe absoluten Vertrauens [6].

Für Führungspersönlichkeiten ist entscheidend, nicht in Schwarz-Weiß-Kategorien zu denken, sondern durch Angemessenheit die notwendigen Abstufungen im Vertrauen herzustellen. Wenn wir Vertrauen aufbauen, dann fangen wir ja nicht gleich mit 100 % an. Wir wollen nach einem ersten Vertrauensvorschuss erleben, dass wir den Grad an Vertrauen höher schrauben dürfen, Schritt für Schritt, um am Ende ein Höchstmaß an Vertrauen hergestellt zu haben.

Das Ziel der Angemessenheit ist immer ein hoher Grad an gegenseitigem Vertrauen, sowohl im Beruf als auch im Privatleben. Und für Führungspersönlichkeiten lohnt es sich, in dieses Ziel systematisch zu investieren. Für Führungspersönlichkeiten ist bedingungsloses, absolutes Vertrauen von Vornherein eine romantische Wunschvorstellung, die mehr Schaden als Nutzen anrichten kann, weil eventuell überzogene Erwartungen beim Vertrauensgeber die Ursache unzähliger Enttäuschungen und Konflikte ist. Wenn man jedoch durch Angemessenheit in Abstufungen von Vertrauen denkt, also die Menge der Bedingungen, die man an Vertrauen knüpft, von Fall zu Fall festlegt, dann wird für Führungspersönlichkeiten Angemessenheit zum hilfreichen Korrektiv, das naive Vertrauensseligkeit verhindert.

10.2.3 Vertrauen benötigt Zuverlässigkeit

Dass man immer wieder mit Menschen rechnen muss, auf die man sich nicht verlassen kann, gehört sicher zur praktischen Lebenserfahrung von Führungskräften wie Führungspersönlichkeiten. Die häufiger verwendete Definition von Verlässlichkeit findet sich so auch eher im technischen Raum: „Verlässlichkeit ist die Eigenschaft eines technischen Systems, die es erlaubt, volles Vertrauen in seine Funktion zu setzen“ [7].

Zuverlässigkeit im Sinne des Vertrauens meint, dass das, was ein Mensch sagt oder mir zusagt, auch zutrifft. Verlassen hat zwei Bedeutungen, einerseits ich verlasse etwas, lasse los, mag etwas nicht mehr, und andererseits sich verlassen können auf ein Wort, eine Handlung, ein Versprechen im Sinne von: Ich bin zuverlässig. Eine Führungspersönlichkeit ist also zuverlässig, wenn sie etwas verspricht und dieses Versprechen auch einhält. Verlässlichkeit meint auch, dass eine Aussage sich auch in der Nähe dessen bewegt, was jemand meint. Zuverlässigkeit ist ebenfalls eine besondere Form der Wertschätzung. Wenn sich jemand auf mich verlassen will, dann versuche ich, durch meine Zuverlässigkeit das Vertrauen in mich zu rechtfertigen. Gerade in einer Zeit, in der die Zahlungsmoral, das Einhalten von Zusagen etc. immer schlechter wird, ist Zuverlässigkeit geradezu unerlässlich [8].

10.2.4 Vertrauen benötigt Aufrichtigkeit

Aufrichtig ist eine Führungspersönlichkeit, die sich selbst treu bleibt. Ursprünglich ist das Wort aufrichtig mit „richtig“ verwandt und bedeutet „aufrecht, ehrlich, unverfälscht“. Zur Aufrichtigkeit gehört auch, die eigene, begründete Überzeugung ohne Verstellung, also authentisch auszudrücken. Aufrichtig ist ein Begriff, der sich aus dem Wort „aufrecht gehen“ entwickelt hat. Aufrecht war also zunächst ein physischer Begriff und meinte, dass ein Mensch senkrecht geht. Aufrichtig meint heute, dass das Denken, das dem Handeln zugrunde liegt, ethisch gut ist. Nur so scheint mir Vertrauen erreichbar.

Der Literaturwissenschaftler Lionel Trilling definiert Aufrichtigkeit (in seiner unter anderem von den Soziologen Richard Sennet und Charles Taylor viel zitierten Studie „Sincerity and Authenticity“) als „die Übereinstimmung zwischen Gefühl und Äußerung“ [9]. Übertragen auf den Unterschied von Führungskraft und Führungspersönlichkeit bedeutet dies, dass eine Führungspersönlichkeit sicher auf Fassadentechniken und Imponiergehabe verzichten wird, während eine Führungskraft sich eher wohlfühlt, wenn sie Imponiergehabe oder Fassadentechnik an den Tag legen kann.

Bei Führungskräften gibt es in der Aufrichtigkeit eine Gefahr, der Führungspersönlichkeiten nicht unterliegen: die Selbstüberschätzung. Nicht wenige Führungskräfte leben nach dem Motto: „Die Welt wäre besser, wenn es mehr Menschen wie mich gäbe." David Dunning und Nicholas Epley von der US-amerikanischen Cornell University haben dies untersucht. Den Egoismus und die Unaufrichtigkeit anderer Menschen könnten die meisten sehr gut beurteilen, schrieben die Wissenschaftler im *Journal of Personality and Social Psychology* [10]. Die Psychologen befragten Studenten, ob sie eine schwierige und beschwerliche Arbeit selbst verrichten würden oder lieber an ein zehnjähriges Mädchen, das große Schwierigkeiten mit der Aufgabe hätte, abgeben würden. Die meisten Befragten erklärten daraufhin, die Arbeit selbst erledigen zu wollen. Wenige Studierende hingegen würden das Mädchen schuften lassen. Tatsächlich mit einer solchen Situation konfrontiert, vergaßen die meisten Studenten ihre Selbstlosigkeit jedoch und wälzten die Arbeit ab. Unter diesen Studenten scheint es recht wenige Persönlichkeiten gegeben zu haben [11].

Schon Schopenhauer vermutete, dass die Aufrichtigkeit ein schwieriges Geschäft sei. Er meinte noch: „Die Freunde nennen sich aufrichtig, die Feinde sind es" [12]. Der Sufismus, die islamische Mystik hat sich ebenfalls der Aufrichtigkeit gewidmet. Dort heißt es: „Auf der ersten Stufe der Aufrichtigkeit hat der Mensch, der sich dem Sufismus widmet, dafür Sorge zu tragen, dass er untadelige Gedanken hat, die richtigen Entscheidungen anstrebt und sein Verhalten dementsprechend ausrichtet. Auf der zweiten Stufe möchte er nur deshalb auf der Welt leben, weil er der Wahrheit Geltung verschaffen und das Wohlgefallen Gottes erlangen möchte. Auf der dritten Stufe schließlich wird die Aufrichtigkeit vollkommen verinnerlicht. In jeder Handlung und in jeder Verhaltensweise verbindet sich dann die Natur des Menschen mit Treue und Beständigkeit" [13]. Das ist ein hoher Anspruch an Menschen, die andere führen. Führungspersönlichkeiten werden diesem Anspruch durchaus gerecht; Führungskräfte eher nicht. Für den französischen Dichter Charles Baudelaire war Aufrichtigkeit der Weg zur Originalität. Aufrichtig zu sein, bedeutet sicher, an Authentizität zu gewinnen. Doch leider ist die Aufrichtigkeit in heutiger Zeit nach Meinung des Dramatikers Bernard Shaw allenfalls eine Tugend des Zuschauers, nicht unbedingt der handelnden Personen.

10.2.5 Vertrauen benötigt Ehrlichkeit

Ein spanisches Sprichwort sagt: „Zuweilen spricht auch der Teufel die Wahrheit." Ehrlichkeit ist ein schweres Geschäft, zumal dann, wenn im Alltag Menschen bestraft werden, die offen und „ehrlich" ihre Gefühle und eigenen Schwächen vor anderen ausbreiten. Ehrlichkeit hat sicher eine Chance, wenn sie frei bleibt von Bösartigkeit und Gift. Schopenhauer meinte noch in seinem zweiten Teilband *Aphorismen zur Lebensweisheit*: „So eng auch Freundschaft, Liebe und Ehe Menschen verbinden: Ganz ehrlich meint jeder es am Ende doch nur mit sich selbst und höchstens noch mit seinem Kinde“ [14].

Ehrlich ist eine Führungspersönlichkeit genau dann, wenn sie ohne Verstellung offen ist. Dazu ist es notwendig, dass sie auf verdeckte Kommunikation verzichtet. Verdeckt ist eine Kommunikation immer dann, wenn ich über ein Wissen verfüge, das zu einer kommunikativen Handlung führt, aber dem Betreffenden nicht mitgeteilt wird.

Wird ein Mensch in einem Netz verdeckter Kommunikation gefangen, dann kommt er da nicht mehr heraus. Es führt zu massiven Störungen des Selbstkonzepts und auch der sozialen Beziehungen. In der psychologischen Forschung (Systemische Psychologie) wurde herausgefunden, dass eine signifikante Korrelation besteht zwischen der psychischen Erkrankung von Familienmitgliedern und verdeckter Kommunikation. Wenn ein Familienmitglied erkrankt, müssen alle therapiert werden, um aus dem Netz der verdeckten Kommunikation herauszukommen. Es reicht nicht aus, den Einzelnen zu therapieren, weil das System gestört ist.

Verdeckte Kommunikation sagt zum Beispiel den eigentlichen Grund für eine Frage nicht, schiebt sekundäre Gründe vor. Verhöre etwa bedienen sich sehr häufig der verdeckten Kommunikation. Diese Art von Kommunikation wird nicht selten von Führungskräften gepflegt.

Führungspersönlichkeiten geht es allerdings nicht um Ehrlichkeit um jeden Preis. In der humanistischen Psychologie spricht man von „selektiver Authentizität“: „Mach dir bewusst, was du denkst und fühlst, und wähle, was du sagst und tust.“ Es geht also auch hier um Verantwortung: Es kann erforderlich sein, die Wahrheit nicht zu sagen oder sogar die Unwahrheit zu sagen. Dafür gibt es im Sinne des Vertrauens für Führungspersönlichkeiten nur zwei Gründe:

- Wenn es darum geht, den Schutz eigenen und fremden Lebens zu sichern bei Wahrung der Verhältnismäßigkeit der eigenen und fremden Geheimnisse.
- Wenn das, was ich denke, die Lebenschancen des anderen mindern würde, sobald ich es ausspreche. Es geht um die Empathie, das Einfühlungsvermögen. (Empathie ist unabhängig von Sympathie und Antipathie.) Der andere muss sich in dem, was ich sage, auch wiederfinden können. Meine Aussage darf das Selbstkonzept des anderen nicht fahrlässig infrage stellen.

Hier liegt der Fehler vieler Führungskräfte, die sich um das Selbstkonzept des Mitarbeiters gar nicht kümmern. In einer gelingenden Kommunikation mit einer Führungspersönlichkeit wird das Selbstkonzept dynamisiert, jedoch nicht vernichtet [15].

10.2.6 Vertrauen benötigt Versprechen, die man halten will

Schon ein altes, griechisches Sprichwort sagt: „Viele versprechen Berge und bauen dann Maulwurfshügel.“ Wer ein Versprechen gibt, der erzeugt Hoffnung. Wir leben in einer recht oberflächlichen Zeit. Nicht wenige Führungskräfte geben leichtfertig Zusagen, ohne darüber nachzudenken, ob wir auch in der Lage sind, diese Versprechen zu halten. Es ist für sie so selbstverständlich, dass sie über die Einhaltung ihrer Versprechen kaum noch nachdenken. Dabei ist es notwendig, vor einer Zusage zu prüfen, ob jemand auch in der Lage ist, ein Versprechen einzuhalten. Denn leider ist es oft genug so, dass Führungskräfte die Einhaltung ihrer Versprechen delegieren. Sie finden immer jemanden, der statt ihrer selbst die Verantwortung dafür trägt, dass sie ein Versprechen nicht einhalten konnten. Der Herrgott soll's richten, die Umstände sind schuld, der Chef, die Märkte, die Kunden. Der Erfolg hat viele Väter, der Misserfolg ist ein Waisenkind.

Dabei erlebe ich durchaus, dass es Führungspersönlichkeiten gibt, die Versprechen nur dann abgeben, wenn sie den festen Willen haben, diese auch einzuhalten, und wenn sie geprüft haben, ob die Umstände eine Einhaltung auch möglich sein lassen.

„Kannst du mir helfen?“ „Klar doch, mach ich.“ Wie oft geben Führungskräfte Zusagen, ohne je darüber nachgedacht zu haben, ob es ihnen auch möglich ist, die Zusage einzuhalten. Oft aus Höflichkeit, weil Führungskräfte dem anderen nicht wehtun wollen, weil sie Schwierigkeiten aus dem Weg gehen wollen, geben Führungskräfte Zusagen. Der Ärger beginnt dann später, wenn die Einhaltung der Zusage eingeklagt wird. Da wäre es schon besser gewesen, sie hätten keine Zusage gemacht. Aber Führungskräfte sind eben manchmal auch etwas feige. Wer Vertrauen erzeugen möchte, benötigt auch den Mut, nein zu sagen. Wer vertrauensvoll mit anderen Menschen umgeht, drückt sich auch aus Höflichkeit nicht davor, ein Versprechen zu verweigern. So gehen Führungspersönlichkeiten mit ihren Versprechungen durchaus vorsichtig um. Wenn sie befürchten müssen, etwas nicht einhalten zu können oder wenn sie etwas nicht einhalten wollen, dann ist es letztlich viel einfacher, dem anderen lieber gleich die Wahrheit zu sagen, anstatt sich später mit Ausflüchten herauszureden zu müssen.

Ein Versprechen zu geben und auch bereit zu sein, es einzuhalten, sagt recht viel über den Charakter eines Führenden aus. Es zeigt, wie ernst es ihm mit seinem Versprechen ist und wie sehr er die andere Person respektiert. Verpflichtungen, die wir eingehen, und Versprechen sind das, worauf unsere Identität, unsere persönliche Marke aufgebaut ist.

Zusagen, von denen die Führungskraft weiß, dass sie sie nicht einhalten kann, führen anschließend zu Ausreden. Und sie sind der Beginn von Lebenslügen. Wer sich als Führungspersönlichkeit hier wirklich verantwortlich zeigt, der verzichtet zum Beispiel auf die berühmten Ausreden, er versteckt sich nicht. Eine Ausrede ist letztlich nichts anderes als die kleine Schwester der Lüge. Die Ausrede ist für Führungskräfte bequem, bringt sie aus der Schusslinie, ist jedoch durchaus auch einmal nur höflich. Ausreden, die der Höflichkeit dienen, kann ich jederzeit akzeptieren, Ausreden, die jedoch nur dazu dienen, uns selbst und anderen etwas vorzugaukeln, sind gefährlich. Das fängt genau dann an, wenn Führungskräfte versprechen, ein Problem zu lösen, ohne über eine Lösungsmöglichkeit nachgedacht zu haben. Anschließend behaupten sie, sie könnten nichts daran ändern oder sie erklären sich für nicht zuständig.

Ausreden sagen meistens: Die Schuld tragen die anderen. Dadurch zementiert eine Führungskraft Probleme, statt sie zu lösen. Sie zeigt dann eine falsche Betroffenheit. Führungskräfte unterscheiden nicht mehr genau zwischen „Ich bin betroffen" und: „Es macht mich betroffen." „Es macht mich betroffen" heißt, ich kann in ohnmächtigem Mitleid Zustände bedauern. Die Aussage „Ich bin betroffen" sagt jedoch etwas anderes. Jetzt bin ich zum Handeln gefordert, ich bin verantwortlich dafür, ein gegebenes Versprechen auch einzuhalten. Wer Zusagen nur dann macht, wenn er mit hoher Wahrscheinlichkeit annehmen darf, dass er diese Versprechen auch einhalten kann, der schafft damit Klarheit in der Entscheidung, in der Zuständigkeit, in der Übernahme der überschaubaren Konsequenzen seines Tuns. Ansonsten wäre es fahrlässig, mit Versprechungen Hoffnungen zu erzeugen, von denen man nicht weiß, ob man sie auch erfüllen kann.

10.2.7 Vertrauen benötigt Versprechen, die eingehalten werden

Wer Versprechen einhält, der erzeugt Vertrauen. Das ist nicht einfach – auch nicht für Führungspersönlichkeiten. Gerade in schwierigen Lebensmomenten sorgt die Bereitschaft, ein Versprechen auch einzuhalten, dafür, dass ich ein mir wichtiges, sinnvolles Ziel nicht aus den Augen verliere. Das ist sicher unerlässlich für eine Vertrauenskultur. Es gehört zum Fair Play des täglichen Miteinanders, seine Zusagen auch einzuhalten.

Schon in der Kindheit spielt die Bereitschaft, Versprechen auch einzuhalten, eine immens wichtige Rolle. Wenn Papa während der Woche verspricht, am Wochenende habe ich Zeit für dich, dann unternehmen wir gemeinsam etwas, erfährt ein Kind hautnah, ob es sich auf seine Eltern verlassen kann. Ist Papa am Wochenende müde, will lieber Fußball im Fernsehen sehen, dann verlässt sich das Kind nicht mehr auf die Zusagen seiner Eltern. Der erste Vertrauensverlust ist da.

Die Einhaltung von Versprechen ist für Führungspersönlichkeiten eine Frage der Glaubwürdigkeit. Warum soll ich einem Menschen vertrauen, wenn er nicht glaubwürdig ist? Die Einhaltung von Zusagen bestimmt den guten Ruf. Das fängt bei mir selbst an. Wie zuverlässig bin ich in der Einhaltung meiner mir selbst gegebenen Versprechen? „Heute gehe ich einmal früh zu Bett", aber der Film im Fernsehen war so interessant, dass ich mein Versprechen gebrochen habe. „Ab morgen werde ich aufhören zu rauchen", aber die Zigarette schmeckt halt so gut. Und so traue ich mir selbst kaum noch über den Weg.

Friedrich Hebbel meinte einmal dazu: „Sich selbst etwas versprechen und es nicht halten ist der nächste Weg zur Nullität und Charakterlosigkeit" [16].

„Ein Mann, ein Wort", wer kennt dieses Sprichwort nicht? Wer seine Versprechen hält, zeigt nicht nur Charakter, er zeigt auch Wertschätzung. Mein eingehaltenes Versprechen zeigt dem anderen, dass er mir wichtig ist. Je bekannter wir dafür sind, dass wir unsere Versprechen einhalten, desto besser unser Ruf. Jeder weiß dann, dass man sich auf uns verlassen kann. Führungspersönlichkeiten wissen das. Wer ein Vertrauensverhältnis herstellen möchte, der wird unbedingt seine Versprechen halten müssen. Wer das regelmäßig tut, wird immer als jemand gelten, der sein Bestes gibt, um ein Versprechen zu halten. Der behält seine Glaubwürdigkeit selbst dann, wenn es ihm ausnahmsweise einmal nicht möglich ist, seine Zusagen einzuhalten.

10.3 Fazit

Vertrauen ist die Annahme, dass unsere Erwartungen an Menschen, an Entwicklungen, an Zusagen genau den Verlauf nehmen, den wir erwarten. Eine Vertrauenskultur lässt sich nur herstellen über Kompetenz, Angemessenheit und Zuverlässigkeit. Mit Kompetenz sind die Sprachkompetenz, die Handlungskompetenz mit der Fähigkeit, in Alternativen denken zu können, und die Urteilkompetenz mit der Fähigkeit zur Abwägung gemeint. Mit Angemessenheit sind gemeint: die Güterabwägung, Gerechtigkeit im Handeln und Gerechtigkeit in der Sanktion. Angemessenheit prüft den möglichen Grad des Vertrauens. Zuverlässigkeit ist die Fähigkeit, sich auf jemanden berechtigt verlassen zu können, aufrichtig und ehrlich im Sprechen und Handeln zu sein, nur zu versprechen, was man auch halten kann, und einzuhalten, was man versprochen hat.

Vertrauen lässt sich über die Frage prüfen: „Kann mein Mitarbeiter jederzeit mit mir über seine Fehler, sein Versagen, fehlende Ergebnisse ohne Furcht oder gar Angst sprechen, und tut er das auch?"

Literatur

Quellen

1. http://www.capurro.de/kontrolle.html. Zugegriffen: 30. Juli 2009.
2. http://www.derdieckmann.de/archives/46. Zugegriffen: 24. Aug. 2015.
3. http://www.zeit.de/2003/16/Laudatio_Herzog. Zugegriffen: 24. Aug. 2015.
4. Langer, Andreas. 2005. Professionsethik, Effizienz und professionelle Organisationen Kontroll- und Steuerungsmodi professionellen Handelns in der Sozialen Arbeit. In *Professionelles Handeln*, Hrsg. Michaela Pfadenhauer, 167 f. Wiesbaden: VS Verlag für Sozialwissenschaften.
5. http:/wirtschaftslexikon.gabler.de/Definition/gerechtigkeit.html. Zugegriffen: 24. Aug. 2025.
6. http://www.umsetzungsberatung.de/psychologie/vertrauen.php. Zugegriffen: 24. Aug. 2015.
7. http://www.ias.uni-stuttgart.de/forschung/verlaesslichkeit.html. Zugegriffen: 30. Juli 2009.
8. Lay, Rupert, und Ulf D. Posè. 2006. *Die neue Redlichkeit. Werte für unsere Zukunft*, 189 ff. Frankfurt: Campus Verlag.
9. https://en.wikipedia.org/wiki/Sincerity_and_Authenticity. Zugegriffen: 24. Aug. 2015.
10. http://faculty.chicagobooth.edu/nicholas.epley/EpleyDunning06.pdf. Zugegriffen: 24. Aug. 2015.
11. https://ediss.uni-goettingen.de/bitstream/handle/11858/00-1735-0000-0006-B663-5/voigtlaender.pdf?sequence=1). Zugegriffen: 5. April 2015.
12. http://zitate.net/arthur%20schopenhauer.html. Zugegriffen: 15. April 2015.
13. http://ir.nmu.org.ua/bitstream/handle/123456789/126617/0e514c9037bbb20bc5e3e0ac661cd3ac.pdf?sequence=1. Zugegriffen: 15. April 2015.
14. http://de.wikiquote.org/wiki/Diskussion:Arthur_Schopenhauer. Zugegriffen: 30. Juli 2009.
15. Lay, Rupert, und Ulf D. Posè. 2006. *Die neue Redlichkeit. Werte für unsere Zukunft*, 195 ff. Frankfurt: Campus Verlag.
16. http://www.zitate-guide.de/zitate.php?autor=41. Zugegriffen: 30. Juli 2009.

Weiterführende Literatur

17. Covey, Stephen R. 2009. *Schnelligkeit durch Vertrauen*. Gabal.
18. Sprenger, Reinhard K. 2007. *Vertrauen führt*. Campus Verlag.

Führung und Betriebskosten 11

„Wer zu spät an die Kosten denkt, ruiniert sein Unternehmen. Wer immer zu früh an die Kosten denkt, tötet die Kreativität."
Philip Rosenthal (1916 – 2001), deutscher Unternehmer und Politiker

11.1 Die Fiedler-Werte

Nicht selten wird argumentiert, mit genügend Druck werde zu Höchstleistungen motiviert. Wer Angst erzeugt, wird seine Mitarbeiter durch Drohung mit Arbeitsplatzverlust schon zur optimalen „Arbeitsplatzfreude" zwingen. Dabei erzeugen Führungspersönlichkeiten weniger Betriebskosten.

Herbert M. hat seine Brauerei mit eigenen Händen aufgebaut. Stolz blickt er auf einen Ausstoß von 350.000 Hektoliter. Er ist mit seinem Kompagnon für 28 Außendienstler und weiteren 120 Mitarbeitern in der Produktion und im Innendienst zuständig. Mit dem Betriebsrat lebt er ein wenig auf Kriegsfuß. Und sein neuer Marketingchef ist auch nicht gerade nach seinem Geschmack. „Die wollen immer nur eine ruhige Kugel schieben. Und das Arbeiten haben sie auch nicht gerade erfunden." Herr M. hat schon die vierte Sekretärin in zwei Jahren einstellen müssen. „Man findet heute niemanden mehr, der richtig belastbar ist", so ärgert sich Herr M. über seine Leute, wie sich so mancher Mitarbeiter über ihn ärgert. Bei Herrn M. „riecht ein guter Mitarbeiter nicht, ist immer pünktlich, nie krank und gibt nie Widerworte;" so hat es einer der Betriebsräte formuliert. Sicher wurde hier übertrieben. Aber ganz von der Hand zu weisen ist seine Argumentation auch nicht. Herr M. merkt nicht, dass sein Verhalten sicher nicht gerade ethisch zu nennen ist. Er „verbraucht" Mitarbeiter, sie sind für ihn auswechselbar. Und genau darin liegt die Crux. Schon in den 1960er Jahren stellte der österreichische Soziologe Fred

U. Posé, *Von der Führungskraft zur Führungspersönlichkeit*,
DOI 10.1007/978-3-658-10924-0_11

Edward Fiedler in den Vereinigten Staaten fest, dass ein Unternehmen immer dann besonders hohe Kosten hat, wenn es seine Mitarbeiter funktionalisiert. Dadurch entsteht eine Unzufriedenheit, die sich negativ auf die Leistung niederschlägt.

Oder nehmen Sie Peter G. und seinen Kollegen Frank Z. Peter G. hat eine klare Vorstellung. Er kümmert sich um seine Mitarbeiter, hat jederzeit Verständnis für ihre Probleme und Schwierigkeiten. Ihm ist es wichtig, dass sich alle verstehen und alle vertragen. Gute Arbeit wird seiner Meinung nach nur dann geleistet, wenn alle dafür Sorge tragen, dass jeder jederzeit zufrieden ist. Sein erklärtes Feindbild ist sein Kollege Frank Z. Dessen Ansage: „Ich erwarte, dass jeder nicht nur sein Bestes gibt, sondern über sich hinauswächst. Wir müssen uns den Herausforderungen stellen. Wer dabei nicht mitmacht, der wird auf der Strecke bleiben", ist Peter G. ein Gräuel. Wer von beiden liegt richtig? Keiner!

Mit der Frage, wie Leistung und Zufriedenheit zusammenhängen, hat sich schon vor vielen Jahren Fred Edward Fiedler (*1922) beschäftigt. Er wollte wissen, wie stark Charakterzüge und persönliche Eigenschaften von Führungskräften und deren Führungsstile Einfluss auf die Leistung von Mitarbeitern nehmen. Sein 1967 entwickeltes Eventualitätsmodell (als „Leistungsbusen" bekannt geworden) ist dabei sehr hilfreich [1].

Fiedler untersuchte den Zusammenhang zwischen Arbeitszufriedenheit und Leistung. Er fand heraus, dass Mitarbeiter erst dann Leistung zeigen, wenn ein Mindestmaß an Unzufriedenheit vorliegt. Dabei genügt bereits die Annahme, die Zufriedenheit könnte nicht andauern, um Mindest-Leistungsbereitschaft zu zeigen. Peter G. erzeugt also mit seiner sehr hohen Verständnisbereitschaft für sämtliche Unzulänglichkeiten seiner Mitarbeiter keine Bereitschaft, etwas zu tun. Bei ihm haben sich zwar alle lieb, jedoch klingelt kein Geld in der Kasse. So sollte sich Peter G. von seinem Sozialgesäusel verabschieden. Das bedeutet jedoch nicht, dass sein Kollege Frank Z. recht hat, denn außerordentlicher Druck erzeugt ebenfalls keine dauerhaft gute Leistung. Beide sind wohl eher Führungskräfte.

Es geht darum, Mitarbeiter durch gute Führung einerseits als Person anzuerkennen, jedoch gleichzeitig die Funktion und die zu erbringenden Leistungen zu berücksichtigen. Das ist der Ansatz einer Führungspersönlichkeit. Wenn ein Mitarbeiter sich als Person geschätzt fühlt, jedoch gleichzeitig nicht automatisch auf jedes Wehwehchen Rücksicht genommen wird, steigt die Leistung auf ein Plateau. Dort ist sie lange Zeit stabil, auch wenn an manchen Tagen Unzufriedenheit und Belastung einmal zunehmen.

Entsteht jedoch dauerhaft großer Druck, fühlt sich der Mitarbeiter nicht mehr anerkannt und geschätzt, sondern er soll nur noch funktionieren, wie Frank Z. es gern möchte, dann sinkt der Mitarbeiter bei weiterer Zunahme der persönlichen Unzufriedenheit in ein Leistungstief, um anschließend, wenn ihn Panik oder gar

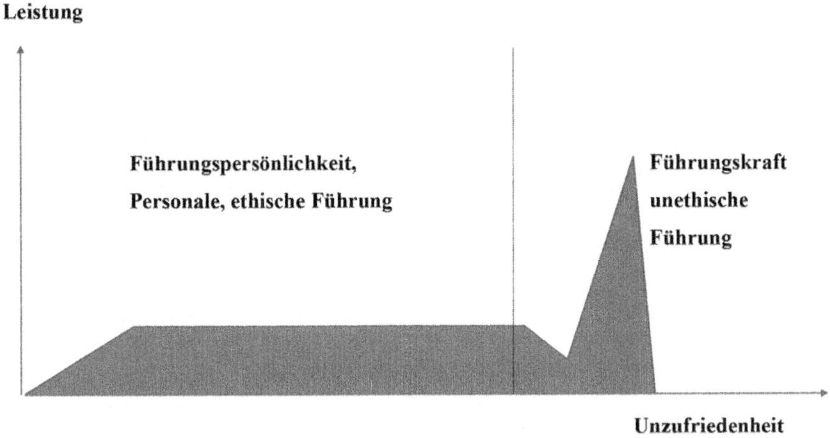

Abb. 11.1 Die Fiedler-Werte

Existenzangst quält, noch einmal stark anzuziehen. Jetzt aktiviert der Mitarbeiter seine letzten Leistungsreserven. Nimmt die Unzufriedenheit an der Stelle auch nur noch einen Hauch zu, fällt die Leistung abrupt in sich zusammen. Die Führungskraft kann jetzt machen, was sie will, der Mitarbeiter hat innerlich gekündigt und verweigert sich total (siehe Abb. 11.1).

Nicht wenige Führungskräfte versuchen nun die höchste Spitze der Leistungsbereitschaft bei ihren Mitarbeitern zu aktivieren. Zugegeben, dies gelingt auch ab und zu. Aber die große Frage ist, ob der Mitarbeiter auch auf der Spitze seiner Leistungsfähigkeit gehalten werden kann. Es ist etwa vergleichbar mit einem Tischtennisball, den ich versuche auf einem Wasserstrahl tanzen zu lassen. Das Problem einer Führung durch Panik und Angstmache ist es, dass nicht vorhersehbar ist, wann ein Mitarbeiter beginnt, sich zu verweigern. Der Zusammenbruch der Leistung ist unberechenbar.

Ich bin der Überzeugung, dass die Fiedler-Werte helfen, die schlechten Ergebnisse falscher Personalführung vieler Führungskräfte zu verstehen, die ihre Mitarbeiter entweder wie rohe Eier behandeln oder sie, in der Absicht eine hohe Leistungssteigerung zu erzielen, ohne Rücksicht auf ein Mindestmaß an Mitarbeiterzufriedenheit durch ständige Mehrarbeit, neue zusätzliche Verantwortung und anderes an ihre Belastungsgrenze treiben. In diesem Spannungsfeld bewegen sich Führungskräfte. Fiedler stellte gleichzeitig auch fest, dass ein Unternehmen ebenfalls keine Leistung erhält, wenn keine Leistung erwartet wird.

Bei Führungskräften, die bar jeglicher Ethik führen, entwickelt sich ein funktionaler Führungsstil, der keinen Respekt vor der Würde des Mitarbeiters hat. Bei ethisch-motivierten Führungspersönlichkeiten werden Mitarbeiter nie entpersonalisiert. Interessant dabei ist, dass viele funktionale Führungskräfte die Spitze in der Leistung rechts oben anpeilen, jedoch tatsächlich ihre Mitarbeiter in das Leistungstief davor treiben.

Fiedler ermittelte ebenfalls, dass eine ethische, wertorientierte Führung einer Führungspersönlichkeit ein Unternehmen weniger kostet, als unethische Führung. Das betrifft drei Kostenarten, die bilanzwirksam sind, jedoch in einer Bilanz nicht explizit aufgeführt werden. Herr M. müsste also einmal untersuchen, ob er besonders hohe Migrations-, Vertrags- und Interaktionskosten hat.

11.2 Die Kosten schlechter Führungskultur

11.2.1 Die Vertragskosten

Vertragskosten entstehen einem Unternehmen dann, wenn Verträge verletzt werden. Das können schriftliche Verträge sein, aber auch mündliche Absprachen. Zusagen, die nicht eingehalten werden, sind in der Reaktion des Mitarbeiters teurer bei unethischer Führung. Mitarbeiter, die bei erheblichem Leistungsdruck erfahren, dass ihre Vorgesetzten Vereinbarungen nicht einhalten, lassen sich diese „Vertragsverletzungen" teuer bezahlen. Bei guter Führung geschieht das nicht. Das gilt auch für Kunden. Fühlt ein Kunde sich unfair behandelt, sinnt er auf Rache. Entweder wechselt er oder er sorgt dafür, dass es für den Lieferanten teuer wird.

Wie teuer müssen also Reklamationen von Kunden bezahlt werden, wenn diese sich funktionalisiert fühlen? Was kosten Arbeitsgerichtsprozesse oder Wiedergutmachungen, wenn ein Mitarbeiter sich schlecht behandelt fühlt? In einem von Führungspersönlichkeiten geführten Unternehmen sind diese Kosten weitaus geringer, da die Mitarbeiter sich hier ernst genommen fühlen. Und so beharren sie auch nicht immer auf ihren Rechten. Oder sie sind milder, wenn es um Wiedergutmachungen geht.

11.2.2 Die Migrationskosten

In einem von Führungskräften geführten Unternehmen suchen nicht wenige Mitarbeiter den Weg nach draußen. Sie versuchen nur so lange zu bleiben, wie es unbedingt notwendig ist. Wenn ein schlecht geführter Mitarbeiter ein Unternehmen verlässt, dann kostet es viel Geld, einen neuen, gleichwertigen Mitarbeiter zu finden. Die Fluktuation in unethisch geführten Unternehmen ist immer höher als die Fluktuation in ethisch geführten Unternehmen. Das trifft ebenfalls auf Kunden und Lieferanten zu. Die Fluktuation ist in einem ethisch geführten Unternehmen weitaus geringer. Wenn Mitarbeiter sich am Arbeitsplatz wohlfühlen, dann wollen sie auch nicht weg.

11.2.3 Die Interaktionskosten

Ein von Führungskräften geführtes Unternehmen hat mehr Reibungsverluste als ein von Führungspersönlichkeiten geführter Betrieb. Es ist nämlich einfach so, dass sich Mitarbeiter, die sich streng geführt wissen und dabei meinen, als Person auf der Strecke zu bleiben, durch Reibungsverluste rächen. Der Dienst nach Vorschrift regiert, und vor allen Dingen handeln sie „nach den Buchstaben". Es kann verdammt teuer werden, wenn ein Mitarbeiter aufhört mitzudenken.

So hat Herr M. eine seiner Sekretärinnen deswegen rausgeworfen, weil sie jede Anweisung wortwörtlich nahm. Später hat sie dann in ihrer Stellenbeschreibung nachgeschaut, ob sie auch Kaffee kochen muss. Und als sie das nicht darin fand, hat sie sich geweigert, Herrn M. Kaffee zu kochen. Herr M. wird im Endeffekt auch betriebswirtschaftlich zu dem Schluss kommen müssen, dass sein Führungsstil eigentlich teuer ist.

Schlechte Absprachen, Doppelarbeiten, fehlende Abstimmung kosten in Unternehmen, die von Führungspersönlichkeiten geführt werden, ebenfalls weniger. Sie treten auch weniger auf. Bei enormem Leistungsdruck durch Führungskräfte will ein Mitarbeiter sich absichern. Er schreibt beispielsweise ein Memo mehr, er sichert sich damit ab. Das führt zu unerwünschten Kosten. Der Aufwand der Absicherung ist übermäßig hoch.

Anzeichen für erhöhte Interaktionskosten sind zunehmende Fehlzeiten auf der Mitarbeiterseite und eine erhöhte Reklamationsrate auf Kundenseite:

Die Fehlzeiten nehmen zu. Leistungsdruck macht krank. Wenn die Fehlzeiten mehr als 3 % betragen, ist meistens davon auszugehen, dass der Leistungsdruck unangemessen ist. Untersuchungen über Fehlzeiten haben schon vor Jahren und immer wieder ergeben, dass in Japan die Fehlzeiten zwischen 1,5 und 2 % liegen, in der Schweiz bei 4 %, in der Bundesrepublik bei 8 % [2]. Vielleicht ist auch das ein Hinweis darauf, dass wir zu viele Führungskräfte und zu wenig Führungspersönlichkeiten in unseren Unternehmen beschäftigen.

Die Anzahl der Reklamationen ist erhöht. Bei Reklamationen ist Folgendes zu prüfen:

- Wie hoch ist die Reklamationsquote?
- Wie lange dauert es, bis eine Reklamation bearbeitet wird?
- Wie hoch ist die Zufriedenheit der Kunden nach der Reklamationsbearbeitung?

Es kommt also darauf an, wie gut es einem Vorgesetzten gelingt, Leistungserwartungen und -forderungen in einem ausgewogenen Verhältnis mit den individuellen Bedürfnissen, Möglichkeiten, sowie Fähigkeiten seiner Mitarbeiter zu balancieren. Ohne das ethische Verständnis von der Forderung an eine Funktion in Verbindung mit der Anerkennung einer Person scheint mir das nicht möglich. Führungspersönlichkeiten gelingt das ausgewogene Verhältnis von Leistungserwartung einerseits und Rücksicht auf individuelle Bedürfnisse des Mitarbeiters andererseits, verträglich zu gestalten.

11.3 Fazit

Führungskräfte wie Führungspersönlichkeiten nehmen Einfluss auf die Leistungen eines Mitarbeiters. Der österreichische Soziologe Fiedler hat dies untersucht. Er stellte fest, dass Führungskräfte über dauerhaften Druck und die Funktionalisierung des Mitarbeiters diesen in ein Leistungstief treiben. Erhöht sich dieser Druck, aktiviert der Mitarbeiter seine letzten Leistungsreserven. Nimmt die Unzufriedenheit an der Stelle dann auch nur noch einen Hauch zu, fällt die Leistung abrupt in sich zusammen. Die Führungskraft kann jetzt machen, was sie will, der Mitarbeiter hat innerlich gekündigt und verweigert sich total.

Führungspersönlichkeiten erkennen den Mitarbeiter als Person an und berücksichtigen jedoch gleichzeitig die Funktion und die zu erbringenden Leistungen. Wenn ein Mitarbeiter sich als Person geschätzt fühlt, jedoch gleichzeitig nicht automatisch auf jedes Wehwehchen Rücksicht genommen wird, steigt die Leistung auf ein Plateau. Dort ist sie lange Zeit stabil, auch wenn an manchen Tagen Unzufriedenheit und Belastung einmal zunehmen. Der Mitarbeiter fällt nicht in ein Leistungstief durch Demotivation.

Fiedler stellte fest, dass drei bilanzwirksame Kosten bei Führungskräften höher sind als bei Führungspersönlichkeiten:

- **Die Vertragskosten:** Solche Kosten entstehen einem Unternehmen dann, wenn Verträge verletzt werden. Das können schriftliche Verträge sein, aber auch mündliche Absprachen.
- **Die Migrationskosten:** In einem von Führungskräften geführten Unternehmen suchen nicht wenige Mitarbeiter den Weg nach draußen. Sie versuchen nur so lange zu bleiben, wie es unbedingt notwendig ist.

- **Die Interaktionskosten:** Ein von Führungskräften geführtes Unternehmen hat mehr Reibungsverluste als ein von Führungspersönlichkeiten geführter Betrieb. Mitarbeiter, die sich streng geführt wissen und dabei meinen, als Person auf der Strecke zu bleiben, rächen sich durch Reibungsverluste. Der Dienst nach Vorschrift regiert und vor allen Dingen folgen sie Anweisungen wörtlich.

Literatur

Quellen

1. http://de.wikipedia.org/wiki/Fred_Edward_Fiedler. Zugegriffen: 5. April 2015.
2. https://books.google.de/books?id=S6glBgAAQBAJ&pg=PA82&lpg=PA82&dq=Fehlzeiten+Japan&source=bl&ots=ys8PQiZsM&sig=6lKE31flGJF0WR2JXDd3szcdM_0&hl=de&sa=X&ei=WrciVYOqI4uqsgGt3YHgCw&ved=0CEIQ6AEwBw#v=onepage&q=Fehlzeiten%20Japan&f=false. Zugegriffen: 5. April 2015.

Weiterführende Literatur

3. Fiedler, Fred Edward. 1984. *Improving leadership effectiveness: The leader match concept (Wiley Self Teaching Guides)*. Wiley.
4. Fiedler, Fred Edward. 1967. *Theory of leadership effectiveness*. US: McGraw-Hill Inc.

Führen und Verantwortung 12

„Wer sich fürchtet, Verantwortung zu übernehmen, wird immer mehr der Willkür anderer preisgegeben und muss zusehen, wie der größere Gewinn aus seinen Fähigkeiten Fremden zufließt.“
Prentice Mulford (1834–1891), US-amerikanischer Journalist und Warenhausbesitzer

Die Novitätenwerke und die Startpharmacompany stellen beide Pharmaprodukte her. Im Rahmen der Marktbedienung ist sich der Vorstandsvorsitzende der Novitätenwerke sicher, dass eine Fusion beiden Unternehmen nur gut tun würde. Also überzeugt er den Aufsichtsrat, die Startpharmacompany zu kaufen. Die Übernahmeschlacht beginnt. „Es sollte schnell über die Bühne gehen, damit uns nicht ein ‚weißer Ritter‘ dazwischenkommt“, ist der Vorstandsvorsitzende überzeugt. Nach der Übernahme zeigt sich, dass im Vorfeld die Bücher der Startpharmacompany ungenügend geprüft worden sind. Auch Integrationsmaßnahmen sind im Vorfeld nicht kritisch genug überlegt und vorbereitet worden. Dann stellt sich heraus, dass der Leiter der medizinisch wissenschaftlichen Abteilung kein neues Präparat „in der Pipeline“ hat. „Das konnte ich ja nicht wissen“, druckst der Vorstandsvorsitzende herum. Zu allem Überfluss laufen für drei Präparate die Schutzfristen aus, sie werden demnächst als Generika verkauft. Der Kauf der Startpharmacompany ist ein Flop. „Ich übernehme die volle Verantwortung“, sagt der Vorstandsvorsitzende zum Aufsichtsrat. Er schlägt vor: Personalabbau, Kauf eines weiteren Unternehmens sowie Maßnahmen, um Synergieeffekte im Bereich Administration, Einkauf und Vertrieb zu erreichen. Leider kommt niemand im Aufsichtsrat auf die Idee zu fragen: „Worin drückt sich denn nun konkret Ihre Verantwortungsübernahme aus?“ Der Vorstandsvorsitzende hat bei seinen Vorschlägen persönliche Konsequenzen völlig ausgelassen. Damit verkommt seine Verantwortungsübernahme zur Verbalakrobatik.

U. Posé, *Von der Führungskraft zur Führungspersönlichkeit*,
DOI 10.1007/978-3-658-10924-0_12

Die fehlende Verantwortungsübernahme gibt es nicht nur in der Wirtschaft, auch die Politik glänzt ab und zu durch Verbalakrobatik in der Verantwortungsübernahme.

Als vor wenigen Jahren die Niedersachsenwahl und die Hessenwahl für die SPD verloren ging, äußerte sich der damaliger Bundeskanzler in einem ersten Interview: „Ich übernehme die volle Verantwortung!" Das hörte sich gut an. Keiner der anwesenden Journalisten kam jedoch auf die Idee, unseren Kanzler zu fragen: „Herr Bundeskanzler, worin drückt sich denn nun Ihre Verantwortungsübernahme aus?" Bei Führungspersönlichkeiten wäre die Übernahme der Verantwortung immer dann gegeben, wenn sie für die überschaubaren Konsequenzen ihres Handelns geradestehen. Spricht jemand von Verantwortung und es folgt kein konkretes Handeln, dann verkommt der Satz: „Ich übernehme die volle Verantwortung" zur Verbalakrobatik. Mehr ist es einfach nicht.

12.1 Was bedeutet Verantwortung?

Ich bin verantwortlich für mich. Ich denke, Führungskräfte genauso wie Führungspersönlichkeiten werden dazu ja sagen. Es ist für beide so selbstverständlich, dass wir über Verantwortung kaum noch nachdenken. Dabei lohnt es sich durchaus, einmal zu prüfen, worin sich die Verantwortung einer Führungspersönlichkeit ausdrückt. Denn leider ist es oft genug so, dass Führungskräfte Verantwortung delegieren. In den letzten Jahren haben nicht wenige Menschen die Verantwortung für die Finanz- und Wirtschaftskrise überwiegend an nur eine gesellschaftliche Gruppe delegiert: an Banker; die Verantwortung für die Überwindung der Krise wurde auf unsere Politiker übertragen. Wir finden immer jemanden, der statt uns selbst die Verantwortung trägt. Der Herrgott soll's richten, die Umstände sind schuld, der Chef, die Märkte, die Kunden. Der Erfolg hat viele Väter, der Misserfolg keinen.

Dabei erlebe ich, dass es Führungspersönlichkeiten gibt, die Verantwortung wahrnehmen, sich nicht davor drücken. Wer sich wirklich verantwortlich zeigt, der verzichtet zum Beispiel auf die berühmten Ausreden, er versteckt sich nicht. Eine Ausrede ist genau genommen nichts anderes als die kleine Schwester der Lüge. Ausreden besitzen einen gewissen Charme, sie sind durchaus bequem und sie bringen Führungskräfte elegant aus der Schusslinie. Klar, manche Ausreden gehorchen auch der Höflichkeit, der Diplomatie. Diese Art der Ausreden meine ich nicht. Ich meine die Ausreden, die nur dazu dienen, uns selbst und anderen etwas vorzugaukeln. Hier fangen die Lebenslügen an. Führungskräfte behaupten, sie seien nicht zuständig, oder sie verbreiten die Überzeugung, sie könnten nichts ausrichten, nichts ändern. Solche Ausreden sind dazu da, anderen die Schuld zuzuweisen.

Dadurch werden Probleme zementiert, statt gelöst. Führungskräfte zeigen dann eine falsche Betroffenheit, die schon angesprochen wurde. Wir unterscheiden, wie vorher schon erwähnt, heute nicht mehr genau zwischen „ich bin betroffen" und „es macht mich betroffen". Gern will ich noch einmal daran erinnern: „Es macht mich betroffen" heißt, ich kann in ohnmächtigem Mitleid Zustände bedauern, Lichterketten bilden, mit anderen die Zustände bejammern. Die Aussage „Ich bin betroffen" sagt jedoch etwas anderes: Jetzt bin ich zum Handeln gefordert, ich bin verantwortlich.

Wer sich tatsächlich verantwortlich zeigt, der schafft damit Klarheit in der Entscheidung, in der Zuständigkeit, in der Übernahme der überschaubaren Konsequenzen seines Tuns. Wer bereit ist, Verantwortung zu übernehmen, wer sagt: „Ich bin betroffen", der unternimmt etwas.

Letztendlich findet Verantwortung im Handeln und im Nichthandeln statt. Lassen Sie mich etwas zu den Verbindungen von Verantwortung und Führung sagen. Solche Verbindungen sind:

- **Verantwortung und Vertrauen**. Ich muss mich also fragen, wie muss Verantwortung gelebt werden, damit sie Vertrauen erzeugt? Diese Verbindung wurde im vorigen Kapitel ausreichend beleuchtet.
- **Verantwortung und Konfliktfähigkeit**. Wie muss Verantwortung sein, damit Konflikte eben nicht eskalieren oder unter den Teppich gekehrt werden, sondern gelöst werden?
- **Verantwortung und Nachhaltigkeit**. Wie muss Verantwortung sein, damit der Bestand einer Gemeinschaft, eines Unternehmens langfristig gesichert ist?
- **Verantwortung und Konsequenz.** Wie muss Verantwortung sein, damit konsequent gehandelt wird?
- **Verantwortung und Effektivität und Effizienz**. Wie muss Verantwortung sein, damit die richtige Sache richtig ausgeführt wird?
- **Verantwortung und Elite**. Wie muss Verantwortung gelebt werden sein, damit wir zur Elite gehören?

Führungspersönlichkeiten wollen das Bewusstsein zur Leistungselite und Verantwortung noch mehr fördern. So haben Führungspersönlichkeiten die Chance, statt auf der Suche nach außergewöhnlichen Leistungen auf der Strecke zu bleiben, diese selber wieder zu zeigen. Daraus folgt: Für Elite ist Verantwortung nicht teilbar. Für Elite ist klar: Wer verantwortet, entscheidet, und wer entscheidet, verantwortet.

Das hat einen enormen Nutzen. Der Nutzen dieser Art von Verantwortungsübernahme ist vielfach. Wer verantwortet, der:

- besitzt noch mehr Selbstständigkeit,
- bringt noch mehr Wissen ein,
- nimmt noch mehr Führung wahr,
- zeigt noch mehr disziplinierte Konsequenz,
- beweist noch mehr eigenverantwortliches Handeln.

Eine verantwortungsbewusste Führungspersönlichkeit handelt also, sie verhält sich nicht. Damit stellt sich weiterhin die Frage nach der Verantwortung. Bitte bedenken Sie, es gibt immer zwei Verantwortungsrichtungen. Zum einen ist die Verantwortung vor einer Tat zu nennen. Habe ich also über die Konsequenzen meines Tuns nachgedacht, bevor ich losgelegt habe, sind mir die Folgen bewusst geworden? Zum anderen gibt es die Verantwortung nach der Tat. Bin ich also bereit, für die überschaubaren Konsequenzen meinen Tuns geradezustehen?

12.2 Die Herkunft der Verantwortung

Im Wort Verantwortung steckt das Wort antworten. Ich muss also eine Antwort geben können. Die Frage ist, wem muss ich antworten? Was ist also die Verantwortungsinstanz? Führungskräfte und Führungspersönlichkeiten beantworten diese Fragen durchaus unterschiedlich.

12.2.1 Sechs Bereiche der Verantwortung

Verantwortung vor mir selbst: Will ich mir selbst antworten, dann kann ich fragen, wem muss ich eine Antwort geben? Meinem Selbstideal, meinem Selbstreal oder meinem Selbstkonstrukt? Das sind drei recht unterschiedliche Ebenen meines Selbst. Wie wir tatsächlich sind, wissen wir nicht so genau. Der Zugang zum Selbstreal ist wahrscheinlich sehr klein. Will ich wissen, ob mein Handeln angemessen und realitätsdicht ist, muss ich prüfen, wie ich mit anderen Menschen umgehe und wie diese auf mich reagieren. Wer also nur über Selbstreflexion, also intensives Nachdenken über sich selbst meint herauszufinden, wer er ist, nähert sich vielleicht nur seinem eigenen Phantom. Meine Selbstverantwortung erfordert eine kritische Auseinandersetzung mit der Art und Weise, wie ich mit anderen Menschen umgehe und wie diese mit mir umgehen. So komme ich Stück für Stück mir selbst näher und demjenigen, der ich bin.

Die Verantwortung gegenüber einem oder mehreren Menschen: Das kann der Vorgesetzte sein, Mitglieder der Familie oder jemand, dem ich ein Versprechen gegeben habe.

Die Verantwortung vor der Zukunft (Was verändere ich jetzt?): Gemeint ist, ob ich bedacht habe, welche Konsequenzen mein Handeln für die Zukunft hat.

Die religiöse Verantwortung: Gläubige Menschen stehen sich Ihrem Schöpfer gegenüber in Verantwortung – wen immer sie damit auch meinen.

Die Verantwortung vor dem Staat: Welche Pflichten/Verantwortung habe ich meinem Staat gegenüber? Wie ist zum Beispiel meine Steuermoral?

Die Verantwortung vor den Gesetzen: Bin ich bereit, für eine Gesetzesübertretung geradezustehen?

Alexander von Humboldt meinte, es gäbe noch die Verantwortung vor der gesamten Menschheit. Seit der Globalisierung scheint diese Verantwortung zum Thema zu werden, wenn es um die politische, soziale, ökonomische und ökologische Verantwortung für die gesamte Menschheit geht. Letztendlich klärt Verantwortung die Zulässigkeit des Handelns.

Sicher sprechen Führungskräfte und Führungspersönlichkeiten von Verantwortung. Die Frage ist jedoch, wem antworten sie und wie antworten sie? Was ist eine Führungskraft bereit zu verantworten, und was ist eine Führungspersönlichkeit bereit zu verantworten? Wir werden immer wieder einmal zur Verantwortung gezogen. Das kann durch unseren Vorgesetzten geschehen, durch einen Richter oder auch durch die Öffentlichkeit bei bekannt gewordenem Fehlverhalten. Auch Mitarbeiter erwarten, dass ihr Vorgesetzter bereit ist, seine Überlegungen vor ihnen zu verantworten. Letztlich geht es um mich. Ich muss auch vor mir selbst geradestehen können. Der berühmte Blick in den Spiegel sagt mir schon, ob ich den Menschen kenne, den ich da anschaue, und ob ich mit seinem Handeln einverstanden bin. Zu welcher Verantwortung bin ich also bereit. Was ist die Sittlichkeit meines Handelns?

Ich kann Folgendes verantworten:

- das Ergebnis des Handelns, ich bin also einer Ergebnisethik gegenüber verpflichtet.
- die Intension des Handelns, ich bin also einer Gesinnungsethik verpflichtet.
- das Handeln selbst, meine Vorgehensweise, ich bin also einer Handlungsethik verpflichtet [2].

12.3 Irrtümer der Gesinnungs- und der Ergebnisethik

Führungskräfte sind natürlich ebenfalls wie Führungspersönlichkeiten zur Verantwortungsübernahme bereit. Führungskräfte neigen jedoch dazu, sich nur einer Ergebnis- oder Gesinnungsethik in ihrer Verantwortungsübernahme zu bedienen. Der Irrtum der Gesinnungsethik besteht darin, dass es nur auf meine Gesinnung ankommt. Führungskräfte haben durchaus ehrbare Absichten. Sie wollen Gutes tun. Gefährlich wird die Sache nur dann, wenn ich über die zum Handeln notwendige Kompetenz nicht nachdenke und sie möglicherweise auch nicht besitze. Der gute Wille reicht Führungskräften. (Gut gemeint ist das Gegenteil von gut.)

Die Ergebnisethik handelt nach dem Motiv: „Der Zweck heiligt die Mittel.“ Das rechtfertigt für die Führungskraft letztlich jede Handlungsweise, wenn das Ergebnis ein gutes, ethisch verwertbares ist. Darin liegt die große Gefahr, sich mit seinem Handeln hinter einem Ergebnis zu verstecken. Die sittliche Qualität einer Entscheidung liegt jedoch in der *Handlung* selbst. Sie liegt nicht in den Folgen der Handlung. Auch nicht im guten Willen. Eine Führungspersönlichkeit weiß darum.

12.4 Das Gewissen

Meine Handlungen werden nicht nur von Dritten beurteilt. Ich selbst fälle ein Urteil über mein Handeln. Das geschieht durch mein Gewissen. Mein Gewissen urteilt über die sittliche Qualität der Handlung. Damit wird ein Gewissensurteil gefällt.

Gewissen definiert sich hier folgendermaßen: Gewissen ist das unmittelbar der Handlung vorausgehende praktische Urteil über die sittliche Qualität der Handlung. Das ist Führungspersönlichkeiten wichtig.

Wie sollte nun das Gewissen einer Führungspersönlichkeit aussehen/legitimiert sein, damit ich handle?

12.4.1 Drei verschiedene Gewissen

Ein Gewissen entwickelt sich. Und es gibt drei Formen bei der Entstehung eines Gewissens. Diese verschiedenen Gewissen werden internalisiert.

12.4.1.1 Die Inkorporation – das moralische Gewissen (frühe Kindheit)

Das ist eine unreife, infantile Form des Gewissens. Ein Erwachsener mit einem inkorporierten, kindlichen Gewissen ist wohl wahrscheinlich borderlinegestört. Das inkorporierte Gewissen pflegt die Normen und Regeln der Eltern. Die Entstehung dieses Gewissens findet bei Führungskräften wie auch bei Führungspersönlichkeiten statt. Im Unterschied zu Führungspersönlichkeiten denkt jedoch die Führungskraft über den Sinn oder Unsinn dieser Regeln nicht genügend nach, sobald sie erwachsen ist. Sie hat sie inkorporiert, sich einverleibt. Inkorporation äußert sich im Unternehmen durch das permanent unerklärliche Schwanken zwischen starker Zu- und Abneigung.

Dieses moralische Gewissen haben Führungskräfte und Führungspersönlichkeiten bekommen, ob sie wollten oder nicht. Sie hatten keinen Einfluss auf die Übernahme der Werte ihrer Erzieher. Ob wir wollten oder nicht, wir haben jeden einzelnen Wert in unserem moralischen Gewissen völlig ungeprüft übernommen. Unsere Eltern haben uns gesagt, was gut und richtig ist. Sie gaben uns die ersten Werte mit auf unseren Lebensweg. In diesem Gewissen stecken alle Normen, Regeln und Werte, die unsere Eltern möglichweiser schon von ihren Eltern übernommen haben. „Sei ein ordentliches Kind!" oder: „Sei hilfsbereit!" „Das Vaterland musst du lieben und deine Mutter ehren." Hier sind alle moralischen Normen unserer Eltern zu Hause, die wir auch als Sekundärtugenden bezeichnen. Wir finden im moralischen Gewissen unsere Loyalität, unseren Gehorsam, unser Pflichtbewusstsein oder auch unser Engagement. Im moralischen Gewissen finden sich außerdem Ehrlichkeit, Ordnungsliebe, sowie Pünktlichkeit oder Zuverlässigkeit wieder.

Gegen all diese Tugenden ist überhaupt nichts einzuwenden, nur haben weder Führungskräfte noch Führungspersönlichkeiten sie selbst gewählt. Sie haben zu keinem Zeitpunkt sagen können oder sagen wollen: „Der Wert oder diese Norm passt mir nicht, ich suche mir etwas anderes." Diese Werte haben wir völlig ungeprüft übernommen. Sie wurden in uns hineingepflanzt, also inkorporiert, einverleibt.

Incorporare heißt sich einverleiben. Das bedeutet, wir können auch schwanken zwischen: „Das hab ich zum Fressen gern …" und: „Das ist ja zum Kotzen …" Dieser Wechsel geschieht oft undurchschaubar.

Alle Menschen, und damit sowohl Führungskräfte als auch Führungspersönlichkeiten haben eine innere Stimme. Sie ist die Stimme des moralischen Gewissens, das immer aktiv ist und sich bei jeder Gelegenheit meldet. Da sich diese Stimme als moralischer Richter in uns selbst aufspielt, kann sie uns natürlich ganz schön zu schaffen machen. Vor allen Dingen dann, wenn die Inhalte des moralischen Gewissens im weiteren Verlauf des Lebens nicht kritisch reflektiert wurde. Bei Führungskräften bleiben diese Werte und Tugenden unreflektiert. Und das hat Folgen. Im Unternehmen entscheidet sich die Führungskraft je nach Laune mal so, mal so. Ohne darüber nachzudenken, schwankt die Führungskraft zwischen unreflektierter Zu- oder Abneigung den Vorgesetzten gegenüber oder auch gegenüber den eigenen Mitarbeitern, Kollegen und Kunden.

Nach Entstehung des moralischen Gewissens gibt es jedoch einen Bifurkationspunkt. Eine Art Scheideweg. Führungskräfte wählen den Weg des introjezierten, funktionalen Gewissens, Führungspersönlichkeiten wählen das sittliche Gewissen.

12.4.1.2 Die Introjektion – das funktionale Gewissen (Pubertät oder Vorpubertät)

Das funktionale Gewissen folgt immer den vorgegebenen Regeln ohne zu fragen, ob diese Regeln auch sinnvoll sind. Das geschieht nach dem Motto: „Wess' Brot ich ess', dess' Lied ich sing'." Entweder man ist dafür oder dagegen. Und solange man einem System, einer Firma, einer Kirche oder einer Familie angehört, hat man dafür zu sein, ohne Wenn und Aber. Solange die Führungskraft im Unternehmen beschäftigt ist, ist sie vom Unternehmen begeistert. Verlässt sie das Unternehmen, schlägt die Begeisterung sofort in totale Ablehnung um. Problematisch ist diese Introjektion, da das Unternehmen völlig unkritisch, nur positiv gesehen wird, solange die Führungskraft dort angestellt ist.

Wenn etwas gut funktioniert, dann meinen wir damit zumeist, dass etwas sehr genau und zutreffend reagiert. Wir können schon vorher den Ablauf ohne Störung bestimmen. Auch Menschen können funktionieren.

Sobald eine Führungskraft alle Regeln einer Firma genau befolgt, ohne sich zu fragen, ob eine dieser Regeln auch sinnvoll ist oder nicht, dann fängt sie an zu funktionieren. Die Führungskraft folgt der normativen Kraft des Faktischen. Getan wird, was getan werden muss. Die Führungskraft folgt jeder Anweisung. Damit wird sie allerdings gefährlich für ein Unternehmen. Wenn jegliche Kritikfähigkeit ausgeschaltet ist, sollte man diesen Menschen nicht andere Menschen führen lassen.

Ein Beispiel

Udo W. ist Portier einer großen Textilfirma. Er arbeitet in der zweiten Schicht. Seine Arbeitszeit ist von 14 Uhr bis 22 Uhr. In letzter Zeit ist es vorgekommen, dass verschiedene Personal Computer nach Büroschluss entwendet wurden. So hat die Geschäftsleitung untersagt, dass Mitarbeiter nach 19 Uhr noch Büroräume betreten dürfen. Diese Verordnung hat auch Herr W. bekommen. Herr W. gilt als sehr gewissenhaft. So geht er kurz vor 19 Uhr noch durch die Räume der Verwaltung, und macht jeden aufmerksam, dass er das Gebäude zu verlassen habe.

Vor 14 Tagen kam er in das Büro des Geschäftsführers. „Herr Direktor, es ist gleich 19 Uhr. Sie müssen das Gebäude verlassen." Der Chef war bass erstaunt: „Aber die Anordnung habe ich doch selbst gegeben. Oder glauben Sie, dass ich die PCs entwende?" Herr W. schüttelte den Kopf: „Aber Herr Direktor, darum geht es doch gar nicht. Wenn niemand mehr nach 19 Uhr im Büro sein darf, dann gilt das für alle. Sonst brauchen Sie doch solch eine Verordnung nicht. Und Ausnahmen stehen nun mal nicht darin."

Wir können uns vorstellen, dass Udo W. einige Probleme bekommt, wenn er diese Anordnung wörtlich nimmt. Genau das geschieht aber im funktionalen Gewissen von Führungskräften. Sie fragen nicht nach, sind völlig unkritisch und exekutieren die vorgegebenen Regeln. Zivilcourage oder wenigstens kritisches Hinterfragen unterbleibt bei Führungskräften.

Das funktionale Gewissen einer Führungskraft erkundigt sich nicht nach Umständen oder Rahmenbedingungen. Die Führungskraft unterscheidet nicht zwischen dem Sinn einer Regel und dem Buchstabenlaut. Die Führungskraft fragt nur: „Was steht da?“ Sie fragt nicht: „Was ist damit gemeint oder gewollt?“ Der Sinn einer Regel bleibt der Führungskraft fremd. Und so kann das funktionale Gewissen zu einem Tyrannen werden, zur Unmenschlichkeit pervertieren.

Das funktionale Gewissen ist auch aktiv, wenn wir sagen: „Frag nicht so lange nach, sondern tu, was man dir sagt!“, „Was geht das uns an?“, „So lange du die Füße unter meinen Tisch stellst, …“.

Das funktionale Gewissen ist gekennzeichnet durch eine sehr starke, stabile Hinwendung zu einem System, einer Firma, einer Familie, einer Gesellschaft, einem Staat. Oder es findet das Gegenteil statt. Wir lehnen total und ohne zu hinterfragen ein System, eine Gruppe von Menschen, einen Staat etc. ab.

12.4.1.3 Die Identifikation – das sittlich verantwortete Gewissen (reifer erwachsener Mensch)

In diesem Gewissen findet zum ersten Mal eine kritische Auseinandersetzung statt. Führungspersönlichkeiten prüfen, welche Gründe für und welche Gründe gegen eine Sache, ein Unternehmen etc. sprechen. Sie wägen diese Gründe gegeneinander ab und stellen in der Bilanz fest, dass sie dafür oder dagegen sein können.

Diese Abwägung findet vor dem Anspruch eines hohen Gutes statt. So gewinnt Ethik für Führungspersönlichkeiten eine besondere Bedeutung, ist sie doch die Lehre vom Gut und Böse. Die Ethik bietet Führungspersönlichkeiten die Grundlagen für eine kritische Auseinandersetzung mit dem, was sie tun oder lassen wollen.

Das ist eine reife Form der Internalisation. Hier sind Führungspersönlichkeiten zu finden. Hier sagt die Führungspersönlichkeit: „In der Gesamtbilanz bin ich für mein Unternehmen, auch wenn einige Dinge nicht in Ordnung sind. Aber daran kann ich ja arbeiten.“ Die Identifikation erledigt sich allerdings, wenn sie nicht mehr aufrechterhalten werden kann. Sie wird unerheblich, ohne jegliche Verdrängungsmechanismen.

Das sittlich verantwortete Gewissen nimmt eine Güterabwägung vor. Jetzt entscheidet sich die Führungspersönlichkeit zum ersten Mal kritisch. Die im sittlich verantworteten Gewissen enthaltenen Werte und Gründe für unser Handeln sind von der Führungspersönlichkeit selbst gewählt. Dadurch findet zum ersten Mal die Identifikation statt. Führungspersönlichkeiten wissen zwar, dass das Unternehmen

Fehler macht, aber in der Bilanz sind sie dafür. So kommt die kritische Identifikation zustande.

Damit hilft das sittlich-verantwortete Gewissen der Führungspersönlichkeit, auch einmal gegen das moralische Gewissen zu entscheiden. Das erzeugt natürlich eine Spannung. Aber eine Führungspersönlichkeit erträgt diese Spannung. Noch ein Merkmal ist für das sittlich-verantwortete Gewissen wichtig. Die Führungspersönlichkeit ist bereit, für die überschaubaren Konsequenzen ihres Handelns auch geradezustehen. Führungspersönlichkeiten suchen nicht die Umstände, den Fremden, den miesen Vorgesetzten oder den lieben Gott, um festzustellen, wer verantwortlich ist. Führungspersönlichkeiten drücken sich nicht vor Ihrer Verantwortung.

Die Führungspersönlichkeit baut ihre Beziehungen also über Identifikation auf. Bei Aufstiegschancen in einem Unternehmen zum Beispiel sollte man also nicht auf seine Introjekte hereinfallen. Diese sind voller Begeisterung für das Unternehmen, jedoch nicht in der Lage, auch die kritischen Seiten des Unternehmens zu sehen. Denn wenn sie sie sehen, bricht die ganze Introjektion zusammen.

Leider ist es selten, dass Führungskräfte, von der Introjektion zur Identifikation kommen.

Für die Führungspersönlichkeit ist also das sittliche Gewissen wichtig. Hier wird die Sittlichkeit des Handelns geprüft.

12.5 Die Bedeutung der Sittlichkeit im Handeln

In nicht wenigen Unternehmen wird die Frage nach der Sittlichkeit heute leider viel zu selten gestellt. Das ist aber Aufgabe der Führungspersönlichkeit. Sie kann nur feststellen, ob ihre Handlung wirklich verantwortet ist. Sie ist sicher verantwortet, wenn sie eigenes und fremdes Leben eher mehrt, denn mindert. Damit kann ich Handeln von Verhalten unterscheiden, denn dem Verhalten fehlt die Verantwortungsbereitschaft. (Später wird auf diesen Unterschied noch einmal klärend aufmerksam gemacht.)

Warum ist dieser Unterschied so wichtig? Weil ein Handeln ohne Sittlichkeit versucht, eine Realität zu erzeugen, statt sich der Realität anzupassen. So begreift eine Führungskraft ohne Sittlichkeit die existierende Realität eher als Störgröße.

12.5.1 Im sittlichen Handeln kann man altruistisch oder alterozentrisch sein

Der Egoismus oder die Egozentrik von Führungskräften suchen nicht die Begegnung mit dem Fremden oder Anderen, sondern nur die Bestätigung eigener Ansichten. Das ist eine Gefahr für Führungskräfte. Nicht selten kommt es vor, dass Führungskräfte Mitarbeiter um sich scharen, die nur noch bestätigend wirken. Dem Vorgesetzten wird gespiegelt, dass er alles richtig macht. So entsteht ein schwieriges Selbstbild, das zwar unrealistisch ist, jedoch wird die Realitätsferne nicht mehr erkannt. Die zweite Gefahr für Führungskräfte in diesem Bereich ist der vorauseilende Gehorsam. Führungskräfte mögen durchaus Mitarbeiter, die meinen, sie wüssten um die Wünsche der Führungskraft, und handeln dementsprechend, ohne zu prüfen, ob das auch so ist.

Die Sittlichkeit der Führungspersönlichkeit ist der Faktor, der im Einfluss auf die Realität berücksichtigt, dass auch unabhängig von meinen persönlichen Interessen die Begegnung mit der Realität eine Rolle spielt. Fehlt Sittlichkeit, dann begreife ich alles, was nicht meinen Interessen dient als Störgröße. Sittlichkeit kennt diese Störgröße nicht, sondern das Interesse am Anderssein. Damit ist Sittlichkeit notwendig, um der realen Welt auch wirklich zu begegnen. Sittlichkeit will also die Nähe zu Realität, während Nicht-Sittlichkeit in der realen Welt nur die Bestätigung der eigenen Konstrukte sucht, und damit kein Interesse an der Realität besitzt.

Die Sittlichkeit der Führungspersönlichkeit sucht den Mitarbeiter nicht nur als Mittel zum Zweck, sondern auch als Ziel. Führungskräfte hingegen betrachten den Mitarbeiter lediglich als ein Wesen, das zu funktionieren hat. Damit ist der Mitarbeiter nur Mittel zum Zweck

Die Führungspersönlichkeit wird also immer versuchen, der Unsittlichkeit zu entgehen, damit sie handelt und sich nicht nur verhält.

Die sittliche Qualität einer Entscheidung liegt in der Handlung selbst. Sie liegt nicht in den Folgen der Handlung. Auch nicht im guten Willen. Damit ist für eine verantwortungsbewusste Führungspersönlichkeit die Handlungsethik die Orientierungshilfe. In der Handlungsethik versteckt sich niemand hinter Absichten oder Ergebnissen, sondern ist bereit, für die überschaubaren Konsequenzen seines Tuns geradezustehen.

Wobei sich Führungskräfte und Führungspersönlichkeiten sicher einig sind, ist, dass das Ziel der Verantwortung ist, zu klären, wofür jeder Einzelne verantwortlich ist. Dazu bedarf es zunächst der Begriffsklärung. Die Manager in einigen von mir betreuten Unternehmen haben sich auf folgende Definition verständigt: „Verantwortung bedeutet die Selbstverpflichtung, unter Zugrundelegung eines Wertesystems zu handeln und dafür einzustehen". Ergänzend füge ich hier noch einmal hinzu: „Für die überschaubaren Folgen des Handelns einzustehen." Zum Handeln gehört nach diesem Verständnis auch das Nichthandeln!

„Handle nur nach derjenigen Maxime, durch die du zugleich wollen kannst, dass sie allgemeines Gesetz werde" ist als kategorischer (bedingungslos gültiger) Imperativ (Handlungsgebot) Kants bekannt. „Handle stets so, dass Du Dein und fremdes personales Leben eher mehrst, denn minderst", ist die Handreichung von Prof. Dr. Rupert Lay [1].

In einem Vortrag über „Unternehmerische Verantwortung: wie sie im täglichen Durch- und Miteinander funktioniert“ erläuterte der Vorstandsvorsitzende der TÜV NORD AG, Dr. Guido Rettig, seine Sicht der Verantwortung so: „In diesem Zusammenhang sei ein Blick auf die Wirtschaftlichkeit unserer Verantwortung ihr gegenüber hingewiesen. Es ist sicher jedem von uns klar, dass weder der Arbeitgeber, gleichgültig ob Führungskraft oder Führungspersönlichkeit, noch irgendein Arbeitnehmer darauf erpicht sind, erfolglos zu sein, Verluste zu machen. Verluste bringen die Existenzgrundlage der Mitarbeiterinnen und Mitarbeiter genauso in Gefahr, wie das Unternehmen selbst. Geht man davon aus, dass jeder Mitarbeiterin und jedem Mitarbeiter statistisch betrachtet eine Familie mit 2,15 Personen zugeordnet werden kann, so liegt die „Personalverantwortung“ eines Unternehmens mit rund 1000 Mitarbeitern bei etwa 2150 Menschen, mit all ihren Hoffnungen, Wünschen und Träumen, ein Leben so zu führen, wie es die ganz persönliche Lebensorientierung vorsieht. Und dies gilt über den Abschnitt des Arbeitslebens hinaus. Damit wird deutlich, dass ein verantwortungsbewusstes, ordentliches Wirtschaften auch für die Zukunft alles Beteiligten von immenser Bedeutung ist. Die Preise so zu kalkulieren, dass die genannten Verpflichtungen bedient werden können, dass andererseits aber keine Wettbewerbsnachteile entstehen und darüber hinaus noch Mittel für zukunftssichernde Maßnahmen übrig sind, ist für viele Unternehmen zur stetigen Herausforderung geworden – auch vor dem Hintergrund einer doch sehr dynamischen Steuerpolitik. Es kommt also darauf an, wie Führungskräfte und Führungspersönlichkeiten Verantwortung verstehen. Hans Jonas hat hier mit seinem Buch *Das Prinzip Verantwortung* Pionierarbeit geleistet.“ [3]

Die leider manchmal fehlende Bereitschaft zur Verantwortungsübernahme von Führungskräften hat die Verantwortungslosigkeit in unserer Gesellschaft recht hoffähig gemacht. Sich zu drücken, sich unsichtbar machen, wenn es eigentlich darum geht, geradezustehen, ist weit verbreitet. Aber woran liegt das? Nach meinem Eindruck entsteht Verantwortungslosigkeit meistens dadurch, dass kein sittliches Gewissensurteil ausgebildet wird. Das sittliche Gewissen wird ersetzt durch die normative Kraft des Faktischen. Getan wird, was getan werden muss. Da das sittliche Gewissen aufgrund der Umstände immer weniger abgefragt werden kann, verliert es immer mehr an Bedeutung. Es wird so ersetzt durch die normative Kraft des Faktischen. Gerade die Verantwortungslosigkeit ist nichts anderes als das Befolgen der normativen Kraft des Faktischen. Führungspersönlichkeiten wollen dem entgehen. Wer der Verantwortungslosigkeit entgehen will, der wird die Güterabwägung zu Rate ziehen müssen. Güterabwägung bezeichnet die an anderer Stelle des Buches vorgestellte Praxis der Verantwortung, verschiedene Güter so gegeneinander abzuwägen und in Beziehung zu setzen, dass das Handeln und Entscheiden das den Umständen nach bestmögliche Gesamtergebnis zur Folge hat.

Die verantwortungsbewusste Führungspersönlichkeit wird sich also nie hinter Sachzwängen verstecken oder hinter Vorgaben, die sie diskreditiert, indem sie sich davon distanziert.

Bleibt zum Schluss die Frage: Wo ist die entscheidende Prämisse für ethisch motiviertes Handeln, ethisch motivierte Verantwortung zu finden? Nun, die ethische Prämisse für verantwortliches Handeln steckt im Selbstverständnis eines jeden Menschen, der andere Menschen führt, eines jeden Unternehmers. Es ist die Gestaltungsfreiheit. Wer Verantwortung bewusst wahrnehmen will, zieht es vor, selbst zu entscheiden, und sich nicht nur durch Vorgaben oder Sachzwänge verleiten zu lassen, nur das zu tun, was getan werden muss im Sinn der normativen Kraft des Faktischen.

Wer Verantwortung wahrnehmen will, der sucht nach Wegen, die es möglich machen, bewusster Gestalter dieser Welt zu ein. Für verantwortungsbewusste Führungspersönlichkeiten ist dies eine Verpflichtung. Führungskräfte folgen hier eher dem Recht des Stärkeren oder einer blinden Notwendigkeit.

Führungspersönlichkeiten fragen sich also, wie intensivieren wir die Bereitschaft zur Übernahme von Verantwortung? Wer sich mit der Klärung von Zuständigkeiten, also Verantwortungsbereichen befassen möchte, wird sich einige Fragen zur Verantwortung stellen. Diese können lauten:

- Wie lautet unser gemeinsames Verständnis von Verantwortung?
- Welche Verantwortlichkeiten gibt es für den einzelnen Manager?
- Wie wird Verantwortung bei uns gelebt?
- Woran machen wir Verantwortung konkret fest?
- Welche Konsequenzen ergeben sich aus der Übernahme von Verantwortung? Haben wir die dazu passenden Eskalationsstufen festgelegt, die uns helfen, im Vorhinein zu wissen, worauf wir uns einlassen?
- Wie verhindern wir Schuldzuweisungen und kommen zu Lösungen?
- Wie wird Verantwortung im Team gelebt?
- Wie wird die eigene Verantwortung mit der Verantwortung anderer sinnvoll verzahnt?

12.6 Fazit

Verantwortung bedeutet die Selbstverpflichtung, unter Zugrundelegung eines Wertesystems zu handeln und für die überschaubaren Folgen seines Tuns geradezustehen.

Verantwortung kennt sechs Bereiche:

- die Verantwortung vor mir selbst. Damit ist die Verantwortung vor dem Selbstideal, dem Selbstreal oder dem Selbstkonstrukt gefragt,
- die Verantwortung gegenüber einem oder mehreren definierten Menschen,
- die Verantwortung vor der Zukunft – was verändere ich jetzt in Zukunft?
- die religiöse Verantwortung,
- die Verantwortung vor dem Staat,
- die Verantwortung vor den Gesetzen.

Ich kann verantworten:

- das Ergebnis des Handelns, ich bin also einer Ergebnisethik gegenüber verpflichtet.
- die Intension des Handelns, ich bin also einer Gesinnungsethik verpflichtet.
- das Handeln selbst, meine Vorgehensweise, ich bin also einer Handlungsethik verpflichtet.

Verantwortung drückt sich durch das Gewissen aus. Gewissen ist das unmittelbar der Handlung vorausgehende praktische Urteil über die sittliche Qualität der Handlung.

Es gibt drei Formen von Gewissen, die sich nacheinander im Laufe des Lebens entwickeln:

- Inkorporation: das moralische Gewissen (frühe Kindheit). Das ist eine unreife, infantile Form des Gewissens.
- Introjektion: das funktionale Gewissen (typisch für die Pubertät oder Vorpubertät). Das Gewissen funktioniert nach dem Motto: „Wess' Brot ich ess', des' Lied ich sing'." Totale Begeisterung oder harte Ablehnung liegen hier eng beieinander.
- Identifikation: das sittlich verantwortete Gewissen (reifer erwachsener Mensch) Das ist eine reife Form der Internalisation. In diesem Gewissen findet zum ersten Mal eine kritische Auseinandersetzung statt. Es wird geprüft, welche Gründe für und welche Gründe gegen eine Sache, ein Unternehmen etc. sprechen. Diese Gründe werden gegeneinander abgewogen und in der Bilanz wird festgestellt, dass sie dafür oder dagegen sein können.

Literatur

Quellen

1. Lay, Rupert, und Ulf D. Posè. 2006. *Die neue Redlichkeit. Werte für unsere Zukunft*, 183 ff. Frankfurt: Campus Verlag.
2. Lay, Rupert, und Ulf D. Posè. 2006. *Die neue Redlichkeit. Werte für unsere Zukunft*, 182 ff. Frankfurt: Campus Verlag.
3. Vortrag Dr. Guido Rettig, TÜV Nord Gruppe, „Unternehmerische Verantwortung: wie sie im täglichen Durch- und Miteinander funktioniert". Vortrag vom 25. Sep. 2006 in Hannover.

Weiterführende Literatur

4. Jonas, Hans. 2003. *Das Prinzip Verantwortung: Versuch einer Ethik für die technologische Zivilisation*. Suhrkamp Taschenbuch Gebundene Ausgabe.
5. Lotter, Maria-Sibylla. 2012. *Scham, Schuld, Verantwortung: Über die kulturellen Grundlagen der Moral*. Suhrkamp Taschenbuch Wissenschaft 2012.

Führung und Verantwortungsbereiche 13

Geben Sie Ihren Mitarbeitern Arbeit, bei der sie ihre Fähigkeiten voll ausschöpfen müssen. Geben Sie ihnen alle notwendigen Informationen. Erläutern Sie ihnen klipp und klar, was es zu erreichen gilt. Und dann – lassen Sie sie in Ruhe.
Robert Waterman (1826–1891), US-amerikanischer Unternehmensberater

13.1 Die 100-prozentige Verantwortung

Führungspersönlichkeiten denken anders als Führungskräfte, damit ethisch-motivierte Verantwortung im Unternehmen implementiert werden kann. Viele Führungskräfte denken eher tätigkeitsbezogen. Stellenbeschreibungen unterstützen diese Denkkultur. Ein Beispiel: Der Stelleninhaber: berät, koordiniert, plant, entscheidet, informiert, sorgt für den rationellen Einsatz der Mitarbeiter, betreut Kunden, entscheidet in Abstimmung mit seinem Vorgesetzten, verwaltet, schlägt vor etc. Mit Stellenbeschreibungen ist die Frage „Wozu existiert die Stelle überhaupt?" nicht zu beantworten. In Funktionsbeschreibungen werden jedoch schwerpunktmäßig Zuständigkeiten erfasst. Hier findet ein Denken in Verantwortlichkeiten, Zuständigkeiten statt. Tätigkeiten beschreiben in aller Regel die Effizienz (eine Sache richtig tun) einer Funktion/Position. Verantwortung beschreibt die Effektivität (die richtige Sache tun) einer Position.

Wer seine Position durch ein Verantwortungsanforderungsprofil definiert, kann die Frage nach der Nützlichkeit und die Frage nach dem spezifischen Beitrag zum Gesamtergebnis dieser Position zureichend beantworten.

Führungspersönlichkeiten tendieren zu einem Verantwortungsbereichsdenken, das die Effektivität eines Mitarbeiters in den Mittelpunkt stellt. Die Steigerung der

U. Posé, *Von der Führungskraft zur Führungspersönlichkeit*,
DOI 10.1007/978-3-658-10924-0_13

Effektivität wird möglich durch in Ergebnissen ausgedrückte Zuständigkeiten des Mitarbeiters. In diesem Denken geht es um die Beantwortung der Frage, welchen besonderen Beitrag jemand in einer Organisation als Beitrag zum Gesamtergebnis leistet.

Im Sinne der Verantwortung wird die Frage nach der Nützlichkeit einer Stelle („Wozu gibt es diese Stelle überhaupt?") beantwortet. Im Sinne einer ethisch-motivierten Verantwortung ist es dabei erforderlich, mit den Verantwortungsbereichen die dafür notwendigen Entscheidungsbefugnisse festzulegen. So wird Demotivation vermieden und die Identifikation mit dem Unternehmen erhöht. Die Erklärung ist einfach: Wer verantwortet, jedoch keine Entscheidungsbefugnisse besitzt, befindet sich in der Hölle. Wer entscheidet, ohne verantworten zu müssen, befindet sich im Himmel. Führungskräfte delegieren durchaus gern, jedoch nur die Verantwortung und nicht automatisch die dazu notwendigen Entscheidungsbefugnisse.

Die entscheidenden Fragen lauten: „Wofür bin ich zu 100 % verantwortlich?" und „Welche Ziele werden durch meine Funktion verwirklicht?" Das Verantwortungsdenken richtet sich dabei nach 100-Prozent-Zielen aus.

Ein Beispiel

Sie führen in Ihrer Abteilung Einstellungsgespräche. Damit stellen Sie fest, welcher Mitarbeiter in Ihr Team fachlich und sozial passt. Die Einstellung ist nun abhängig von der allgemeinen Einstellungspraxis Ihres Unternehmens (Einstellungsstopp, Gehaltsgefüge etc.). Daneben ist sie abhängig von der Zustimmung Ihres Vorgesetzten. Die Tätigkeit ist: „Ich führe Einstellungsgespräche." In Verantwortung ausgedrückt bedeutet dies: „Ich bin zu 100 % für die Eignungsprüfung zukünftiger Mitarbeiter verantwortlich." Es bedeutet nicht: „Ich bin verantwortlich für den Personalstand." Nun gilt es zu klären: „Bin ich zu 100 % für dieses Ergebnis verantwortlich?" Wenn ja, dann ist auch das innere Engagement entsprechend. Wenn nein, dann besteht die Gefahr der Verantwortungsverlagerung auf die Umstände, den Vorgesetzten oder ebenfalls verantwortlich zu machende Kollegen, die: „wohl nicht richtig zugearbeitet haben".

13.2 Messbarkeit verhindert Manipulation

Warum ist eine solche Denkkultur für Führungspersönlichkeiten auch im ethischen Sinne so wichtig? Weil davon die Beurteilung von Mitarbeitern sehr stark abhängt. Leider ist es oft so, dass viele Führungskräfte ihre Mitarbeiter nach Intuition beurteilen. Der persönliche Eindruck, die Tugenden wie Fleiß, Loyalität, Einsatzfreude, Belastbarkeit etc. spielen oft die entscheidende Rolle bei der Leistungsbeurteilung. Führungskräfte bilden sich ihre Meinung über ihre Mitarbeiter durchaus willkürlich und durch oft erst im Nachhinein gesetzte Maßstäbe. Diese Maßstäbe sind leider den Mitarbeitern im Vorhinein zumeist nicht bekannt, und sie sind vom Mitarbeiter nicht beeinflussbar. So fehlt nicht selten eine konsensuelle Übereinstimmung, was eine gute Leistung ausmacht. Damit fehlt auch oft ein Verantwortlicher. (Der Erfolg hat viele Väter, der Misserfolg keinen!)

Verantwortungsdenken bedeutet für Führungspersönlichkeiten ebenfalls, zwischen persönlicher und anscheinender Effektivität zu unterscheiden. Persönliche Effektivität meint hier das Interesse eines Menschen, seine eigenen, sehr persönlichen Ziele zu verfolgen. Ehrgeizige Führungskräfte wollen vielleicht Karriere machen, interessieren sich für Statussymbole, Titel, sie wollen Handlungsvollmachten, allein unterschriftsberechtigt sein oder Prokura. Manche wollen ihr Prestige steigern. Das alles beschreibt die persönliche Effektivität. Daneben gibt es noch die anscheinende Effektivität. Mit anscheinender Effektivität ist das Ausmaß gemeint, in dem eine Führungskraft als effektiv erscheint. Die Effektivität einer Führungskraft ist durch die Beobachtung ihres Verhaltens ebenfalls nicht zu ermitteln. Leider werden Führungskräfte zu oft nach ihren Verhaltensweisen beurteilt. Ob eine Führungskraft schnell entscheidet, die erste morgens im Büro ist und abends die letzte, die geht, sagt nichts über die tatsächliche Effektivität einer Funktion aus. Auch ein aufgeräumter Schreibtisch, Pünktlichkeit und ein gutes Durchsetzungsvermögen geben keine Auskunft über die tatsächliche Effektivität. Solche Merkmale erwecken nur den Anschein von Effektivität. Das Verantwortungsbereichsdenken von Führungspersönlichkeiten hilft genau hier, persönliche und anscheinende Effektivität zu vermeiden.

Die beste Möglichkeit für Führungspersönlichkeiten, Verantwortung in einem Unternehmen als gelebten Bestandteil der Unternehmenskultur zu implementieren, ist die Festlegung von Ergebnissen, die von einer Stelle zu erbringen sind. Das gilt insbesondere für Führungspositionen. Im Verantwortungsbereichsdenken wird eindeutig der spezifische Beitrag zu den Gesamtergebnissen festgelegt, der von einer bestimmten Position zu erbringen ist und/oder geleistet wird. Verantwortungsbereichsdenken ist die in der Entscheidungsbefugnis und Ergebnisverantwortung festgelegte Zuständigkeit einer Funktion/Position. Damit wird recht eindeutig der spezifische Beitrag zum Gesamtergebnis festgelegt, der an einer bestimmten Stelle geleistet wird. Anschließend gilt es zu fragen: „Hat der Mitarbeiter über das Ergebnis eine 100-prozentige Entscheidungsbefugnis?“ Wenn nicht, kann ein bestimmtes Ergebnis auch nicht von ihm verlangt werden. In manchen Unternehmen führt die Einhaltung dieser Bedingung dazu, dass Personalkosten, die bisher in der Zuständigkeit des Personalleiters lagen, als Verantwortung in den einzelnen Abteilungen festgelegt wurden.

13.3 Die Ermittlung der Verantwortungsbereiche

Wer die verschiedenen Verantwortungen einer Funktion ermitteln will, wird sich um die unterschiedlichen Bereiche kümmern müssen, in denen jemand Verantwortung trägt. Dieser Verantwortlichkeiten zu ermitteln, gelingt in aller Regel recht gut über folgende Fragen:

- Welche Verantwortung beschäftigt sich mit der Planung und Entwicklung von Zielen, Aufgaben, Delegationen?
- Welche Verantwortung befasst sich mit der Sicherstellung von Erfolgen und Ergebnissen und mit der Kontrolle von Ergebnissen?
- Welche Verantwortung ist rein führungsorientiert – außerhalb fachlicher und/oder methodischer sowie strategischer Kompetenz?
- Ist die personale Kompetenz und/oder Performanz in der Verantwortung erfasst?
- Welche Verantwortung sichert die Vorschläge an eigene Vorgesetzte oder andere Abteilungen?
- Welche Verantwortung befasst sich mit der Teamorientierung, der Steigerung der Effektivität anderer (Kollegen, Mitarbeiter, Vorgesetzte)?
- Wie wird die Verzahnung mit anderen Abteilungen sichergestellt, und wie stellt man eine sinnvolle Kooperation sicher?

Der Mut zur unternehmerischen Verantwortungsbereitschaft, das persönliche Engagement bei Kunden, das Verständnis für Kollegen, Mitarbeiter und Vorgesetzte, die erhöhte Bereitschaft zur Partnerschaft wird durch das Verantwortungsbereichsdenken erheblich unterstützt und hilft, zwischen Führungskraft und Führungspersönlichkeit trefflich zu unterscheiden. Dadurch entsteht in einem Unternehmen:

- noch mehr Klarheit im Führungsverständnis, in der Führungsrolle, im Führungsstil;
- noch mehr Klarheit in der Führungslegitimation;
- die erfolgreiche Sicherstellung eines gemeinsamen Verständnisses von Verantwortung;
- noch mehr Klarheit in der Präzisierung von Handlungsfolgen bei der Übernahme von Verantwortung.

13.4 Fazit

Verantwortungsbereichsdenken stellt die Effektivität eines Mitarbeiters in den Mittelpunkt. Die Steigerung der Effektivität wird möglich durch in Ergebnissen ausgedrückte Zuständigkeiten des Mitarbeiters. Im Verantwortungsbereichsdenken geht es um die Beantwortung der Frage, welchen spezifischen Beitrag jemand in einer Organisation als Beitrag zum Gesamtergebnis leistet. Effektivität bedeutet hier: das Ausmaß, in dem ein Mitarbeiter die Ergebnisse erzielt, die er in seiner Stelle erbringt, als Beitrag zu den Gesamtergebnissen des Unternehmens.

Im Verantwortungsbereichsdenken werden nicht die Tätigkeiten *(input)*, sondern die Ergebnisse *(output)* festgelegt. Damit wird die Frage nach der Nützlichkeit der Stelle („Wozu gibt es diese Stelle überhaupt?") beantwortet. Gleichzeitig wird mit den Ergebnisbereichen die dafür notwendige Entscheidungsbefugnis festgelegt. So wird Demotivation vermieden und die Identifikation mit dem Unternehmen erhöht.

Weiterführende Literatur

1. Hallwachs, Ulrich, Peter, Todtenhaupt, und Manfred, Schlund. 1998. *Mehr Effizienz durch dezentrale Verantwortungsbereiche*. Renningen: Expert Verlag.

14 Führung und der Umgang mit Krisen

Von den Chinesen könnten wir derzeit viel lernen. Sie haben für Krise und Chance dasselbe Schriftzeichen.
Richard Freiherr von Weizsäcker (1920–2015), deutscher Politiker, ehemaliger Bundespräsident

Das Wort Krise geht auf das altgriechische Verb *krínein* zurück, das trennen und (unter-)scheiden bedeutet. Eine Krise ist demnach eine Entscheidung oder eine entscheidende Wendung. Sie ist, wie der *Duden* definiert, eine Situation oder Zeit, „die den Höhe- und Wendepunkt einer gefährlichen Entwicklung darstellt" [1]. Anders als im verbreiteten Sprachgebrauch ist eine Krise der eigentlichen Wortbedeutung nach weniger ein Zustand, sondern eine Zustandsänderung. Sie beinhaltet immer die Chance zu einer entscheidenden Wendung. Allerdings stellt eine Krise einen Bifurkationspunkt dar. Dieser Begriff aus der Chaostheorie bedeutet, dass es zwei mögliche Ausgänge gibt: Entweder es gelingt, die Krise erfolgreich abzuwenden, oder sie nimmt einen dauerhaft negativen Verlauf. Dann spricht man von einer Katastrophe, was so viel heißt wie Niedergang.

Diese Begriffsklärung ist aufschlussreich, denn offensichtlich verwenden wir den Begriff Krise eher im Sinne von Katastrophe und haben die zweite Möglichkeit einer entscheidenden Wendung zu wenig im Blick. Das heißt: Eine erfolgreiche Abwendung einer Krise ist jederzeit möglich – allerdings nur dann, wenn Kompetenz und Risikobeherrschung das Handeln bestimmen. Das versuchen Führungspersönlichkeiten. Sind stattdessen Angst, Panik und Hysterie die handlungsleitenden Motive, verstärkt dies die Tendenz hin zur Katastrophe. Das könnte durchaus Führungskräften passieren.

U. Posé, *Von der Führungskraft zur Führungspersönlichkeit*,
DOI 10.1007/978-3-658-10924-0_14

14.1 Blinde Hektik und leerer Aktionismus

Die Frage ist: Gehen wir Krisen mit Kompetenz und Risikobeherrschung an oder mit angst-, panik- und hysteriegesteuerten Aktionen? Sicher beherrschen derzeit Unsicherheit, ein Gefühl der Bedrohung und das Ahnen um die Zukunftsbedeutung unserer Aktionen die meisten Entscheidungen. Aber die heftigen Emotionen, die sie begleiten, lenken unseren Blick fort von den wesentlichen Maßnahmen hin zu Nebenkriegsschauplätzen. Um es mit Alfred Herrhausen zu sagen: „Blinde Hektik und leerer Aktionismus sind Kennzeichen unserer Zeit." Als ob er es gestern gesagt hätte!

Krisen in Unternehmen haben ihre Ursachen oft in Krisen unserer Welt. So müssten seit Beginn der Finanzkrise 2007/2008 nach Ansicht von Experten als Kernpunkt einer gesellschaftlichen Krisenbewältigung eine weltweit einheitliche Finanzpolitik geschaffen werden, es müsste die Entsorgung der „toxischen" Wertanlagen, den Abbau der weltweiten Ungleichgewichte und einen international abgestimmten Umbau der inzwischen sehr komplexen globalen Wirtschaftsstruktur geben. Womit beschäftigte sich jedoch zum Beispiel der G20-Gipfel kurz nach der Finanzkrise? Er befasste sich mit der Reform der Finanzwelt, nicht mit einer weltweit einheitlichen Finanzpolitik, wie der Wirtschaftsnobelpreisträger Robert M. Solow kritisierte. Einzelaktionen standen und stehen im Vordergrund, wo koordiniertes Vorgehen notwendig wäre. China wollte den Dollar als Leitwährung abgeschafft sehen, die USA investierten $2 Billionen in die schwächelnde Wirtschaft, und alle gemeinsam strebten nach einer Regulierung von Managergehältern. Man gab vor, international handeln zu wollen, handelte tatsächlich aber national. Man versäumte es, die Komplexität der Krise zu vereinfachen und ersetzte sie stattdessen durch Kompliziertheit – was es wiederum notwendig macht, mit einfachen Maßnahmen Handlungsfähigkeit zu beweisen, ganz unabhängig davon, ob diese geeignet sind, ihr Ziel zu erreichen. Und genau darunter leidet die Wirtschaft bis heute, sie wird in Krisen hineinkatapultiert, die sie ursächlich nicht zu verantworten hatte. Wie die Abwrackprämie für Altautos, die einerseits nichtbundesdeutsche Automarken mit deutschen Steuergeldern subventionierte und andererseits den Gebrauchtwagenmarkt ruinierte. Ähnliches gilt für die mit Geldern aus den Rettungspaketen gesegneten Banken, die die Wirtschaft strangulieren, indem sie ihr Geld beisammenhalten, kaum noch Kredite herausrücken und Kreditlinien aufkündigen.

14.2 Der Krisenkult

Die aktuellen Maßnahmen zur Bewältigung der Finanz- und Wirtschaftskrise – sowohl in der Politik wie auch in Teilen der Wirtschaft und Finanzwelt – zeigen für mich deutliche Anzeichen eines Krisenkults, der typisch für Führungskräfte ist. Ein Krisenkult ist durch verzweifelte und irrationale Handlungen gekennzeichnet. Bekannte Beispiele der Vergangenheit waren der Geistertanz der nordamerikanischen Indianer oder der Boxeraufstand in China. Ein Krisenkult will Hoffnung in hoffnungslosen Zeiten spenden, er will das Unmögliche wieder Realität werden lassen. Voraussetzung dafür ist eine klare Schuldzuweisung, ein stabiles Feindbild. Das derzeitige Feindbild der Öffentlichkeit sind die Manager. 80 % der bundesdeutschen Bevölkerung sind dafür, Managergehälter, Sportler- und Künstlerbezüge nach oben zu begrenzen [2]. Diese Stimmung wird von den Führungskräften in der Politik geschürt. Politiker wie Franz Müntefering haben schon seit Jahren daran mitgewirkt, dieses Feindbild aufzubauen. Müntefering behauptete zum Beispiel, manche Managergehälter würden das Tausendfache eines Durchschnittslohns betragen [3]. Tatsächlich bewegen sich Gehälter in Dax-Unternehmen aber zwischen 26.000 € und 80.000 € im Jahr, Vorstand und Geschäftsführung einmal ausgenommen. Sollte Müntefering recht haben, dann müsste bei einem durchschnittlichen Belegschaftsgehalt von 40.000 € ein durchschnittlicher Dax-Vorstand rund 40 Mio. € verdienen. Doch der Spitzenverdiener unter den deutschen Topmanagern zum Zeitpunkt der münteferischen Kritik, Josef Ackermann, kam damals gerade auf 14 Mio., die beiden nächsten Topmanager im Ranking lagen schon unter 10 Mio. So macht man Stimmung.

Die in Deutschland hitzig geführte Debatte um die Höhe und Angemessenheit von Managergehältern beschäftigte dann auch sofort die EU. „Es ist nicht mehr hinnehmbar, dass bestimmte Unternehmenschefs von übermäßigen Gehältern und vor allem von goldenen Handschlägen profitieren, die nicht im Zusammenhang mit der Leistung stehen", sagte Jean-Claude Juncker, Vorsitzender der Eurogruppe und luxemburgischer Ministerpräsident, nach einer Sitzung der Finanzminister der Eurozone [4]. Der G20-Gipfel hatte Managerbezüge zum Thema gemacht, selbst CSU-Chef Horst Seehofer wollte die steuerliche Absetzfähigkeit von Abfindungen begrenzen. Die zu diesem Zeitpunkt (2008) unter dem Rettungsschirm stehenden Banken zahlten auf politischen Druck hin maximal 500.000 € Jahresgehalt an ihre Vorstände, und in den USA sollten Bonuszahlungen im Nachhinein mit 90 % besteuert werden. Da durfte Oskar Lafontaine nicht fehlen, der einen neuen Höchstsatz von 80 % Einkommenssteuer empfahl. Das tut der Volksseele gut.

Was jedoch fehlte, waren nachvollziehbare ökonomische, rechtsstaatliche oder ethische Begründungen. Wieso 500.000 € und nicht mehr oder weniger? Wieso 80 oder 90 % Steuern und nicht mehr oder weniger?

Der öffentliche Umgang mit Managern im Allgemeinen und Managerbezügen im Besonderen zeigt spätestens seit der Finanzkrise 2008 alle Anzeichen von Zorn und Wut, zeigt Anzeichen eines Krisenkults. Oder meinen Sie vielleicht im Ernst, eine irgendwie geartete Begrenzung oder Besteuerung von Bezügen würde uns aus einer Krise katapultieren? Ein wenig mehr Sachverstand, ein wenig mehr Kompetenz und etwas weniger Emotionen würden helfen. Das war eine wunderbare Spielwiese für die meisten Führungskräfte in der Politik und in der Wirtschaft.

14.3 Kompetenz und Risikobeherrschung

Wenn dann irgendwann Panik, Hysterie, Angst und Zorn verflogen sind und Verzweiflung und totale Verunsicherung uns aus ihrer Umklammerung entlassen haben, dann sehen wir vielleicht, dass der zweite Ausgang des Bifurkationspunktes uns nicht mehr offensteht. Sie erinnern sich? Diese zweite Entwicklungsmöglichkeit in einer Krise führt über Kompetenz und Risikobeherrschung. Genau hier beginnt die Überlegung der Führungspersönlichkeiten.

Was aber bedeutet Kompetenz und Risikobeherrschung für eine Führungspersönlichkeit? Nun, zunächst einmal will eine Führungspersönlichkeit intelligent handeln. Intelligenz ist die Fähigkeit eines Menschen, sich konzentrieren zu können, Wesentliches von Unwesentlichem zu unterscheiden und Regelmäßigkeiten erkennen zu können. Wenn Intelligenz fehlt, dann bleibt nur noch der mögliche gute Wille einer Führungskraft. Guter Wille gepaart mit Inkompetenz erzeugt allerdings eine ziemlich gefährliche Mischung: Dann begeht die Führungskraft noch einen Fehler, im Bewusstsein, etwas Gutes zu tun. Bestes Beispiel für solche Fehleinschätzungen war die bisher noch fehlende europaweite Harmonisierung der Bankenaufsicht. Auch die Versuche, die politische Macht auszuweiten, statt der Krise mit wirksamen Maßnahmen zu begegnen, gehörten dazu.

Kompetenz besteht aus drei Dingen: erstens der Kenntnis des Sachverhalts und der theoretischen Anforderungen, zweitens des eigenverantwortlichen und selbstständigen Arbeitens, drittens der Fähigkeit, Zusammenhänge fachspezifischer Fragestellungen zu erkennen und sachgerecht beurteilen zu können. Daneben sollte die Fähigkeit vorliegen, vorhandene Probleme sachlich und technisch einwandfrei und zielgerecht zu lösen. Kompetent sein heißt auch, zu wissen, wovon man spricht. Man sollte sich also auskennen. Das ist manchmal leichter gesagt als getan. Die meisten Führungskräfte schwimmen ständig auf einem See von Emotionen.

Von der Sache selbst, also von ihrem Wesen sprechen sie kaum, sie sprechen von den Gefühlen, die sie haben. Dabei geben die Gefühle keine rechte Auskunft über die Sache selbst. Führungspersönlichkeiten würden sich also um das Wesentliche zum Beispiel in der Finanz- und Wirtschaftskrise kümmern. Statt populistisch die Emotionen des Volkes zu bedienen, sollten unsere Führungskräfte unter den Politiker wenigstens diejenigen konsultieren, die von der Sache etwas verstehen. Wirtschaftsexperten gibt es genug, nicht wenige Nobelpreisträger sind darunter. Experten unterscheiden sich von Laien dadurch, dass sie über qualitatives Wissen verfügen. Sie wissen also nicht mehr, sondern besser. Warum beziehen wir dieses Wissen nicht stärker in die Entscheidungsfindung ein? Bei Führungskräften vermisse ich genau diese Bereitschaft, bei Führungspersönlichkeiten ist diese Bereitschaft sicher vorhanden.

Neben der Kompetenz ist die Risikobeherrschung entscheidend für Führungspersönlichkeiten. Notwendige Voraussetzung hierfür ist ein gutes Risikomanagement: die Fähigkeit, Risiken und deren Steuerung systematisch zu erfassen, zu bewerten und Maßnahmen zur Bewältigung zu steuern. Risikomanagement analysiert ein Gesamtrisiko, schaut, wie sich einzelne Risikofaktoren gegenseitig beeinflussen, und zeigt die Konsequenzen für das Gesamtsystem auf. So hätten Führungspersönlichkeiten in der Politik sicher geprüft, welche Auswirkungen zum Beispiel die Abwrackprämie im Jahre 2009 auf den zukünftigen Automarkt, den Gebrauchtwagenmarkt, die Zulieferer, den Steuerzahler hat. Haben Sie davon gehört, dass diese Einflüsse überprüft worden wären?

Führungspersönlichkeiten halten es für notwendig, eine Bewertung des Gesamtrisikos einzelner Maßnahmen vorzunehmen. Dazu gehören die folgenden Schritte:

Risikoabschätzung: Das bedeutet nicht, nur einzelne Risiken zusammenzuzählen, sondern auch deren gegenseitigen Einfluss aufeinander kritisch zu betrachten. Eine solche Risikoabschätzung ist dringend notwendig, will man Risiken vermeiden, vermindern und begrenzen. Dazu sollte Klarheit über das Risiko selbst bestehen. Lange Zeit haben die Führungskräfte unter den Politikern weltweit so getan, als würden sie das Risiko der Finanz- und Wirtschaftskrise sehr genau kennen. Wirtschafts- und Finanzexperten aus der Welt der Wissenschaft aber waren überwiegend ganz anderer Meinung.

Risikominderung: Dazu ist es erforderlich, Risikopotenziale realistisch einschätzen zu können und sie auf ein erträgliches Maß zu reduzieren.

Risikobegrenzung: Ein Risiko wird durch zwei Dinge begrenzt, zum einen durch eine Risikostreuung, zum anderen durch eine Risikolimitierung.

Risikoüberwälzung: Risikoüberwälzung bedeutet, das Risiko auf alle Schultern angemessen zu verteilen. So hätte sich der G20-Gipfel 2008 auf eine Risikoverteilung einigen müssen. Nationalstaatliche Interessen haben genau dies verhindert [5]. Auch das Ringen um die Schulden Griechenlands scheint zumindest aus griechischer Sicht immer mehr auf Risikoüberwälzung hinauszulaufen. Allerdings scheint es an Risikominderung, Risikobegrenzung und Risikovermeidung dort gefehlt zu haben.

Risikovermeidung: Alle Führungspersönlichkeiten aus Politik, Finanzwelt und Wirtschaft stehen gemeinsam in der Pflicht, Risiken sorgsam abzuwägen und besonders risikobehaftete Aktivitäten zu unterlassen. Das betrifft vor allem Maßnahmen, die den Bestand unserer Gesellschaft gefährden.

Risikoakzeptanz: Zur Bewältigung einer Krise gehört für Führungspersönlichkeiten nicht zuletzt die Akzeptanz. Wir sollten also etwas über die Restrisiken aller Entscheidungen erfahren. Voraussetzung für akzeptable Entscheidungen ist ihre begründete Abwägung. Hierbei leistet eine Entscheidungsmatrix gute Dienste, wie ich sie in meinem Beitrag über Handlungskompetenz vorgeschlagen habe (vgl. 10.2.1.1 Vertrauen benötigt Handlungskompetenz):

- Wähle die Alternative, die einer größeren Anzahl von Menschen nutzt oder voraussichtlich nutzen kann.
- Wähle die Alternative, die einer geringeren Anzahl von Menschen schadet oder schaden kann.
- Wähle die Alternative, die voraussichtlich vor allem sozial Schwachen nutzt.
- Wähle die Alternative, bei der voraussichtlich die Schädigung der Umwelt klein bleibt oder der Schaden nur kurzfristig eintritt.
- Wähle die Alternative, die den geringsten sozialen, emotionalen und finanziellen Aufwand erfordert.
- Wähle die Alternative, die die geringsten Reibungsverluste und damit die geringsten Interaktionskosten hervorruft.
- Wähle die Alternative, die mit dem geringsten Aufwand verständlich gemacht werden kann.
- Wähle die Alternative, die bei unerwarteten Folgen am leichtesten rückgängig gemacht werden kann.

Gerade im Bereich der Risikobeherrschung in einer Krise sind Führungspersönlichkeiten gefragt. Viele öffentliche Maßnahmen auch auf der politischen Seite lassen eher die Vermutung zu, dass sich nicht nur in der Wirtschaft, sondern auch in der Politik wenige Führungspersönlichkeiten befinden. Dennoch: Wenn es gelingt, Experten und Führungspersönlichkeiten noch stärker in Entscheidungsprozesse mit einzubeziehen, Nebenschauplätze endlich zu verlassen und uns kompetent den wesentlichen Entscheidungen zu widmen, dann sollte es Führungspersönlichkeiten nicht bange um eine erfolgreiche Bewältigung von Krisen sein. Die Unkenrufe von

Führungskräften, es könne ja sein, dass man trotzdem verliert, wird Führungspersönlichkeiten sicher nicht davon abhalten, es wenigstens zu versuchen.

14.4 Fazit

Krise ist eine Situation oder Zeit, „die den Höhe- und Wendepunkt einer gefährlichen Entwicklung darstellt" *(Duden)*. Ein Krisenkult ist durch verzweifelte und irrationale Handlungen gekennzeichnet. Beispiele sind der Geistertanz der nordamerikanischen Indianer oder der Boxeraufstand in China.

In einer Krise ist Risikobeherrschung erforderlich. Notwendige Voraussetzung hierfür ist ein gutes Risikomanagement: die Fähigkeit, Risiken und deren Steuerung systematisch zu erfassen, zu bewerten und Maßnahmen zur Bewältigung zu steuern. Risikomanagement analysiert ein Gesamtrisiko, schaut, wie sich einzelne Risikofaktoren gegenseitig beeinflussen, und zeigt die Konsequenzen für das Gesamtsystem auf. Dazu gehören die folgenden Schritte:

- Risikoabschätzung,
- Risikobegrenzung,
- Risikoüberwälzung,
- Risikoakzeptanz.

Literatur

1. http://www.duden.de/rechtschreibung/Krise. Zugegriffen: 19. April 2015.
2. http://www.sueddeutsche.de/wirtschaft/begrenzung-hoher-managergehaelter-kompli-zierte-frage-der-gerechtigkeit-1.1614803-2. Zugegriffen: 15. April 2015.
3. http://www.welt.de/debatte/guentherlachmann/article1441581/Hohe-Manager-Gehael-ter-koennen-gerecht-sein.html. Zugegriffen: 15. April 2015.
4. http://www.spiegel.de/wirtschaft/goldener-handschlag-eu-entfacht-debatte-ueber-fette-managergehaelter-a-553124.html. Zugegriffen: 15. April 2015.
5. http://www.spiegel.de/politik/ausland/g-20-abschlusserklaerung-weltfinanzgipfel-leitet-reform-der-kapitalmaerkte-ein-a-590686.html. Zugegriffen: 15. April 2015.

Weiterführende Literatur

6. Bédé, Axel. 2009. *Notfall- und Krisenmanagement im Unternehmen*. Steinbeiss Edition.
7. Sartory, Beda, Patrick, Senn, Bettina, Zimmermann. 2013. *Praxishandbuch Krisenmanagement*. Midas Management Verlag.

15 Führung und Leistung

Nur vom Nutzen wird die Welt regiert.
Friedrich Schiller (1759–1805), deutscher Dichter und Philosoph

Schon Aristoteles meinte: „Der redliche Mensch unterscheidet sich vom unredlichen Menschen dadurch, dass der redliche Mensch sagen kann, worüber er spricht." Also reden wir einmal Tacheles.

„Leistung muss sich wieder lohnen", „Gleiches Geld für gleiche Arbeit", „Wir sind eine Leistungsgesellschaft!" – Das sind alles Sprichwörter, Aussagen, Formulierungen, die von Führungskräften gepflegt werden und die unser Denken vernebeln, den Kern nicht mehr treffen und zu aberwitzigen Vorurteilen und Forderungen führen. Und sie sind in hohem Maße unredlich.

Führungspersönlichkeiten möchten nämlich nicht für ihre Leistungen bezahlt werden, sie wollen nicht gleiches Geld für gleiche Arbeit, und für sie soll sich Leistung überhaupt nicht lohnen!

Wir sind schon lange so weit, unseren Lohn nicht mehr für das beziehen zu wollen, was tatsächlich Grundlage unserer Entlohnung ist; und ich befürchte, es ruiniert unseren Staat, das Volkswohl, die Unternehmen. Es liegt nur an einem einzigen Umstand: Wir sind im Sinne des Aristoteles unredlich geworden. Wir wissen nicht mehr, was wichtige Begriffe unserer Gesellschaft bedeuten. Wir haben Gefühle zu bestimmten Begriffen, und diese dominieren dann unser Handeln.

Lassen Sie es mich an dem Begriff Leistungsprinzip, der vielen Führungskräften so wichtig ist, deutlich machen. Das Leistungsprinzip kennen wir; für die meisten ist es eine tragende Säule unserer Wirtschaft. Gleichzeitig ist das Leistungsprinzip der Ruin unserer Wirtschaft. Führungspersönlichkeiten sind vehemente Gegner des Leistungsprinzips. Bevor Sie sich jetzt aufregen, lassen Sie es mich erklären.

U. Posé, *Von der Führungskraft zur Führungspersönlichkeit*,
DOI 10.1007/978-3-658-10924-0_15

15.1 Die Ursache der Entlohnung – das Leistungsprinzip?

Das Leistungsprinzip ist eine Entlohnungsmethode, in der der Mitarbeiter nach Maßgabe seiner erbrachten Leistungen honoriert wird. Leistung ist entweder das Maß der Erfüllung von Zielvorgaben oder die Menge der Arbeit in einer Zeiteinheit. So weit, so klar!

Prüfen wir, ob das die Grundlage unserer Entlohnung darstellt. Wofür bekommen wir alle eigentlich unseren Lohn, unser Gehalt, unsere Tantiemen? Früher war das ganz einfach: Wer arbeiten wollte, bot seine Arbeit auf dem Arbeitsmarkt an. So bekam Arbeit im Verhältnis zu den anderen Anbietern einen Marktwert. Dann gab es Unternehmer, die diese Arbeit auf dem Arbeitsmarkt einkauften. Sie taten dies, weil sie sich einen Nutzen von dieser Arbeit versprachen. So bekam Arbeit einen Nutzwert. Stieg der Nutzen an, dann bekam der Arbeiter mehr Lohn, er wollte am gestiegenen Nutzen beteiligt werden. Sank der Nutzen, dann wollte der Unternehmer diese Arbeit nicht mehr haben, er entließ den Mitarbeiter. Das Entlohnungsprinzip war das Marktwert-Nutzwertprinzip. Auch heute noch ist der vom Unternehmer erwartete Nutzen die entscheidende Größe bei der Kalkulation des Gehaltes.

15.1.1 Karl Marx lässt grüßen

Wie kommt jedoch das Leistungsprinzip in die Köpfe unserer Führungskräfte? Nun, es gab einen Menschen, der fand dieses Marktwert-Nutzwertprinzip unmenschlich. Er war der Ansicht, dass man die menschliche Arbeit entwürdigen würde, wenn diese ihren Wert nur durch den Vergleich mit anderer Arbeit und durch den Nutzen ihren Wert erhielt. Der Würde nach ist jede Arbeit gleich. Er war der Ansicht, dass menschliche Arbeit nicht wie eine Ware behandelt werden dürfe. Außerdem fand er diese Entlohnungsart ungerecht, da nicht die tatsächliche Anstrengung, der Einsatz, die Leistung des Mitarbeiters belohnt würde, sondern die Arbeit des Mitarbeiters, die erst im Vergleich zu anderer Arbeit ihren Wert erhielt und nicht aus sich selbst heraus ihren Wert bekam.

Und so schaute dieser Mann sich um und wurde in den preußischen Schulen fündig. Dort nämlich wurden Schüler nicht nach ihrem Nutzen benotet, sondern nach ihren Leistungen. Es sollte bei der Benotung keine Rolle spielen, ob der Vater des Schülers ein wichtiger Mann war, der vielleicht als Metzger dem Herrn Lehrer eine halbe Schweinehälfte schenkte.

Dieses Leistungsprinzip übertrug also dieser Mann damals postularisch auf die Wirtschaft. Der Entdecker des Leistungsprinzips war übrigens Karl Marx!

Nach dem zweiten Weltkrieg haben die Besatzungsmächte verhindert, dass auch der westliche Teil Deutschlands sozialistisch organisiert wurde. Gleichwohl spielte damals die Einführung des Leistungsprinzips eine wichtige Rolle. Der Begriff wurde zum Synonym für den gigantischen Wirtschaftsaufschwung in der Nachkriegszeit.

15.1.2 Führungskräfte wollen Leistung

Erzähle ich Unternehmern diese Geschichte, dann wollen die Führungskräfte unter ihnen zumeist ihr Leistungsprinzip retten. Drei Gegenargumente haben Führungskräfte dafür parat. Beleuchten wir einmal die Argumente der Führungskräfte:

„Wenn ich Leistungsprinzip sage, dann meine ich ja das Marktwert-Nutzwert-prinzip." Diese Argumentation ist unzulässig, vor allem deshalb, weil die Definition des Leistungsprinzips akzeptiert wird. Bitte bedenken Sie in diesem Zusammenhang, dass das Leistungsprinzip eine idealtypische sozialistische Entlohnungsmethode darstellt, in der der Markt und der Nutzen überhaupt nicht vorkommen!

Die Argumentation ist zusätzlich unehrlich, denn wer einen Begriff anders verwendet als gemeint, ist unehrlich. Schon Konfuzius sagte: „Verliert eine Gesellschaft ihre wichtigen Begriffe, dann verliert sie ihre Freiheit." Wir sind intensiv dabei, unsere Freiheit zu verlieren.

Leistung und Nutzen haben äußerst wenig miteinander zu tun. Es gibt Menschen, die nutzen ihrem Chef ausschließlich dadurch, dass sie nichts leisten! Denken Sie nur an das Peter-Prinzip (der Mensch steigt so lange auf, bis er die Stufe seiner Unfähigkeit erreicht hat). In der Werbung erleben wir nicht selten, dass Kreative sehr oft wenig leisten, jedoch enormen Nutzen stiften.

Große, hohe Leistungen werden schlechter bezahlt als geringe Leistungen. Nach dem Leistungsprinzip müsste ein Hilfsarbeiter, der seine Sollvorgabe zu 130 % erfüllt, mehr Lohn bekommen als der Abteilungsleiter oder Geschäftsführer, der sein eigenes Plansoll nur zu 100 % erfüllt.

„Wenn die Arbeit vergleichbar ist, dann gilt das Leistungsprinzip." Selbst im Akkord oder im Außendienst wird ein Mitarbeiter nicht nach dem Leistungsprinzip bezahlt. Wenn ein Arbeiter zum Beispiel 10 Glühbirnen in einer Stunde herstellt, dann kann der Unternehmer ihm nur so viel Geld geben, wie der Markt dafür hergibt. Sinken die Preise für Glühbirnen, dann muss entweder der Arbeiter mehr Glühbirnen in einer Stunde herstellen, damit er noch Anspruch auf seinen alten Lohn hat, oder er bekommt weniger Geld. Dabei hat er mehr geleistet!

Wer von Leistungslohn spricht, spricht von einer Mystifikation, denn das Wort „Leistungslohn" verschleiert den wahren Grund für das Gehalt: den Nutzen! Es ist völlig gleichgültig, ob ein Außendienstler 50 Kunden besucht hat, er muss Vertragsabschlüsse abliefern. In der Versicherungsbranche zum Beispiel ist eine Lebensversicherung mehr wert als eine Hausratversicherung. Es spielt keine Rolle, wie viel Leistung in dem jeweiligen Vertragsabschluss steckt. Die Provision richtet sich ausschließlich nach dem Nutzen der abgeschlossenen Versicherung.

„Das Leistungsprinzip ist der Garant für den sozialen Frieden.“ Wie soll man einem Arbeiter klarmachen, dass er weniger leistet als ein Angestellter? Wie wollen sie einem Hochofenarbeiter, klarmachen, dass er weniger leistet als ein Boris Becker? Ich denke, das können wir ihm nicht klarmachen. Der Hochofenarbeiter leistet viel mehr als Boris Becker! Aber wer ist schon daran interessiert, Tribünen um solch einen Hochofen aufzubauen, Fernsehkameras dort zu installieren und das Ganze im ersten Programm zur besten Sendezeit zu übertragen? Wir haben mehr Spaß daran, Boris Becker zuzuschauen. Die Tickets für den Tribünenplatz am Hochofen werden sich wahrscheinlich sehr schlecht verkaufen lassen.

Erklärt eine Führungspersönlichkeit das Nutzenprinzip, dann ist es für den Arbeiter wahrscheinlich leicht einzusehen, dass er etwa 70 % des Nutzens, den er stiftet, auch an mittelbarer oder unmittelbarer Entlohnung zurückbekommt, während ein Angestellter oder Geschäftsführer wahrscheinlich maximal 30 % des Nutzens, den er stiftet, auf seinem Konto als Gehalt wiederfindet.

Nehmen Sie den Streit um die Lohnanpassung der Gehälter im Osten Deutschlands. Dort wird sicher nicht weniger geleistet als im Westen. Nur waren die Unternehmer dort gezwungen Löhne zu zahlen, die sie mit den Arbeitsergebnissen im Markt nicht erwirtschaften konnten. Ähnliches gilt für weite Teile des Mindestlohns.

Das Leistungsprinzip sichert also nicht den sozialen Frieden, es gefährdet den sozialen Frieden! Mittlerweile sind wir schon so dumm, dass wir als Krönung des Leistungsprinzips auf die verrückte Idee gekommen sind, Lohn dafür zu verlangen, dass wir in einem Unternehmen nur anwesend sind. Wir wollen unsere Arbeitszeit, nicht den Nutzen bezahlt haben.

Führungspersönlichkeiten sind sich durchaus über den wahren Grund der Entlohnung im Klaren. Führungskräfte hingegen halten es wohl lieber mit Bernhard Shaw, der einmal sagte: Menschen sind nur bereit für eine Sache zu sterben, die ihnen zureichend unklar ist.

15.2 Fazit

Führungskräfte und Führungspersönlichkeiten unterscheiden, wenn es um die Grundlage der Entlohnung geht. Für Führungskräfte ist das Leistungsprinzip bindend. Es ist eine Entlohnungsmethode, in der der Mitarbeiter nach Maßgabe seiner erbrachten Leistungen honoriert wird. Leistung ist entweder das Maß der Erfüllung von Zielvorgaben oder die Menge der Arbeit in einer Zeiteinheit.

Das Leistungsprinzip stammt von Karl Marx, und es wurde von ihm auf die Wirtschaft übertragen, da für ihn Arbeit der Würde nach immer gleich war.

Für Führungspersönlichkeiten ist das Marktwert-Nutzwertprinzip bindend. Arbeit hat im Verhältnis zu den anderen Anbietern einen Marktwert. Gleichzeitig wird diese Arbeit vom Unternehmen eingekauft, weil es sich davon einen Nutzen verspricht. Steigt der Nutzen an, dann bekommt der Arbeiter mehr Lohn, sinkt der Nutzen, dann will der Unternehmer diese Arbeit nicht mehr haben. Auch heute ist der vom Unternehmer erwartete Nutzen die entscheidende Größe bei der Kalkulation des Gehaltes.

Weiterführende Literatur

1. Hartfiel, Günter, Hrsg. 1977. *Das Leistungsprinzip. Merkmale – Bedingungen – Probleme*. Opladen: Leske und Budrich.
2. Lay, Rupert. 1975. *Marxismus für Manager. Kritik einer Utopie*. München: Wirtschaftsverlag Langen Müller Herbig.
3. Marx, Karl. 2014. *Das Kapital: Kritik der politischen Ökonomie*. Deutschland: Nikol.

16 Führung und Handeln

Für seine Handlungen sich allein verantwortlich fühlen und allein ihre Folgen, auch die schwersten, tragen, das macht die Persönlichkeit aus.
Ricarda Huch (1864–1947), deutsche Schriftstellerin und Philosophin

Bisher wurden Begriffe wie Handeln und Verhalten noch nicht genügend voneinander abgegrenzt. Das ist jedoch notwendig, da die Unterschiede für Führungskräfte und Führungspersönlichkeiten eine Rolle spielen.

16.1 Drei Arten der Tätigkeit

Es gibt drei Arten von Tätigkeit. Jemand, der Menschen führt, kann handeln, sich verhalten und/oder entscheiden (siehe Abb. 16.1). Die Führungspersönlichkeit handelt, die Führungskraft verhält sich nur. Was ist aber der Unterschied?

Wenn wir von Handeln sprechen wollen, dann sollten fünf Prinzipien erfüllt sein. Diese fünf Prinzipien unterscheiden Handeln von Verhalten:

Verantwortung	Ich übernehme die Verantwortung für die überschaubaren Folgen des Handelns
Kontingenzprinzip/ Alternativprinzip	Ich kann auch anders handeln
Finalitätsprinzip	Ich verfolge mit meinen Handlungen ein Ziel
Effizienzprinzip	Ich habe ein verwertbares Ergebnis
Responsibilitätsprinzip	Ich muss mein Handeln begründen können.

U. Posé, *Von der Führungskraft zur Führungspersönlichkeit*,
DOI 10.1007/978-3-658-10924-0_16

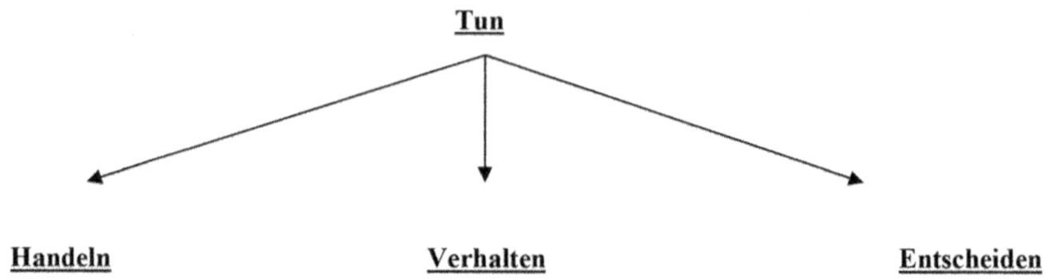

Abb. 16.1 Drei Arten der Tätigkeit

Diese fünf Prinzipien legt eine Führungspersönlichkeit ihrem Handeln zugrunde.

16.2 Die Beziehung zwischen Tätigkeit und Handlung

Eine weitere Frage ist: Kann ich noch von Handeln sprechen, wenn auf mich Zwang ausgeübt wird? Denken Sie nur an die berühmten Sachzwänge oder die Zwänge, die von meinem Chef, meinem Unternehmen auf mich ausgeübt werden. Ja, und dann noch all die Zwänge, die das Leben für mich bereithält; die Zwänge meiner Bank, die Zwänge meines Ehepartners, die Zwänge meiner Kinder, meiner Eltern etc.

Auch etwas, dass ich aufgrund innerer oder äußerer Zwänge tun muss, kann Handeln sein. Zum Beispiel, wenn ich zwar nicht das Ergebnis wollte, aber die Ursache gesetzt habe. Ermorde ich jemanden im Alkoholrausch, dann liegt die Freiwilligkeit nicht in der Handlung, sondern in der Ursache.

Es gibt selbstherbeigeführte Zwänge, die ich freiwillig herbeigeführt habe, und fremd herbeigeführte Zwänge. Auch jemand, der freiwillig Soldat wird, kann in den Zwang kommen, jemanden zu erschießen.

Im Horizont des Tätigseins gibt es sicher auch Dinge, die deshalb keine Handlungen sind, weil ich etwas unter Zwang tun muss. Zwänge unterscheiden sich dadurch, dass ich entweder den Zwang freiwillig herbeigeführt habe oder es sich um Zwänge handelt, die ich nicht herbeigeführt habe. Das eine sind Tätigkeiten, dass andere sind mittelbar auch Handlungen.

Adorno hatte also nicht ganz unrecht, als er sagte: „Philosophie ist die Mühsal der Begriffe."

Die weitere Frage ist: Was muss eine Tätigkeit für weitere Merkmale haben, um eine durch die Menschlichkeit der Führungspersönlichkeit charakterisierte Handlung zu sein?

- Sie darf nicht erzwungen sein, nicht gegen den Willen des Betreffenden sein.
- Sie darf nicht instinktoid sein.
- Sie muss bewusst sein.
- Sie darf nicht nachhaltig die Persönlichkeitsentwicklung blockieren oder unmöglich machen.
- Sie darf Grundlagen menschlichen Lebens nicht vernichten oder bedrohen.
- Sie darf biophile soziale Systeme nicht nachhaltig stören.

16.2.1 Der Unterschied zwischen Handeln und Verhalten

Frank E. ist Vertriebsleiter und hat jetzt sein viertes Verkaufstraining hinter sich. Er hat sich mit Körpersprache beschäftigt und viele Methoden gelernt. So einiges beherrscht er schon. Trotzdem ist er mit seinen Erfolgen nicht zufrieden. Ganz schlecht fühlte er sich, als einer seiner Kunden meinte: „Nanu, wo haben Sie das denn gelernt? Sie waren wohl auf einem Verkaufstraining? Mit mir sollten Sie solche Methoden nicht machen. Da bin ich allergisch." Herr E. fühlte sich regelrecht ertappt.

Der Kollege von Frank, Erwin M., stellte sich in den Trainings oft sehr dumm an. Er konnte die verschiedenen Methoden nicht so gut. Trotzdem hatte er große Erfolge. Seine Umsätze waren beachtlich. Erwin M. machte große Fehler. Seine Gestik war durchsetzt von Unsicherheitsgestik. Er rieb sich die Nase, sagte oft „Äh" und seine Verkaufsrhetorik war auch nicht gerade vom Feinsten. Wieso kam er bei seinen Kunden so gut an? Weshalb hatte er so gute Beziehungen, und warum kam er am Jahresende immer unter die ersten fünf besten Verkäufer? Frank ärgerte sich richtig darüber, wo er doch so intensiv seine Mittel und Methoden paukte und jede Facette der Einwandbehandlung drauf hatte.

Es liegt an der Fähigkeit zu handeln und nicht nur sich zu verhalten. Wie entsteht nun die Vorliebe für das Verhalten oder die Vorliebe für das Handeln, und welche Möglichkeiten stecken in beidem?

Zunächst schauen wir uns einmal die Art und Weise des Umgangs miteinander an. Wir alle leben in Gemeinschaften, sei es in der Familie, im Unternehmen, im Verein oder gar in der Bundesrepublik. Immer gehen wir auf eine besondere Art und Weise miteinander um. Die Art des Umgangs ist bestimmt durch den Typus der Gemeinschaft, in der wir leben.

In der Psychologie spricht man von zwei Gemeinschaftstypen: einer geschlossenen Kommunikationsgemeinschaft und einer offenen. In der geschlossenen Kommunikationsgemeinschaft wird sich verhalten. Das ist die eher typische Vorgehensweise einer Führungskraft. In der offenen Kommunikationsgemeinschaft wird gehandelt. Das ist die Vorgehensweise einer Führungspersönlichkeit.

16.2.1.1 Die geschlossene Kommunikationsgemeinschaft

In einer geschlossenen Kommunikationsgemeinschaft, zumeist als Institution empfunden, gibt es durch Führungskräfte eng festgelegte Formen des Miteinanderumgehens. Die Mitglieder solch einer Gemeinschaft haben festgefügte Rituale. Sie leben in einer Welt, die sich von der Welt um sie herum abkapselt. Einflüsse von außen haben es schwer, von dieser Welt wahrgenommen zu werden. Auch wenn sich Mitglieder verändern, neue Erkenntnisse haben, sich psychisch wandeln, verändern die Führungskräfte dieser Gemeinschaft ihre Art, mit diesem veränderten Menschen umzugehen, nicht. Dieses festgefügte Miteinanderumgehen ist durchsetzt von Mitteln und Methoden. Das Ritual ist Führungskräften wichtiger als der Mensch. Die Formen des Umgangs bestimmen den Wert eines Menschen. Hier werden Menschen eher funktionalisiert. Das bedeutet, die Funktion ist wichtiger als die Person. Das Motto lautet etwa folgendermaßen: „Hast du was, dann bist du was." Oder auch: „Der Doktortitel macht mich erst zu einem wertvollen Menschen."

Zwei Beispiele können dies verdeutlichen: Erinnern Sie sich noch, als der Nationalspieler Rudi Völler während einer Weltmeisterschaft die rote Karte erhielt? Jeder konnte sich davon überzeugen, dass er zu Unrecht vom Platz gestellt wurde. In der Verhandlung der FIFA über diesen Fall konnten wir eine geschlossene Kommunikationsgemeinschaft in Reinkultur erleben. Die fünf älteren Herren haben nicht nur Fernsehaufzeichnungen als Beweismittel nicht zugelassen, nein, sie haben sogar Rudi Völler zu sich in die Verhandlung zitiert, um ihn *nicht* anzuhören. Eine Verurteilung ohne Anhörung des Angeklagten! Das einzige, was für diese netten Herren zählte, war die Tatsachenentscheidung des argentinischen Schiedsrichters.

Das Wesen der geschlossenen Kommunikationsgemeinschaft von Führungskräften ist es, Einflüsse von außen möglichst zu unterbinden, weil solch ein Einfluss dazu zwingen könnte, das eigene Handeln zu überdenken. Und so kommt es allenfalls zum Verhalten solcher Führungskräfte, zu einer in sich geschlossenen Moral, die alles, was nicht zu dieser Moral passt, einfach negiert, die sich weigert, die Realität wahrzunehmen. Spontanität ist solch einer Welt fremd. Das Verhalten ist immer zweckgerichtet. Kameradschaft, Freundschaft und Liebe haben hier einen Zweck. Erfolg, Macht und Besitz sind in solch einer Kommunikationsgemeinschaft die höchsten Werte. Das Besondere dieser Gemeinschaft ist die Intoleranz.

Auch in Familien kommt so etwas vor. Stellen Sie sich vor, ein Kind kommt in die Pubertät. Wenn in der Familie dieses Kindes eine geschlossene Kommunikationsgemeinschaft gelebt wird, wird die Familie diesen Jugendlichen weiterhin als Kind behandeln. Die Kommunikationsangebote passen sich der Veränderung des Kindes nicht an. Solch ein Verhalten hat drei mögliche Folgen:

Das Kind wird sich an die Familie anpassen. Dadurch wird die Entwicklung des Kindes negativ beeinflusst. Ein Kind kann durch eine solch unveränderte Kommunikation gebrochen werden.

Das Kind wird von der Familie geschnitten. Die Familie reagiert auf die Veränderung des Kindes mit Verachtung. Da ein jeder Mensch in seiner Familie zunächst seine Heimat hat und ohne diesen Hort der Geborgenheit schlecht leben kann, ist diese Form der Exkommunikation für den pubertierenden Menschen äußerst belastend.

Das Kind verlässt die Familie. Es kommt vor, dass Kinder sich von ihrer Familie lösen. Sie ziehen viel früher aus, als sie eigentlich wollten. Vielleicht können sie mit der Aussage „So lange du die Füße unter meinen Tisch stellst…" nicht mehr leben.

Ich kenne einige Betriebe, die von Führungskräften geführt werden, in denen eine geschlossene Welt, in der sich nur verhalten wird, vorherrscht. Thomas S. hat in solch einem Betrieb gelernt. Er ist heute Gruppenleiter. Gelernt hat er Werkzeugmacher. Für seinen Meister und die anderen Werkzeugmacher ist er immer noch der Lehrling. Thomas leidet sehr unter dieser Behandlung. Dass er als Azubi manche Sachen machen musste, die er nicht so toll fand, machte ihm wenig aus, aber dass er immer noch „der Stift" ist, der Kleine, derjenige, der laufen muss, wenn es etwas zu holen gilt, stinkt ihm gewaltig.

Auch hier gibt es drei Möglichkeiten: Entweder Thomas bindet sich in diese geschlossene Gesellschaft ein, dann wird er in seiner beruflichen Entwicklung wahrscheinlich sehr gehemmt. Er muss zum Zweiten damit rechnen, dass er geschnitten wird, wenn er auf sein Recht pocht, gleichberechtigt behandelt zu werden. Zum Dritten kann er kündigen. Der dritte Schritt ist oft schwieriger, als die meisten meinen, verliert er damit ja nicht nur seinen Job, sondern er gibt einige Beziehungen auf, muss vielleicht umziehen etc. So wird er sich eventuell nicht trauen zu gehen, obwohl er an seinem Arbeitsplatz leiden wird.

Auch in einer Dorfgemeinschaft oder in einem Verein gibt es solche geschlossenen Lebenswelten. So kommt es vor, dass man ein Leben lang der „Zugereiste" bleibt, in einem Verein immer der „Neue". Man wird immer als solcher behandelt, obwohl in der Zwischenzeit viele Veränderungen stattgefunden haben. Nur will die Gemeinschaft diese Veränderungen nicht wahrhaben.

16.2.1.2 Die offene Kommunikationsgemeinschaft

In dieser Gemeinschaft versuchen Führungspersönlichkeiten flexibel auf Einflüsse zu reagieren. Hier gibt es wenig ritualisiertes Verhalten. Die Führungspersönlichkeiten versuchen, mit den Angestellten personal umzugehen. Das bedeutet, jeder wird nicht nur als Mittel für einen bestimmten Zweck gesehen, sondern jeder ist auch der Zweck, das Ziel einer Handlung, wie es schon Kant ausdrückte.

Das Besondere an einer offenen Kommunikationsgemeinschaft ist die Fähigkeit zur Anpassung. Wenn sich hier ein Mitarbeiter verändert, dann wird die Führungspersönlichkeit versuchen, sich auf diese Veränderung einzustellen. Hier hat der pubertierende Jugendliche eben eine Chance, und der Azubi bleibt eben nicht Azubi, sondern wird als Kollege akzeptiert. In dieser Lebenswelt ist die Moral offen. Das heißt, die eigenen Werte und Überzeugungen werden nicht für die allein selig machenden gehalten. Dinge, die Führungspersönlichkeiten in solchen Gemeinschaften nicht verstehen können, machen ihnen nicht unbedingt Angst, sondern mit Interesse und Neugier wird versucht, Unverständliches zu begreifen. Gelingt es nicht zu verstehen, wieso sich ein Mitarbeiter auf eine bestimmte Art benimmt, so wird er nicht diffamiert, sondern die offene Kommunikationsgemeinschaft kann damit leben, dass sie eben nicht alles versteht. Vor allen Dingen versuchen die Führungspersönlichkeiten dieser Lebenswelt nicht auf Teufel komm heraus alles werten und deuten zu wollen, gleichgültig ob diese Deutung zutreffend ist oder nicht.

In dieser Kommunikationsgemeinschaft spielen für Führungspersönlichkeiten Wohlwollen, die Fähigkeit verzeihen zu können, Dankbarkeit ohne Hintergedanken, Kameradschaft, Freundschaft und Zuneigung eine große Rolle. Hier geht es nicht darum, ein bestimmtes Verhalten zu beherrschen, sondern es wird gehandelt. Die Folgen dieser Handlung werden verantwortet. Damit besteht ein großer Unterschied zur geschlossenen Kommunikationsgemeinschaft. In der geschlossenen Gemeinschaft neigen die Führungskräfte eher dazu, sich vor der Verantwortung zu drücken oder allenfalls die Absicht verantworten zu wollen – nach dem Motto: „Ich hab's ja gut gemeint."

Die Übersicht in Abb. 16.2 zeigt Ihnen die jeweilige Wirkweisungsweise der verschiedenen Kommunikationsgemeinschaften.

Wenn von Handeln gesprochen wird, dann besteht für den Handelnden immer die Wahlmöglichkeit, das heißt, er hätte sich auch anders entscheiden können. Die handelnde Führungspersönlichkeit kann ihre Handlungen verantworten und anderen verständlich machen. Handlung unterscheidet sich von Verhalten auch dadurch, dass negative Folgen des Handelns bedacht werden, und falls sie in Kauf genommen werden müssen, in einer verantworteten Güterabwägung gegen die Handlung abgewogen werden.

GESCHLOSSENE KOMMUNIKATIONSGEMEINSCHAFT	OFFENE KOMMUNIKATIONSGEMEINSCHAFT
geschlossene Moral	offene Moral
geschlossenes Weltbild	offenes Weltbild
ritualisierter Umgang	individueller Umgang
unflexibel	flexibel
intolerant	tolerant
Kommunikationsangebote bleiben immer gleich	Kommunikationsangebote passen sich an
die Welt wird angepasst	man passt sich der Welt an
Fremdverantwortung	Selbstverantwortung
Erfolg - Misserfolg	Wohlwollen
Macht - Ohnmacht	Verzeihen können
Besitz - Armut	Dankbarkeit
Werte, die positiv gesehen werden ohne Überprüfung auf Realitätsbezug	Kameradschaft, Freundschaft, Liebe
Das Tun ist zweckorientiert	**Das Handeln ist das Ziel**

Abb. 16.2 Geschlossene und offene Kommunikationsgemeinschaft

Wenn einer der vorgenannten Punkte fehlt, dann sprechen wir schon von Verhalten.

16.2.2 Die Denkwelten als Heimat des Handelns oder Verhaltens

Die Welt, in der wir denken und uns zu Hause fühlen, ist eine weitere Einflussgröße zu handeln und nicht nur sich zu verhalten. Wer feststellen will, in welcher Welt er überwiegend lebt, kann einmal prüfen, wie er mit Dingen und Ereignissen umgeht, die er nicht versteht. In der Philosophie und Psychologie spricht man von der unverständlichen Welt.

Ich denke, wir haben aufgehört anzunehmen, dass wir jeden und alles verstehen können. Schon Sokrates hat uns bewiesen, dass keine Einsicht, keine Erkenntnis automatisch frei sein kann von Irrtümern und Täuschungen. So können Sie sich bestimmt auch vorstellen, dass es manches gibt, das wir überhaupt nicht verstehen können. Manchmal geben wir es zu, wenn wir den Kopf schütteln und bedauernd sagen: „Ich weiß nicht, ich kann überhaupt nicht verstehen, wieso du das machst.“ Manche Mutter versteht nicht, wieso ihre Tochter auf einen „Hallodri“ hereingefallen ist, und mancher Chef kann nicht begreifen, wieso es so schwer sein soll, mit diesem oder jenem Kunden zurecht zu kommen, obwohl er selbst keine Schwierigkeiten mit seinen Gesprächspartnern hat.

Die Frage für Führende ist jetzt, wie sie mit den ihnen unverständlichen Ereignissen, Situationen, Dingen, Menschen umgehen. Daran können wir feststellen, ob wir uns wie Führungskräfte nur verhalten oder bereits wie Führungspersönlichkeiten vom Handeln sprechen können. Es gibt drei Möglichkeiten:

1. Wir können uns die Situation erklären, indem wir sie so lange drehen und wenden, bis wir sie halbwegs verstehen. Wir suchen dann Erklärungen, die wir auf ihren Wahrheitsgehalt nicht mehr überprüfen. Ja noch schlimmer, es ist uns gleichgültig, ob unsere Erklärung stimmt oder nicht. Hauptsache ist, sie hilft uns, die Angelegenheit zu verstehen. Diese Vorgehensweise wird in einer geschlossenen Kommunikationsgemeinschaft gewählt. Damit wird sich verhalten.
2. Es kann sein, dass uns Dinge, die wir nicht verstehen, Angst machen. Dadurch kann es passieren, dass wir die Wahrnehmung verweigern. Wir streiten diese uns unverständliche Sache ab. Sie existiert dann für uns nicht. Auch diese Form der Auseinandersetzung findet sich eher in geschlossenen Kommunikationsgemeinschaften. Auch hier wird nur Verhalten gezeigt.
3. Wir können auch akzeptieren, dass wir Manches nicht verstehen. Der sinnvolle Umgang mit Sachen, die wir nicht verstehen, kann wohl nur sein, sich möglichst umfassend zu informieren und dabei zu akzeptieren, dass meine Fähigkeit, eine Sache zu begreifen, auch Grenzen hat. In offenen Kommunikationsgemeinschaften wird Unverständliches eher akzeptiert. Hier bedeutet das gute Verstehen eines Menschen oder einer Sache, auch die Grenzen des Verstehens zu verstehen.

Sie können schnell feststellen, inwieweit Sie alles, was Sie nicht verstehen, entweder negieren, akzeptieren oder als Angstauslöser betrachten. Ihre Fähigkeit, Konflikte schnell und zutreffend zu lösen, sagt etwas über Ihre Fähigkeit zur Akzeptanz unverständlicher Welt aus. Je besser es Ihnen gelingt, Konflikte konstruktiv zu lösen, also mit wenig Aufwand und ohne den Konflikt auf andere Kriegsschauplätze zu verlagern, desto größer ist Ihre Fähigkeit, Unverständliches in Ihrer Umgebung zu akzeptieren. Dieser Umgang mit der unverständlichen Welt ist im Handeln von Führungspersönlichkeiten wiederzufinden.

16.3 Fazit

Wenn wir von Handeln sprechen wollen, dann sollten fünf Prinzipien erfüllt sein. Diese fünf Prinzipien unterscheiden Handeln von Verhalten:

Verantwortung	Ich übernehme die Verantwortung für die überschaubaren Folgen des Handelns
Kontingenzprinzip/Alternativprinzip	Ich kann auch anders handeln
Finalitätsprinzip	Ich verfolge mit meinen Handlungen ein Ziel
Effizienzprinzip	Ich habe ein verwertbares Ergebnis
Responsibilitätsprinzip	Ich muss mein Handeln begründen können

Wenn von Handeln gesprochen wird, dann besteht für den Handelnden also immer die Wahlmöglichkeit, das heißt, er hätte sich auch andern entscheiden können. Die handelnde Führungspersönlichkeit kann ihre Handlungen verantworten und anderen verständlich machen. Die Handlung von Führungspersönlichkeiten unterscheidet sich vom Verhalten von Führungskräften auch dadurch, dass negative Folgen des Handelns bedacht werden, und falls sie in Kauf genommen werden müssen, in einer verantworteten Güterabwägung gegen die Handlung abgewogen werden.

Wenn einer der vorgenannten Punkte fehlt, dann sprechen wir schon von Verhalten, wie Prof. Dr. R. Lay in seinem Werk *Die Macht der Moral* deutlich ausführt.

Führungskräfte verhalten sich in einer geschlossenen Kommunikationsgemeinschaft. Führungspersönlichkeiten handeln in einer offenen Kommunikationsgemeinschaft.

Weiterführende Literatur

1. Lay, Rupert. 1988. *Philosophie für Manager*. Düsseldorf: Econ.
2. Lay, Rupert. 1989. *Ethik für Manager*. Düsseldorf: Econ.

17 Führung und Anerkennung

Kritiker haben wir genug. Was unsere Zeit braucht, sind Menschen, die ermutigen.
Konrad Adenauer (1876–1967), ehemaliger deutscher Bundeskanzler

17.1 Führungskräfte loben

Sprache kann Menschen größer oder kleiner machen. Jeder der lobt, übt Herrschaft aus. Das gilt für Führungskräfte, wie für Führungspersönlichkeiten. Jedoch auch hier unterscheiden sich beide. Es kommt darauf an, ob jemand gelobt wird oder anerkannt, ob jemand getadelt wird oder eine suboptimale Leistung kritisiert wird.

Wenn Führungskräfte loben, dann beziehen sie sich auf die Leistung. Wenn Führungspersönlichkeiten anerkennen, dann beziehen sie das auf die Person, und zwar die eigene und die des Gegenübers.

Axel gibt sich einen Ruck: „Das haben Sie gut gemacht, Oliver.“ Sein Mitarbeiter lächelt und nickt. Axel schließt daraus, dass er richtig und motivierend gehandelt hat. Alles ist gut. Axel ist mit dieser Ansicht nicht allein. Die meisten Führungskräfte sind der Überzeugung, dass ein Lob ab und zu motivierend und hilfreich für die Pflege der Beziehung ist. Aber ist das wirklich so?

Untersuchungen zeigen auf, dass bei intensivem und mehrfachen Loben die Arbeitsleistung eher sinkt. Wenn schon durchschnittliche Ergebnisse gelobt werden, dann werden diese Leistungen durch das Lob als überdurchschnittlich angesehen. Da kann man ja seine Leistung wieder auf eine Durchschnittsgröße zurückfahren. Aber das ist nur eine Seite der Medaille. Viel wichtiger ist es, zwischen Lob und Anerkennung zu unterscheiden. Wer spricht ein Lob aus? Das ist im Allgemeinen die Führungskraft, die als Experte zu einem fundierten Urteil fähig

U. Posé, *Von der Führungskraft zur Führungspersönlichkeit*,
DOI 10.1007/978-3-658-10924-0_17

ist. Der Meister lobt den Schüler, die Führungskraft den Mitarbeiter. Damit wird automatisch ein Hierarchiegefälle hergestellt. In der Fachsprache nennt man das eine subordinative Kommunikation. Eine Kommunikation mit Gefälle; immer von oben nach unten. In jedem Lob steckt somit ein Urteil über den Gesprächspartner. Damit wird gleichzeitig signalisiert: „Ich stehe über dir." Gleiches gilt für den Tadel. „Das haben Sie verkehrt gemacht. Da müssen Sie besser werden." Auch das ist ein Urteil über einen anderen Menschen. Im Lob sage ich dem anderen, wie gut er ist, im Tadel sage ich ihm, wie schlecht er ist. Es ist also ein Urteil über den Menschen. Im ethischen Sinne (übrigens auch im christlichen) steht einem Menschen jedoch kein Urteil über den anderen Menschen zu.

17.2 Führungspersönlichkeiten erkennen an

Was macht nun eine Führungspersönlichkeit anders? Wie entgeht die Führungspersönlichkeit dem Lob (und auch dem Tadel) und zollt seinem Gegenüber trotzdem Anerkennung beziehungsweise Kritik? Es liegt schon im Wort selbst. Anerkennung ist etwas anderes als ein Lob. Im Lob steckt das Urteil über den anderen; in der Anerkennung steckt mein Respekt vor dem, was ein anderer getan hat. In der Anerkennung gebe ich also etwas von mir dazu. Damit entgeht die Führungspersönlichkeit dem Gefälle in der Kommunikation, der Subordination, und kommt zu einer koordinativen Kommunikation, dem Gespräch auf Augenhöhe.

Hätte Axel zu seinem Mitarbeiter gesagt: „Oliver, das hat mir sehr geholfen. Ich finde es wirklich gut, wie du mich hier unterstützt hast, vielen Dank", dann wäre das Anerkennung von Axel seinem Mitarbeiter gegenüber im Sinne einer Führungspersönlichkeit gewesen.

Einer Führungspersönlichkeit ist klar: Das Wesen der Anerkennung bedeutet: Ich muss etwas von mir, von meiner Meinung dazu tun. Dann lobe ich nicht von oben nach unten im Sinne eines Urteils, sondern ich begebe mich auf Augenhöhe, indem ich von meinem Respekt spreche. Das tut dem anderen wirklich gut. Anerkennen ist wirkungsvoller als ein Lob.

Besonders auffällig ist das in der Kindererziehung. Wenn Kinder die Anerkennung ihrer Eltern erfahren, ist ihnen das viel wichtiger als das Lob der Eltern. Dann leuchten die Augen der Kinder, wenn Mama oder Papa darauf verzichten zu loben, und stattdessen sagen: „Du hast eine Zwei in Latein? Find ich toll, das gefällt mir, da bin ich aber stolz auf dich."

Das gilt für Mitarbeiter ebenso. Es ist für sie einfach noch schöner, wenn der Vorgesetzte meint: „Das hat mir sehr geholfen, was Sie da gemacht haben. Mir hat das sehr gefallen, wie Sie sich engagiert haben." Denn wenn man den Unterschied zwischen Lob und Anerkennung einmal kritisch betrachtet, wäre es ja theoretisch möglich, beim Loben zu sagen: „Das hast du gut gemacht", aber heimlich zu denken: „Ich find's trotzdem blöd oder ungenügend." Im Lob steckt eben nichts von mir und meiner Meinung wirklich drin, in der Anerkennung schon.

Wenn Führungspersönlichkeiten ihre Meinung, ihre Anerkennung formulieren, dann fühlt sich der Mitarbeiter wirklich ernst genommen. Dann entsteht etwas Persönliches. Und das verbindet mehr, baut die Beziehung noch stabiler aus, als es ein Lob je kann. Führungskräfte sind dazu eher nicht in der Lage.

Das gilt für den Tadel ebenso. Wenn ich kritisiere: „Herr X, das fand ich jetzt nicht in Ordnung. Damit bin ich unzufrieden. Das hätte ich gern anders", wird es viel leichter für den Mitarbeiter, diese Kritik zu akzeptieren, als vom Chef beurteilt oder noch schlimmer verurteilt zu werden.

Dieser feine Unterschied von Lob und Anerkennung, von Tadel und Kritik mag wie eine Petitesse klingen. Ja, es ist sicher eine Kleinigkeit; jedoch eine mit einer sehr großen Wirkung. In einer gelingenden Kommunikation einer Führungspersönlichkeit steckt immer auch etwas von ihr selbst mit drin, damit der andere sieht, wie etwas auf die Führungspersönlichkeit wirkt. Gerade bei Kritik erscheint es mir sehr wichtig, dass Missstände aufgezeigt werden, der Mitarbeiter sich jedoch nicht verurteilt sieht. Der Klärungsprozess wird dadurch leichter. Und in der Anerkennung steckt der Vorteil, dass ich von meiner positiven Wirkung auf andere erfahre, wie wertvoll meine Arbeit für den Vorgesetzten ist.

17.3 Fazit

Anerkennen ist ein „Wir-Feld" in Koordination, Loben hingegen ein „Ich-Du-Feld" in Subordination. Zur Verdeutlichung des Unterschiedes:

„Das hat mir gut gefallen." = Anerkennung

„Das hast du gut gemacht." = Lob

Wichtig bei der Anerkennung ist, dass auch etwas von dem Anerkennenden darin auftaucht. Es muss deutlich werden, dass es eine Beziehung zu demjenigen gibt, der etwas gut gemacht hat, und nicht nur eine Beziehung zu dem besteht, was er gemacht hat.

Weiterführende Literatur

1. Bach, Carsten. 2012. *Mehr Wertschätzung und Anerkennung im Job: Wie Mitarbeiter und Führungskräfte die betriebliche Zusammenarbeit fördern und die Beziehungsqualität verbessern können*. Hamburg: Tredition.
2. Wehrlin, Ulrich. 2014. *Führen durch Lob und Anerkennung: Verbesserung von Engagement und Mitarbeitermotivation durch aufrichtige Leistungsanerkennung und Wertschätzung*. Saarbrücken: Lehrbuchverlag.

Führung und Team 18

Führungskräfte müssen akzeptieren können, dass sie in ihrer Gruppe Personen haben, die mehr wissen als sie selbst. Es ist für viele spezialisierte Mitarbeiter ein tragisches Ereignis, dass sie einen Vorgesetzten haben, der das Wissen von gestern und die Macht von heute hat. Man muss also auch Führung durch die Geführten in Fachfragen zulassen.
Lutz von Rosenstiel (1938–2013), deutscher Wirtschaftspsychologe

Es ist das Team, das entscheidet, der Vorgesetzte verantwortet. Jemand der führt, muss daher nicht unbedingt teamfähig sein. Wer führt, muss nur dafür sorgen, dass die Team-Entscheidungen im Unternehmen durchgesetzt werden. Das Team klärt das Problem und schlägt eine Lösung vor. Letztlich entscheidet also das Team darüber, wie eine Lösung zustande kommt. Genau davor fürchten sich Führungskräfte, sie wollen das Heft in der Hand behalten. Ansonsten, meinen sie, käme es zu einem Kontrollverlust. Dagegen sichern sich Führungskräfte ab, indem sie ihr Team hierarchisch durchorganisieren. Sie erwarten dadurch hierarchiekonformes Verhalten ihrer Teams. Dass dahinter eine ziemlich miese und verantwortungslose Logik und Taktik steht, ist leicht zu erkennen. Das Team hat Lösungs- und Entscheidungsvorschläge gemacht. Die Führungskraft aber entscheidet und kann so das Team verantwortlich machen. Damit baden Teams aus, was sie nicht entscheiden durften. Im Sinne eines guten Teams müsste es genau umgekehrt sein: Der Chef steht für das gerade, was das Team entscheidet.

Heute Morgen habe ich eine Anzeige gelesen: „Wir suchen eine junge, dynamische Führungskraft mit ausgeprägter Teamfähigkeit …“. Von CEOs und Geschäftsführern höre ich immer wieder, dass sie sich mehr Einigkeit im Vorstand wünschen, mehr Teamfähigkeit. „Wir sollten mit einer Stimme sprechen“, ist nicht

U. Posé, *Von der Führungskraft zur Führungspersönlichkeit*,
DOI 10.1007/978-3-658-10924-0_18

selten die Aussage. Wenn ich dann nachfrage, um zu erfahren, was Vorstände unter Teamfähigkeit verstehen, höre ich nicht selten: „Wir müssen fair und anständig miteinander umgehen, es soll möglichst ohne Reibungen vonstattengehen, die Leute sollen sich vertragen. Die Teams sollen mit Konflikten besser zurechtkommen." Na wunderbar! Wenn nach dieser Devise gehandelt wird, muss ich immer wieder die Ochsentour durchlaufen. Erst spreche ich mit dem Vorstandsvorsitzenden, dann mit jedem einzelnen Vorstand. Und nach vielen Wochen kann mir schließlich keiner sagen, wo es jetzt langgeht.

Wenn sich im Vorstand oder in einem Team alle einig sind oder der Vorstandsvorsitzende Kollegen hat, die ihm gern zustimmen, warum entscheidet der Vorstandsvorsitzende dann nicht gleich allein?

18.1 Was ist ein Team im Unterschied zu einer Gruppe?

Die schnelle Einigkeit in einem Team lässt Teamgesäusel vermuten, nicht Teamfähigkeit. Es gibt Momente in jedem Unternehmen, in denen Teamfähigkeit erforderlich ist und auch Momente, in denen Teamfähigkeit nicht vonnöten ist. Ich vermute, in deutschen Unternehmen ist nicht bekannt, was Teamfähigkeit eigentlich bedeutet. Also räumen wir wieder einmal mit dem wundersamen Umstand auf: guter Wille gepaart mit Inkompetenz.

Die Soziologen unterscheiden Team und Gruppe nicht deutlich genug. Dabei ist der Unterschied für ein Unternehmen wesentlich. Für die Ermittlung, ob jemand Führungskraft oder Führungspersönlichkeit ist, hilft diese Unterscheidung sehr. Vorab die These, dass Führungskräfte nur gruppenfähig sind, Führungspersönlichkeiten dagegen teamfähig.

18.1.1 Führungskräfte führen Gruppen

Menschen sind zunächst Rudel oder Gruppen. Und was zeichnet ein Rudel aus? Richtig, es hat einen Anführer. In einer Gruppe wird erst einmal ermittelt, wer das Sagen hat. Die Hackordnung ist entscheidend. Jedes neue Gruppenmitglied muss sich erst einmal der Hackordnung fügen. In Meetings, Konferenzen, ja auch in der Projektarbeit ist es immer wichtig, mit wem man besonders gut kann, mit wem man sich versteht. Mit diesen Kollegen kann man wunderbar Allianzen bilden. Die Beziehung zu anderen Gruppenmitgliedern ist also wichtig. Denn darüber wird entschieden, wer sich durchsetzen kann.

Eine Gruppe ist demzufolge gekennzeichnet durch:

- Hierarchiegeplänkel,
- Wer hat das Sagen?
- Wer kann mit wem?
- Wer könnte mir gefährlich werden?
- Typische Konferenzrituale, wie eine Sitzordnung oder lange oder nur kurze Wortbeiträge.

Am Ende gibt es in Gruppen immer Sieger und Besiegte. Das ist die Heimat der Führungskräfte.

Die Beziehungsorientierung in Gruppen kann dazu führen, dass Entscheidungen entweder gar nicht getroffen werden oder aber so, dass massive Demotivationsergebnisse dabei herauskommen. Letzteres passiert bei den üblichen Konferenzen. Einige Mitglieder werden regelmäßig überstimmt. Das führt zu einer Demotivation, sodass die Mitarbeiter an Konferenzen, Sitzungen und Besprechungen nicht mehr teilnehmen wollen, in denen Gruppen arbeiten, nicht Teams.

18.1.2 Führungspersönlichkeiten führen Teams

Führungspersönlichkeiten wollen ihre Mitarbeiter zu echten Teams formen. Bei ihnen steht die Lösung eines Problems im Mittelpunkt, nicht die Beziehung. Das Instrument ist der Erkenntnisfortschritt. Der Führungspersönlichkeit ist die beste, die optimale Lösung wichtig. Der Führungspersönlichkeit ist klar, dass sie gemeinsam mit ihrem Team nur dann gewinnen kann, wenn sie das anstehende Problem einer optimalen Lösung zuführtn. Gelingt das, haben alle im Team gewonnen, misslingt es, dann hat das gesamte Team verloren.

Ein Team zeichnet sich also aus durch:

- Hierarchiefreiheit,
- Zielorientierung,
- Diskursfähigkeit,
- optimale Problemlösung.

Auf der Beziehungsebene wird eine gute Kameradschaft gepflegt, nicht unbedingt Freundschaften oder gar Feindschaften. Am Ende gibt es entweder nur Gewinner oder nur Verlierer. Hier finden sich Führungspersönlichkeiten wieder, denen es nicht darauf ankommt, das Sagen zu haben, sondern darauf, Probleme mit einem Minimum an Aufwand zu beherrschen.

18.2 Die Vorteile eines echten Teams

In einem Team von Führungspersönlichkeiten werden Lösungen angestrebt, in der Gruppe von Führungskräften werden Beziehungen gepflegt. Das Problem dabei ist, dass nicht wenige Führungskräfte immer wieder ihren Einfluss bei Entscheidungen geltend machen, da sie im Organigramm über ihren Teammitgliedern angesiedelt sind. Was Führungskräfte dabei vergessen, ist, dass in einem echten Team gemeinsam entschieden wird und der Vorgesetzte diese Entscheidung zu vertreten, zu verantworten hat. Um es noch einmal zu betonen: Das Team entscheidet, der Chef verantwortet. In der Realität der Führungskräfte sieht es oft umgekehrt aus! Selbst ein Praktikant kann durchaus einen wichtigen Beitrag zur Problemlösung leisten. Das wird manchmal von Führungskräften vergessen. In Teams geht es im Klärungsprozess darum, Irrtümer oder Täuschungen zu entdecken und zu minimieren. Je besser es dem Team gelingt, durch Wortbeiträge neue Gedanken, Ideen, Vorstellungen oder Impulse ins Team hineinzugeben, desto größer ist die Wahrscheinlichkeit, dass die gefundene Lösung eines Problems die rational vernünftigste Entscheidung darstellt. Genau das wollen Führungspersönlichkeiten.

18.2.1 Die besonderen Merkmale der Teamfähigkeit

Es war der österreichische Soziologe Fred Edward der bereit Mitte des letzten Jahrhunderts darauf aufmerksam machte, dass erfolgreiche, effektive Teams aus Mitgliedern bestehen, die auf der Beziehungsebene eher auf Distanz bleiben. Sie konzentrieren sich nur auf die anstehende Aufgabe. Das bedeutet: Teamfähig ist genau der Mitarbeiter, der mit seinen Kollegen keine Beziehungs- oder gar Alphakämpfe austrägt, sondern mit seinen Kollegen ausschließlich gegen ein Problem kämpft. Der Kampf gegen Kollegen findet einfach nicht statt. Teamfähigkeit meint also, dass jemand in der Lage sein muss, mit anderen Menschen ein Problem zu lösen, selbst auf die Gefahr hin, dass er die anderen persönlich nicht leiden kann. Teamfähigkeit hat also nichts mit Gruppenfähigkeit oder gar Pflegeleichtigkeit zu tun. Allenfalls wird in einem Team eine gewisse Passungsfähigkeit benötigt. In einem guten Team kommt es darauf an, Informationen sach- und lösungsgerecht als Netzwerk zu verarbeiten. Kreativität, also realistisches Denken gegen Regeln, wird in einem Team gepflegt. Es geht einem Team nur darum, einen optimalen Erkenntnisfortschritt zu generieren, der zu einer realitätsdichten Lösung führt.

18.2.2 Die Fehler einer Entscheidungsfindung

Ich halte es für tragisch, wenn in Unternehmen immer wieder Führungskräfte dafür sorgen, dass ihre Mitarbeiter sich in Gruppen zusammenfinden, und sie dann meinen, sie haben ein Team zusammengestellt. Wenn die Zusammenarbeit dann nicht klappt, wird mit Mitteln der Gruppendynamik versucht, das Ganze zu einem Team zu formen.

Führungspersönlichkeiten kümmern sich bei der Zusammenstellung eines Teams um Teaminteraktionen. Diese unterscheiden sich gewaltig von Gruppeninteraktionen. Ein Team kann dialektisch denken, weiß also um die Qualität seines Wissens. Methodisch nutzt ein Team die Diskurstechnik, um ein Problem zu untersuchen und zu einer optimalen Lösung zu kommen. Diskurstechnik hilft durch seine Struktur, Machtverhältnisse auszuschalten. Nur die Qualität des Arguments zählt, nicht der Absender.

In den Gruppen von Führungskräften wird mehr der Egoismus gepflegt. Man will sich mit seinem Argument gegen andere Argumente durchsetzen. Das ist ein typischer Konferenzstil, der in Nullsummenspielen endet. Was der eine gewinnt, verliert der andere. Dazu erfahren Sie mehr im nächsten Kapitel „Führung und Kommunikation". Ob Sie gruppen- oder teamfähig sind, können Sie mit einer einfachen Frage klären: Sollte sich mein Argument als falsch herausstellen, freue ich mich darüber, weil ich einen Irrtum identifiziert habe, oder ärgere ich mich, dass ich mich mit meinem Argument nicht behaupten konnte? Im ersten Fall sind Sie eine teamfähige Führungspersönlichkeit, im zweiten Fall eine gruppenfähige Führungskraft.

18.3 Der Vorgesetzte muss nicht teamfähig sein

Was ist nun die Aufgabe einer Führungspersönlichkeit in einem Team? Sie hat dafür zu sorgen, dass die vom Team getroffene Entscheidung im Unternehmen anschließend auch durch- und umgesetzt wird.

Eine Führungspersönlichkeit sollte zunächst in der Lage sein, ein gutes Team zusammenzustellen. Eigentlich ist es gar nicht schwer, ein Team zusammenzustellen und die Aufgaben und Projekte für ein Team zu definieren. Es gilt zusätzlich, die Rahmenbedingungen zu beachten, die durch die Strategie des Unternehmens, durch den Gesetzgeber, durch die Märkte vorgegeben werden. Eine der wichtigsten Aufgaben der Führungspersönlichkeit ist es, sehr sorgfältig darauf zu achten, das Rechthaber und Dogmatiker in einem Team nichts zu suchen haben. Rechthaber behindern optimale Lösungen. Daher dürfen sie nicht mitspielen. Gleichzeitig hat eine Führungspersönlichkeit das Bewusstsein, dass ihr Team in der Lage ist, eine bessere Lösung für ein Problem zu finden, als der Vorgesetzte es allein könnte. Daher ist eine Führungspersönlichkeit auch nicht automatisch bei jedem Teammeeting dabei. Eine Führungskraft hingegen legt Wert darauf, an jeder Konferenz teilzunehmen. Man gibt ja sonst das Heft aus der Hand. Die Durchsetzungsfähigkeit ist in einem Klärungsprozess eher hinderlich. Sie wird erst benötigt, wenn die Entscheidungen des Teams im Unternehmen durchgesetzt werden müssen. Dafür ist der Vorgesetzte zuständig. Das Dumme ist nur: Teamfähigkeit und Durchsetzungsfähigkeit schließen sich nahezu aus. Und so kommt es in den Pseudoteams der Führungskräfte zu folgenden bekannten Spielchen:

- Diva-Spiel: Der Ranghöchste bestimmt.
- Ideenkiller-Spiel: Die Vorschläge anderer sind unbrauchbar.
- Recycling-Spiel: Alle Teammitglieder gehen raus, neue kommen herein.
- Helikopter-Spiel: Gelegentlich im Team auftauchen, Staub aufwirbeln und davonschweben.
- Schwarzer-Peter-Spiel: Schuldige suchen, statt Lösungen.

In den letzten Jahrhunderten war Teamfähigkeit sicher nicht ganz so wichtig. Es reichte, wenn der Chef zeigte, wo es langgeht. Inzwischen haben wir gelernt, dass bei der Globalisierung und den neuen Netzwerken ein Team mehr leistet und besser leistet, wenn alle gemeinsam gegen ein Problem ankämpfen und niemals gegen Menschen. Das geht schneller, ist qualitativ besser und damit letztlich erfolgreicher. Und es hinterlässt keine Verlierer mehr.

Es ist schon erstaunlich, dass die Methodik der optimalen Problemlösung seit der Antike bekannt ist. Ein Musterbeispiel für Teaminteraktionen hat schon Platon mit seinen Dialogen bewiesen. Im Dialog hatte zunächst keiner recht. Alle Argumente waren gleichberechtigt. Dann wurde gemeinsam geprüft, welches Argument brauchbar oder haltbar war und welches nicht, völlig unabhängig vom Absender. Diese Technik wurde im wissenschaftlichen Bereich über Jahrhunderte gepflegt. Im Unternehmertum spielte sie keine Rolle – bis heute. Nun ist sie durch immer schärferen, globalen Wettbewerb notwendig geworden. Es darf keiner von vornherein recht haben, sonst kommt es zu Fehlentscheidungen, die sehr, sehr teuer sein können [1].

Folgende Übersicht fasst die Unterschiede zwischen Gruppen und Teams noch einmal zusammen:

Team	Gruppe
Problemlösung	Einflussfragen
Hierarchiefrei	Hierarchie
Kameradschaft	Freundschaft/Feindschaft
Diskurs	Konferenzen
Gewinner	Sieger und Besiegte
Zielorientiert	Beziehungsorientiert

18.4 Fazit

Ein Team unterscheidet sich von einer Gruppe. Gruppen pflegen vornehmlich die Beziehungen untereinander. In einer Gruppe wird erst einmal ermittelt, wer das Sagen hat. Kommt ein neues Mitglied in die Gruppe, dann wird äußerst aufwendig geregelt, wie die zukünftige Hackordnung auszusehen hat. Der Konferenzstil geht über Beziehungen: Wer kann mit wem, wer setzt sich durch? Eine Gruppe zeichnet sich also aus durch Einflussfragen, Hierarchiegeplänkel, Freundschaften oder Feindschaften, Konferenzrituale. Es gibt immer Sieger und Besiegte.

Teams interessieren sich für Problemlösungen. In einem Team spielt die optimale Problemlösung die entscheidende Rolle. Ein Team will über den gemeinsamen Erkenntnisfortschritt ein Problem lösen. Dabei können in einem Team immer nur alle gewinnen, wenn das Problem gelöst wird, oder alle verlieren, wenn das Problem nicht gelöst wird. Ein Team zeichnet sich also aus durch Diskursfähigkeit, Problemlösung, Hierarchiefreiheit (der Chef ist allenfalls der Primus inter Pares), Zielorientierung und eine gute Kameradschaft. Entweder gewinnen alle oder es verlieren alle.

Führungskräfte sind nur gruppenfähig, Führungspersönlichkeiten teamfähig.

Literatur

Quellen

1. Lay, Rupert, und Ulf D. Posè. 2006. *Die neue Redlichkeit. Werte für unsere Zukunft.* Frankfurt: Campus Verlag.

Weiterführende Literatur

2. Senninger, Tom, und Alfried Weiß. 2011. *Gruppe – Team – Spitzenteam. Das Handbuch zur Teamführung*. Münster: Ökotopia.

Führung und Kommunikation 19

Wenn ich nachdenke, was eigentlich die Grundlage der Führung sein muss, dann ist es die Fähigkeit zum Gespräch.
Wolfgang Habbel (*1924), deutscher Automobilmanager, Aufsichtsratsmitglied bei Audi

19.1 Kommunikation – nicht nur eine Frage der Technik

Das Meeting sollte eine Klärung herbeiführen, mit welcher Strategie zukünftige Märkte bearbeitet werden sollten. Es ging um die Frage „Qualitätsführerschaft oder Preisführerschaft?". Eingeladen hatte Klaus M., der Produktionschef. Es waren auch sein Kollege aus dem Vertrieb und einige Key-Accounter sowie seine Betriebsleiter anwesend. „Sie werden einsehen müssen, dass sich eine Qualitätsführerschaft langfristig durchsetzen wird. Der Wettbewerb ist hier weitaus kleiner als in einer Preisführerschaft." Klaus M. war leicht aufgebracht. Da hatte er als Chef der Produktion schon einen schwierigen Stand gegen seine Kollegen aus dem Vertrieb. „Aber Klaus, wir müssen unsere Produkte auch verkaufen können. Und der Preisverfall ist gigantisch. Unsere Wettbewerber bieten vergleichbare Produkte rund 30 % günstiger an. Wie soll das denn funktionieren?" Klaus M. winkte ab: „Das ist doch nicht mein Problem. Je besser die Qualität, desto höher der Preis. Und wer will schon Produkte, die aufgrund ihrer Qualität das Geld nicht wert sind?"

Klaus M. empfand seine Kollegen uneinsichtig und stur. Seine eigenen Leute sagten nichts. Je länger er darüber nachdachte, desto verärgerter wurde er. Seine Kollegen aus dem Vertrieb empfand er immer ungerechter und unangenehmer. Unmögliche Zeitgenossen. Dabei hatte es in diesem Meeting recht harmlos angefangen. „Wollen wir noch stärker auf Qualität setzen oder uns dem Preisdruck im

U. Posé, *Von der Führungskraft zur Führungspersönlichkeit*,
DOI 10.1007/978-3-658-10924-0_19

Markt beugen, ja oder nein?" Klaus M. leitete das Meeting und war für Qualität, etwas anderes kam für ihn nicht infrage. Als Produktionschef musste er das. Er selbst konnte nicht einsehen, dass der Preisdruck zu neuen Überlegungen führen muss. Und so redete er auf seine Mitarbeiter und Kollegen ein und schimpfte wie ein Rohrspatz. Und damit verschlimmerte sich seine Situation. Erst eckte er bei seinen Diskussionskollegen an, dann auch bei seinen eigenen Leuten. „Sie haben ja alle keine Ahnung", schimpfte er mit einer wegwerfenden Handbewegung. Zum Schluss beendete er das Meeting: „Heute kommen wir wohl zu keiner Klärung. Wir werden uns dazu noch einmal treffen müssen." Es reichte ihm. Da saßen ja offenbar nur Dummköpfe, die von guten Produkten keine Ahnung hatten!

Hätte Klaus M. ein wenig von guter Verhandlungsführung verstanden, wäre ihm das Meeting sicher nicht aus der Hand geglitten. Was hatte er nur verkehrt gemacht? Er ist einem typischen Fehler von Führungskräften aufgesessen. Nicht selten berufen Führungskräfte Meetings ein, bei denen sie eine festgefügte Meinung vertreten. Ihr Anspruch ist jedoch, etwas klären zu wollen. Führungskräfte neigen zu dem Irrglauben, dass eine Klärung nur bedeuten kann, dass die Mitarbeiter oder Kollegen der Meinung des Vorgesetzten zu folgen haben. Damit degradieren sie letztlich die eigenen Mitarbeiter zu stichwortgebenden Lakeien. Wenn das Ergebnis eines Meetings schon vorher feststeht, dann ist das Meeting überflüssig.

Das Problem ist zweifach. Zunächst fehlt Führungskräften eine dialektische Grundeinstellung. Dann wählen sie für Klärungsprozesse die gleiche Gesprächsform wie für Überzeugungsprozesse.

Es gibt drei Formen der Gesprächsführung:

- die Debatte,
- die Diskussion und
- den Diskurs.

Alle drei unterscheiden sich. Und es ist für den Prozess der Überzeugung oder den Prozess der Klärung wesentlich, welche Form ich wähle, denn die Vorgehensweise ist dann jeweils eine andere. Man kann mit Mitteln der Debatte keine Überzeugung sicherstellen. Und man kann mit Mitteln der Diskussion keine Problemlösung erwirtschaften. Die Frage ist also: Wie unterscheiden sich diese drei Gesprächsarten?

19.1.1 Die Debatte

Battere heißt schlagen. In einer Debatte prügelt man also offensichtlich aufeinander ein. Die Vorgehensweise in der Debatte ist das Fertigmachen, über den Tisch ziehen, das Wort im Mund herumdrehen. Da wird sofort klar, dass hier der Gesprächspartner kaum überzeugt wird. Das soll er auch nicht! Das Ziel in der Debatte ist den Zuhörer, nicht den Gesprächspartner oder Gegner für sich zu gewinnen. Es heißt also nicht umsonst: Bundestagsdebatte! Im Meeting von Klaus M. gab es keine Zuhörer, sondern Gesprächspartner. Aggressivität ist also völlig fehl am Platz.

19.1.2 Die Diskussion

In der Diskussion will ich mich durchsetzen. Ich will recht behalten. Ich möchte, dass mein Gesprächspartner mir meine Behauptungen abkauft. Gelingt mir das, habe ich mein Ziel erreicht. Das Ziel der Diskussion ist also nicht der Zuhörer oder Beobachter, sondern das Ziel ist die Überzeugung meines Gesprächspartners. Klaus M. hatte aber eingeladen, um etwas zu klären, nicht um zu überzeugen. Also ist auch die Diskussion ungeeignet, wenn in Unternehmen Entscheidungen gefällt oder Lösungen gefunden werden müssen.

19.1.3 Der Diskurs

Im Diskurs geht es um den gemeinsamen Erkenntnisfortschritt. Ich versuche mit meinem Gesprächspartner zu klären, was uns bei einer Entscheidung weiterhilft. Es wird gemeinsam geprüft, was die einzelnen vorgebrachten Argumente oder Pros und Contras wert sind. Dabei ist es völlig unerheblich, wer ein Argument einbringt. Das Ziel einer solchen Veranstaltung ist immer die Problemlösung. Haben beide das Problem gelöst, haben beide gewonnen. Gelingt ihnen das nicht, haben beide verloren.

Führungspersönlichkeiten fragen sich, was sie in Gesprächen erreichen wollen, weshalb sie auch wissen, welche Gesprächsform adäquat ist. Führungskräfte behaupten durchaus: „Wir sollten etwas klären." Dabei wollen sie gar nichts klären, sondern sich durchsetzen.

Sie können sehr leicht feststellen, ob sie eine zum Diskurs fähige Führungspersönlichkeit sind, wenn Sie sich einmal folgende Frage stellen: „Wenn sich meine Meinung nicht durchsetzen kann, habe ich dann gewonnen oder verloren?" In der Diskussion hätten Sie verloren, da Sie nicht überzeugen konnten. Im Diskurs hätten Sie gewonnen, da Sie offensichtlich einen Irrtum erkannt haben. Menschen, die sich darüber freuen, einen Irrtum identifiziert zu haben, wenn sich ihre Überzeugung nicht durchsetzen kann, sind diskursfähig.

Woran liegt so etwas aber? Nun, das lässt sich mit Kommunikationsregeln erklären.

19.2 Die wichtigsten Kommunikationsregeln

Zunächst hatte Klaus M. die einfachste aller Kommunikationsregeln verletzt, er hatte sich zu wenig in die Lage seines Gegenübers versetzt. Vor rund 2000 Jahren wussten die Menschen noch, was man beachten muss, damit man mit seinen Mitmenschen zu einem Ergebnis kommt, das möglichst alle Diskussionsteilnehmer zufriedenstellt. Die alten griechischen Philosophen haben eine besondere Fähigkeit eingefordert, die heutigen Führungskräften anscheinend nicht mehr zur Verfügung steht, da sie noch nicht einmal das Wort dafür kennen.

19.2.1 Führungspersönlichkeiten denken, sprechen und handeln alterozentrisch

Sie können sich selbst fragen: Wie nennt man einen Menschen, der nicht seine eigenen Überzeugungen, sondern die Überzeugungen anderer Menschen in den Mittelpunkt seines Handels stellt? Na, es fällt Ihnen nicht ein? Das Wort liegt Ihnen auf der Zunge? Na, gut, lüften wir einmal den Schleier. Das ist der Alterozentriker.

Sie kennen das Wort nicht? Dann scheint Ihnen die Sache unbekannt zu sein! Dabei ist diese Fähigkeit für Führungspersönlichkeiten unbedingt erforderlich, um mit anderen Menschen in einer Verhandlung etwas klären zu können. Aber grämen Sie sich nicht. Das Wort Alterozentrik ist aus unserem Sprachgebrauch entschwunden. Selbst in der neuesten Ausgabe des Brockhaus ist es als Gegenbegriff zur Egozentrik nicht aufgeführt. Es gibt das Wort nicht mehr. Wenn wir jetzt noch einmal zurückschauen und uns vor Augen führen, dass sich in der Sprache des Menschen sein Menschenbild dokumentiert, dann gehört die Fähigkeit, sich auf andere Menschen, auf deren Wünsche, Bedürfnisse, Werte, Erwartungen und Interessen einstellen zu können, nicht zu unserem bevorzugten Menschenbild. Und damit fehlt Führungskräften, würden die alten griechischen Philosophen sagen, die entscheidende Voraussetzung, um mit einem anderen Menschen etwas klären zu können – um ihn überzeugen zu können. Fehlt uns aber die Alterozentrik, dann gehört zu unserem Repertoire mehr die Fähigkeit, recht behalten zu wollen, uns durchzusetzen, jemanden über den Tisch zu ziehen oder jemanden zu überreden. Schade, schade.

19.2.2 Der gemeinsame Erkenntnisfortschritt

Mit dieser wunderschönen Fähigkeit der Alterozentrik meinten die Philosophen die Fähigkeit, eigene Erkenntnisse anderen Erkenntnissen gegenüber nicht automatisch für überlegen zu halten. Damit meinten sie auch die Fähigkeit, in Verhandlungen gemeinsam mit dem Gesprächspartner über das Abprüfen der jeweiligen Erkenntnis (auch der eigenen!) herausfinden zu wollen, wessen Erkenntnis die Gesprächspartner weiterbringt. Das nannten die alten Griechen den Erkenntnisfortschritt. Er findet sich in der Dialektik eines Sokrates wieder, der für seine Einsicht, er verfüge nicht über Wahrheiten, sondern nur über Gewissheiten, 399 vor Christus sein Leben lassen musste. Wahrheit war für Sokrates etwas Irrtumsfreies und Täuschungssicheres. Da er aber einen Irrtum bei seinen Erkenntnissen (von Trivialitäten wie „Ich habe Hunger" oder „Ich bin müde" einmal abgesehen) nie ausschließen konnte, hielt er seine Erkenntnisse für gewiss. Das Merkmal der Gewissheit ist aber die Zweifelsfreiheit. So kann ich mich durchaus irren, obwohl ich nicht zweifle. Ich habe den Irrtum nur noch nicht erkannt. Das bedeutet in der Konsequenz, dass Meinungen immer gleichberechtigt sind, keine kann für sich den Anspruch auf Wahrheit erheben. Der Schüler von Sokrates, Platon formulierte die Erkenntnis des Sokrates in seine erste Gesprächsregel um: „Sprich, denke, fühle und handle alterozentriert!" Also sollte man seine eigene Meinung nicht so wichtig nehmen. Vieles von dem, wovon ich überzeugt bin, beruht vielleicht nur auf einem Vorurteil. Ich kann mich irren oder täuschen, selbst wenn ich meine, recht zu haben. Und noch eines: Ein guter Dialektiker führt Gespräche in dem Bewusstsein, dass ein gutes Gespräch keinen Verlierer kennt. In dieser Denkwelt sind Führungspersönlichkeiten zu Hause.

Wer aber recht behalten will, wer sich im Zustand der allein selig machenden Erkenntnis befindet, wer prinzipiell die eigenen Erfahrungen und Überzeugungen anderen Erfahrungen, Erkenntnissen und Überzeugungen gegenüber für überlegen hält, ohne bereit zu sein, das prüfen zu wollen, der kann keine sinnvolle Verhandlung führen. Der kann sich nur durchsetzen wollen. Und damit gefährdet er möglicherweise eine gute Lösung für ein Problem. Hier tummeln sich Führungskräfte gern.

Eine Frage könnte sein, wieso sich auch in dieser Sache Führungskräfte von Führungspersönlichkeiten unterscheiden. Die Ursache ist in der Kampfmentalität von Menschen zu finden. Alle Menschen können kämpfen für eine gute Sache, für sich selbst, für ihre Mitarbeiter, ihre Familie etc. Diese Fähigkeit, kämpfen zu können, degeneriert bei Führungskräften dazu, immer kämpfen zu müssen. Jede Situation wird als Schlachtfeld angesehen. Recht behalten und sich durchsetzen ist die Devise. Damit verfügen Führungskräfte nur über Debattenfähigkeit und Diskussionsfähigkeit, nicht jedoch über Diskursfähigkeit. Führungspersönlichkeiten können ebenfalls kämpfen, sie erleben jedoch nicht diesen Zwang, in jeder Situation kämpfen zu müssen. Führungspersönlichkeiten kämpfen nur dann, wenn es notwendig ist. Damit haben sie zur Debatte und zur Diskussion noch eine Alternative, den Diskurs.

19.2.3 Führungskräfte denken in Begründungen

Führungskräfte denken heute fast immer in Begründungen. Sie versuchen ihre Behauptungen abzugrenzen, zu untermauern und zu verteidigen, indem sie begründen, weshalb sie eine Sache für richtig oder für falsch halten, wieso eine Sache machbar ist oder auch nicht. So ist Streit oder allenfalls ein suboptimaler Kompromiss, eine Art Nullsummenspiel, vorprogrammiert.

19.2.4 Führungspersönlichkeiten denken in Bedingungen

Führungspersönlichkeiten denken anders. Die alten Römer haben es ihnen vorgemacht. Für sie war es nicht so wichtig, weshalb jemand eine Sache unbedingt will oder weshalb nicht; sie konnten noch sagen, unter welchen Bedingungen eine Sache Sinn ergibt, und unter welchen Bedingungen sie keinen Sinn ergibt. Diese Denkkultur und Technik nannten die Römer *ars construenda vexilla* – die Kunst, eine Fahne zu bilden. Mit Fahne war ein Bedingungskatalog gemeint, der deutlich macht, welche Bedingungen notwendig, nützlich oder hinreichend sind, um eine Sache zu tun oder zu lassen. Waren die Bedingungen erfüllbar, wurde die Sache durchgeführt; waren die Bedingungen nicht erfüllbar, ließen die Römer die Finger davon oder sie wussten wenigstens, welche Risiken sie eingingen, wenn sie trotz Nichterfüllbarkeit von Bedingungen die Sache gleichwohl durchführten.

Mit dieser Denkkultur und Technik streiten sich Führungspersönlichkeiten weniger. Ihnen ist es wichtiger herauszufinden, ob die genannten Bedingungen mit sinnvollem Aufwand erfüllbar sind oder nicht. Sind die Bedingungen mit sinnvollem Aufwand erfüllbar, dann wird eine Sache getan, ist der Bedingungskatalog nicht erfüllbar, dann wird die Sache gelassen – unabhängig davon, ob der Führungspersönlichkeit eine Lösung für ein Problem gefällt oder nicht. So können Führungspersönlichkeiten durchaus zu Verhandlungsergebnissen kommen, die ihnen gar nicht gefallen, aber genau diese Verhandlungsergebnisse können zu einer optimalen Problemlösung führen.

Das Interessante ist, dass eine Begründung für oder gegen eine Sache immer auch eine Bedingung ist. So übersetzen Führungspersönlichkeiten Begründungen in Bedingungen und gehen damit überflüssigem Streit aus dem Weg. Bei einer Bedingung ist es jedoch nicht wesentlich, ob sie für oder gegen eine Sache spricht, sondern es ist nur wichtig, ob sie erfüllbar ist oder nicht. Damit entscheiden nicht mehr die Person oder die hierarchisch höhere Position und ihre Meinung über eine Problemlösung, sondern die Erfüllbarkeit der Bedingungen.

19.3 Fazit

Führungspersönlichkeiten stellen sich in Meetings folgende Fragen:

- Muss ich debattieren, also angreifen oder mich erfolgreich verteidigen können? (Das ist vornehmlich in Podiumsgesprächen mit Publikumsbeteiligung und – politischen – Gegnern auf dem Podium der Fall.)
- Muss ich diskutieren, also mich durchsetzen, mein Gegenüber überzeugen können? (Das ist vornehmlich in bilateralen Gesprächen, in denen ohne Publikumsbeteiligung Überzeugungsarbeit geleistet werden muss, der Fall.)
- Muss ich diskusieren, also in der Lage sein, auch die eigene Position kritisch zu hinterfragen oder hinterfragen zu lassen mit der Möglichkeit, die eigene Position aufgeben zu müssen und zu können? (Das ist vornehmlich bei Projekten der Fall, in denen die bestmögliche Vorgehensweise beziehungsweise Entscheidung erst ermittelt werden muss.)

Debatte	
Vorgehensweise	Dem anderen schaden wollen, andere fertig machen
Ziel	Das Publikum überzeugen
Parteien	Feindschaft
Diskussion	
Vorgehensweise	Recht behalten, sich durchsetzen
Ziel	Den anderen überzeugen
Parteien	Gegnerschaft
Diskurs	
Vorgehensweise	Gemeinsam klären, eine Lösung suchen
Ziel	Gemeinsamen Erkenntnisfortschritt betreiben
Parteien	Verstehen sich als Team

Wer also Verhandlungen erfolgreich führen möchte, der sollte die Fähigkeit besitzen, sich auf andere Menschen, deren Bedürfnisse, Werte, Erwartungen und Interessen einstellen zu können. Außerdem muss er in Bedingungen denken können, damit das optimale Ergebnis die Oberhand gewinnt und nicht die Lösung, die ihm am besten gefällt, auch wenn sie nicht unbedingt das Problem löst.

Literatur

1. Höffe, Ottfried. 1982. *Klassiker der Philosophie, Bd. 1*. München: C.H. Beck Verlag.
2. Lay, Rupert. 1983. *Dialektik für Manager*. München: Langen Müller Herbig.
3. Lay, Rupert. 1989. *Kommunikation für Manager*. Düsseldorf: Econ.
4. Platon. 1961. *Gorgias*, Reclam 2046, Ditzingen: Philip Reclam Junior.
5. Posé, Ulf D. 2004. *Von der Menschenführung zur Lebensführung*. Büdingen: Ronneburger Kreis.

20 Führung und Weisheit

Weise Lebensführung gelingt keinem Menschen durch Zufall. Man muss, solange man lebt, lernen, wie man leben soll.
Seneca (4/1 v. Chr. – 65 n. Chr.), römischer Philosoph

20.1 Weisheit und Unternehmertum gehören zusammen

Bei der Entwicklung des Unternehmenserfolgs spielt heute der Shareholder Value für Führungskräfte eine größere Rolle als der Mitarbeiter. Die Optimierung des Unternehmenserfolges ist das Schlagwort vieler Führungskräfte. Die Senkung der Lohnkosten durch Stellenabbau ist das oft geübte Heilmittel. Führungspersönlichkeiten stellen dieser Idee die Weisheit entgegen. Mit weisen Führungspersönlichkeiten lässt sich der Unternehmenserfolg anders und noch besser herstellen. Ist Weisheit aber etwas, das sich lernen lässt? Die Antwort lautet: ja. Führungspersönlichkeiten können Weisheit definieren, stellen die Kriterien fest, die erfüllt sein sollten, um weise zu entscheiden und zeigen täglich an vielen Beispielen auf, wie sich Weisheit im täglichen Miteinander gerade in Zeiten des Cyperspace und der Globalisierung sicherstellen lässt.

Betrachten wir einmal den Fall Karl W., um der Weisheit auf die Spur zu kommen: Karl W. war arbeitslos. Seine älteste Tochter schimpfte mit ihm: „Jetzt hast du schon immer frei, und doch kümmerst du dich nur um dich. Und du kannst nichts anderes als mir Vorschriften machen. Jetzt lass mich doch endlich in Ruhe!" Karl verstand die Welt nicht mehr: „Ja, was denn jetzt? Soll ich mich nun um dich kümmern oder nicht. Und außerdem, manche Sachen kannst du noch gar nicht überblicken, da muss ich dir die Entscheidung abnehmen. Immerhin bist du erst 16 Jahre alt!" „Ja und? Ich komme auch gut ohne dich zurecht. Und ich weiß schon sehr genau, was ich kann und was nicht. Ich bin alt genug. Und einen Job habe ich

U. Posé, *Von der Führungskraft zur Führungspersönlichkeit*,
DOI 10.1007/978-3-658-10924-0_20

im Unterschied zu dir auch. So!“ Das saß! Karl atmete tief durch. Er schwankte zwischen Verzweiflung, weil seine Tochter ja recht hatte, er hatte keinen Job, und dem unterdrückten Gefühl, ihr eine Ohrfeige wegen ihrer bodenlosen Unverschämtheit zu verpassen. Aber er konnte sich bremsen.

Am Abend kam seine Frau von der Arbeit zurück, und auch jetzt gab es Streit. Die Stimmung war sehr angespannt. Als seine Frau ihm dann eröffnete, so könne sie nicht weiterleben, und ob denn eine Trennung, eine vorläufige, jetzt nicht für alle Beteiligten besser wäre, fühlte sich Karl wie der letzte Hund. Umbringen sollte man sich am besten, dieser Entschluss fing bei ihm an zu reifen.

Als ihn dann seine Frau bat auszuziehen und sich ein Zimmer zu suchen, rief er Fred B. an, seinen besten Freund. „Fred, ich bin es leid, ich bin zu nichts zu gebrauchen, das Beste ist, ich bringe mich um.“

Was kann Fred jetzt in einer solchen Situation tun? Hier ist Weisheit gefragt, ein weiser Rat. Nur ist Fred dazu in der Lage? Was sollte er sagen? Fred machte Karl klar, dass das Leben im Moment für Karl schwierig sei, außerdem sei er, Fred, jederzeit für ihn da, er können immer zu ihm kommen. Und seine Tochter solle er nicht so ernst nehmen, das sei das Geschwätz eines pubertierenden Teenagers. Und das Problem mit seiner Frau würde sich auch lösen, sobald er einen neuen Job hätte. „Karl, du brauchst nur einen neuen Job, dann ist sicher wieder alles im Lot. Ich werde morgen mit meinem Chef sprechen, vielleicht klappt da was. Kopf hoch Junge, das wird alles wieder, ich bin immer für dich da.“

Fred hatte das Gefühl, er hätte Karl geholfen, ihm Mut gemacht. Ganz sicher war Fred sich, dass er seinem Freund, die Suizidgedanken ausgetrieben habe. Zumal Karl am Ende des Gesprächs zuversichtlicher gewirkt hatte. Und als Fred auflegte, war er überzeugt, es sei jetzt alles wieder im Lot, sein Freund sei stabil. Beruhigt verabschiedete er sich von Karl, denn vom Selbstmord konnte ja jetzt keine Rede mehr sein. Am nächsten Tag war Karl tot. Er hatte sich mit einer Plastiktüte über den Kopf umgebracht. Erstickt war er. Fred verstand die Welt nicht mehr.

Das Problem von Fred ist, dass er mit seinem Freund nicht sehr weise umgegangen ist. Gleichzeitig hatte er aus seiner Sicht das Beste für seinen Freund getan. Aber genau das hat Karl letztlich in den Tod getrieben.

Aber was hätte Fred tun sollen? Was ist denn in solch einer schwierigen Lebenssituation ein sinnvoller, weiser Rat? Kann es denn so falsch sein, jemandem seine Selbstmordgedanken auszureden, ihm Mut zu machen und im Gespräch zu beweisen, dass das Leben trotz aller Schwierigkeiten lebenswert ist? – Ja, es kann!

Im Anschluss an diesen Gedanken beschäftigen wir uns mit Weisheit: Was Weisheit ist, welche Voraussetzungen erfüllt sein müssen, damit man von Weisheit reden kann, und wie sie im Alltag praktisch angewandt werden kann.

In der gerade dargestellten Situation ist es erforderlich, den Suizidgefährdeten sofort aufzusuchen. „Ich komme jetzt eben bei Dir vorbei“, hilft als Erstes. Beim Besuch gilt es, die Dramatik der Situation zu entschärfen. „Hast Du mal einen Kaffee für mich?“ oder Ähnliches. Dann gilt es, den Suizidgefährdeten erzählen zu lassen. Vielleicht hat er ja etwas in seiner Lebensbilanz übersehen. Manchmal hilft eine fast banale Frage wie: „Wer soll Dich denn finden, wenn Du tot bist?“ Oder: „Wer soll denn Dein Testamentsverwalter sein?“ Darüber kann man sich stundenlang unterhalten. Vielleicht nimmt es dem Ganzen das Düstere oder Dramatische. Wenn alles nichts hilft, haben wir die Verpflichtung, den Suizidgefährdeten in eine Klinik einweisen zu lassen. Alles andere wäre unterlassene Hilfeleistung. Vielleicht helfen ein paar Tage in einer Psychosomatischen Klinik, diesen Schub an Suizidverlangen zu überwinden. Wichtig ist immer: jede noch so kleine Andeutung eines: „Ich will meinem Leben ein Ende setzen“, sollte man sehr ernst nehmen.

Die meisten Menschen haben ein eher verkrampftes Verhältnis zum Suizid. Dadurch ist es schwer sich in solch einer Situation weise zu verhalten. Die meisten Menschen, die trauern oder der depressiv sind, haben ein großes Einsamkeitsbedürfnis. Das gilt es zu respektieren. Die Minimalrespektierung heißt: ich bin zwar da, aber ich lasse Dich in Ruhe, ich rede nur mit Dir, wenn Du es willst.

Für Fred ist es wichtig zu wissen, dass es sehr verschiedene Arten von Suizid gibt. Manchmal ist es nur ein Versuch, zu appellieren. Die meisten Tablettensuizide gehören wohl dazu. Bei einem echten Suizid wird unterschieden zwischen dem bilanzierten Suizid und dem depressiven.

Würde es sich bei Karl um einen Bilanzsuizid handeln, dann wäre es für Fred wichtig zu versuchen, die Bilanz zu verstehen. Gleichzeitig wäre es für Fred wichtig, dem Gespräch die Dramatik zu nehmen. Fred sollte Karl animieren zu reden, zu erzählen, und zwar so lange, bis Karl nichts mehr erzählen kann oder will. Vielleicht erkennt er dadurch, dass seine Bilanz noch Lücken auf der Positiv-Seite hat, die es zu füllen gilt.

Sollte bei Karl eine Depression vorliegen, wäre für Fred wichtig zu unterscheiden zwischen einer genetischen Disposition, einer Fehlverarbeitung zumeist in früher Kindheit und einem aktuellen Auslöser. Der Laie kann das nicht unterscheiden. Da muss ein Experte helfen.

Diese depressive Form des Suizids kennt nur eine Hilfe: für den anderen da zu sein. Argumentieren hilft nicht. Diskutieren noch weniger. Für den Depressiven ist es durchaus sinnvoll und hilfreich, ihn für einige Tage in der Psychiatrie einer Klinik unterzubringen, bis der depressive Schub vorbei ist oder abgeklungen ist. Es nicht zu veranlassen, wäre unterlassene Hilfeleistung.

Je mehr Fred seinem Freund Karl sich aufdrängt, je mehr er versucht, ihm seinen Suizid auszureden, desto stärker kann der Entschluss werden, sich umzubringen. Daher sollte Fred sich sofort zu seinem Freund aufmachen. Da sein, zuhören, nicht diskutieren, nicht sich aufdrängen, in den Arm nehmen. Reden oder gar den Suizid ausreden wollen, ist eher gefährlich.

Zugegeben werden muss an dieser Stelle, dass für den Umgang mit Depressiven das normale Wissen eines normalen Menschen in aller Regel nicht ausreicht.

Das Schlimme im Umgang mit Depressiven ist, dass wir alle eine persönliche Erfahrung mit einer bestimmten Form der Depression hatten, nämlich mit der Trauer. Diese Erfahrung führt zu der falschen Annahme, wir würden den Depressiven verstehen, wie wir unsere eigene Trauer verstanden haben. Wir behandeln den Betreffenden entsprechend, weil wir meinen, er würde nur in merkwürdiger Weise trauern. Dabei handelt es sich um eine psychische Erkrankung. So besteht die Gefahr, dass Fred als Laie etwas Falsches macht.

20.2 Verschiedene Arten des Wissens

Also zunächst sollten wir unterscheiden. Es gibt verschiedenen Arten des Wissens. Da ist zunächst einmal das **Informations- oder Sachwissen**. Wie groß ist die Erde, wie viel ist der Euro wert, welche Kriterien müssen bei der Delegation einer Aufgabe eingehalten werden? Welches Datum haben wir heute, wie lange herrschten die Römer etc. All das ist Informationswissen.

Daneben gibt es das **Erfahrungswissen**. Wenn ich meine Finger an eine Flamme halte, dann verbrenne ich mich.

Zum, dritten kennen wir das **Gewohnheitswissen**. Ich weiß, wie man ein Butterbrot schmiert, ein Auto fährt oder so weiter.

Und dann gibt es noch das **Lebenswissen**. Und genau dort spielt sich Weisheit ab. Ein weiser Rat hat also nicht zwingend etwas mit Gewohnheiten, Erfahrungen oder Informationsständen zu tun, sondern mit dem Wissen um das Leben. So kann ein 5-Jähriger durchaus weiser sein, als ein 60-jähriger Mensch. Weisheit hat nicht zwingend etwas mit dem Alter zu tun.

20.2.1 Das Lebenswissen als Grundlage der Weisheit

Was aber genau ist Weisheit, ist Lebenswissen? Genau diese Frage haben sich Wissenschaftler gestellt, und sie haben sich zunächst in der Religion bedient, zu einer Zeit, in der Weisheit schon einmal eine große Rolle spielte. Weisheit war von alters her eine göttliche Eigenschaft, die zum Beispiel im alten Ägypten zunächst nur einem einzigen Gott, dem Mondgott Thot zugeordnet wurde.

Im Mittelalter war Weisheit der Gipfel aller menschlichen Verstandes- und Erkenntnistätigkeit, den ein guter Mensch anstreben kann. Damals gab es sogar einen Weisheitsbaum. Hier wurde zwischen den freien Künsten und den sieben Kardinaltugenden unterschieden. Der Baum hatte Symbolcharakter. Hier sollten sich die Natur als Repräsentant des Charakters und die Philosophie als Repräsentant des Wissens in gelungener Weise zur Weisheit verbinden. Schon damals wurde Klugheit von Weisheit unterschieden. Klugheit war eine dem Verstand zugeordnete Fähigkeit. Weisheit hingegen war ausgerichtet auf die Handlungsweisen eines Menschen, in denen es um das Verstehen des Ursprungs, Sinns und Ziels dieser Welt ging, um Wissen, das sich mit dem menschlichen Leben und den letzten Dingen wie Tod, Himmel und Hölle beschäftigte. Weisheit war damals also im Gegensatz zur Klugheit sehr eng mit der Religiosität der Menschen verbunden.

Die heutige Zeit versucht sich wieder der Weisheit anzunähern. Um Weisheit zu definieren, haben sich Wissenschaftler zunächst bei der Intelligenzforschung bedient. Intelligent ist genau der Mensch, der:

- Regelmäßigkeiten erkennen kann,
- Wesentliches von Unwesentlichem unterscheiden kann,
- sich konzentrieren kann.

Wissenschaftler haben sich darauf verständigt, dass Weisheit der Gipfel menschlicher Verstandestätigkeit ist. Aber das hilft uns für eine gute Definition noch nicht genügend weiter. Das wussten auch die sich damit beschäftigenden Wissenschaftler. Und so boten sie an, dass Weisheit ein geordnetes Lebenswissen ist. Damit unterscheidet es sich von Sachwissen, Gewohnheitswissen, Erfahrungswissen und Informationswissen.

20.3 Die Definition von Weisheit

Weisheit ist Expertenwissen auf dem Gebiet der fundamentalen Pragmatik des tatsächlich realisierten Lebens, das zu besonders ausgewogenen Urteilen und fundierten Ratschlägen bei schwierigen Lebenssituationen befähigt und mit einem hohen Grad an Ungewissheit rechnet.

20.3.1 Weisheit als Expertenwissen

Wieso ist Weisheit Expertenwissen? Schon hier könnte der Weisheit eine gewisse Arroganz unterstellt werden. Dem ist aber nicht so, denn ein Experte in ein

Mensch, der über eine besondere Form von Wissen verfügt, die man auch qualitativ (nicht quantitativ!) zuteilen kann. Ein weiser Mensch unterscheidet sich von einem unweisen Menschen eben qualitativ. Und damit ist er ein Experte, da er über keineswegs allen Menschen zugängliche Einsichten über die Grundfragen des Lebens verfügt.

Solche Grundfragen sind Bedingungen, die an ein Leben gestellt werden. Dazu gehören:

- die individuellen Voraussetzungen eines Menschen, also seine Talente, sein Charakter, seine Fähigkeiten und Fertigkeiten sowie sein Alter.
- die sozialen Voraussetzungen. Wie altruistisch oder alterozentriert ist der Mensch, über welche Kontaktfähigkeit verfügt er, wie konfliktfähig ist dieser Mensch, über welche Moral verfügt er?
- die historiografischen Voraussetzungen, also die sehr persönlichen Erfahrungen mit anderen, die Entwicklung in der Herkunftsfamilie, die Zugehörigkeit zu einem Volk, einer Berufsgruppe.
- die Voraussetzungen der Welt, in der ein Mensch lebt, also seine konkrete Umwelt, sein Wohnort, seine Ernährung, die Naturerlebnisse, die er gehabt hat.
- die Voraussetzungen seiner Grenzhaftigkeit, also die sozialen Grenzen, die er besitzt. Zu wem kann er Kontakte pflegen? Was ist ihm nicht möglich? Aber auch die Grenze des Geschlechts, seiner musischen, psychischen, handwerklichen Begabungen, die Grenze seiner Dynamik und die Grenze des eigenen Lebens, der Tod.
- die kulturellen Voraussetzungen, die Zugehörigkeit zu einer bestimmten Denkweise, Tradition, einer bestimmten Religiosität.

Damit haben wir eine Standortbestimmung für Weisheit.

Schauen wir einmal in die heutige Zeit, dann müssen wir annehmen, dass Weisheit für Führungskräfte keine große Rolle spielt, denn sie kultivieren immer das Informationswissen. Internet und Cyberspace lassen grüßen. Wenn Führungskräfte aufhören, das Menschheitswissen zu kultivieren, gewinnt automatisch das Informationswissen. Und damit besteht die Gefahr, dass Führungskräfte Menschen funktionalisieren, da sie das Wissen um das Menschsein nicht mehr interessiert. Und damit verlieren Führungskräfte Menschen, sie beschäftigen nur noch seelenlose Zombies, Systemagenten, die funktionieren. Wenn sie nicht mehr funktionieren, werden sie ausgetauscht. Aber genau das ist der Ruin des sozialen Miteinanders und zum Schluss sicher auch der Ruin des Erfolgs. Somit hat Weisheit eine existenzielle Bedeutung für jedes Unternehmen, für jede Führungskraft, die nicht nur Führungskraft, sondern auch Führungspersönlichkeit sein will. Eine Führungspersönlichkeit folgt nicht zwingend einem Unternehmen und seinen Leitlinien, sondern sie folgt einem eigenen Stern. Passen diese Leitlinien zu diesem Stern, dann folgt die Führungspersönlichkeit auch den Leitlinien, sonst nicht.

20.3.2 Weisheit ist kein Besitz

Das besonders Schöne an der Weisheit ist, dass sie nicht besessen werden kann. Weisheit geschieht ähnlich wie Liebe: Ich kann sie nicht besitzen. So kann ich weder das Rauschen des Waldes noch das Murmeln des Wassers besitzen, und doch geschieht es. Schon Sokrates wusste darum. Er war so weise zu wissen, dass er nicht weiß (Wahrheit nicht besitzt und auch nicht wissen kann, ob das, was er weiß, wahr ist). Darin unterschied er sich qualitativ von seinen Richtern, die zwar auch nichts wussten, jedoch vermeinten, etwas zu wissen (also meinten, im Besitz von Wahrheit zu sein). Sein Schüler Platon war der Überzeugung, dass man Weisheit durchsetzen muss, am besten durch einen weisen Herrscher. Und damit stellte er die Weisheit auf den Kopf, denn wer Weisheit ausübt, der ist ein Mensch, nicht ein Herrscher. So dauerte es kaum eine Generation, und schon hatte man sich in Europa wieder von der Weisheit verabschiedet.

20.3.3 Weisheit und Herrschaft vertragen sich nicht

Herbert W. ist Abteilungsleiter. Er hat den Marketingplan entworfen. Im Abteilungsmeeting stellt er diesen Plan vor. Sein Mitarbeiter Manfred K. meint: „Der Marketingplan nutzt die aktuellen GFK-Zahlen nicht, er bezieht sie zu wenig ein. Das sollte man noch einmal prüfen." „Wollen Sie etwa sagen, mein Plan sei falsch?" Herr W. wirkt leicht gereizt: „Nein, das meine ich gar nicht, ich meine nur, wenn er die GFK-Zahlen nicht berücksichtigt, dann fehlt ihm möglicherweise ein wichtiges Einflusskriterium. Es sei denn, die GFK-Zahlen sind für den Marketingplan irrelevant." „Ob diese Zahlen eine Rolle spielen oder nicht, muss ich ja wohl wissen. Ich sage Ihnen, dieser Plan ist perfekt. Er hat alle relevanten Kriterien berücksichtigt. Und dazu gehören GFK-Zahlen eben nicht." „Und warum nicht", wollte sein Mitarbeiter wissen. „Ich weiß, dass diese Zahlen keine Rolle spielen, das reicht ja wohl." Für Herbert W. war der Fall damit erledigt. Für seinen Mitarbeiter hatte er in seinem persönlichen Notizbuch ein paar negative Zeilen vorgesehen. Was fällt dem wohl ein? Herr W. fühlte sich in seiner Ehre gekränkt. Dabei wäre es sicher sinnvoll gewesen, eine Überprüfung vorzunehmen, ob denn solche Zahlen für den Marketingplan wichtig sind oder nicht. Aber dazu war Herr W. nicht bereit. Schließlich war er der Abteilungsleiter. Damit hatte sich Herbert W. von Weisheit weit entfernt.

Warum kann es den weisen Abteilungsleiter oder Herrscher nicht geben? Nun, weil in der Weisheit auch immer ihr Gegenteil steckt, die Unweisheit. Das eine bedingt das andere. Sobald ich herrsche, besteht die Gefahr, dass ich dogmatisiere, mich durchsetze. Damit setze ich etwas absolut. Und mit dieser Setzung verkehrt sich Weisheit in ihr Gegenteil.

Ich muss an Bedürfnissen und Situationen relativieren. Denn dieses absolute Wissen verkennt, dass ein Mensch nicht frei sein kann von Irrtümern und Täuschungen. Und diese kann ein Dogmatiker, ein Herrscher nicht mehr minimieren, weil er ein anderes Urteil, eine andere Erkenntnis nicht gelten lässt. Und ob seine Erkenntnisse nicht doch von Irrtümern und Täuschungen durchsetzt sind, entgeht ihm eben durch diese Dogmatik. Und damit wird er unweise.

20.3.4 Der Unterschied zwischen Weisheit und Unweisheit

Weisheit und Unweisheit unterscheiden sich qualitativ. Zu solchen Unterschieden gehören:

- Eine weise Führungspersönlichkeit versucht, Irrtümer und Täuschungen zu minimieren. Ein unweiser Mensch schließt als Dogmatiker Irrtümer und Täuschungen aus. Alles, was uns sinnvoll, nützlich und brauchbar erscheint, ist immer auch unnütz, unbrauchbar, unsinnig. So besteht immer die Gefahr, dass sich das Gegenteil realisiert. Eine Führungskraft, die etwas unter allen Umständen für nützlich, brauchbar und sinnvoll erachtet, ist unweise.
- Eine weise Führungspersönlichkeit stellt Selbstverständlichkeiten infrage. Nur indem sich die Welt verändert, die Dinge verändern, bleiben sie gut, bleibt das Wahre wahr, das Nützliche nützlich, das Kluge klug. Eine Führungskraft, die im Käfig ihrer Wahrheiten thront und ihre Selbstverständlichkeiten für immer richtig und immer sinnvoll erachtet, ist qualitativ unweise. Die weise Führungspersönlichkeit weiß, dass ihre Selbstverständlichkeiten nur für sie selbst verpflichtend sind. Jeder Mensch hat für sie das Recht, sich an andere Selbstverständlichkeiten zu binden, aber niemand hat das Recht, diese Verbindlichkeiten auf andere Menschen zu übertragen, für sie verpflichtend zu machen.
- Eine weise Führungspersönlichkeit kann differenzieren. Sie ist in der Lage, komplexe Sachverhalte möglichst realistisch zu reduzieren. Sie negiert sie nicht. Das differenzierte Denken ist eine Methode, komplexe Sachverhalte so weit zu vereinfachen, dass sie möglichst ohne wesentlichen Verlust an Parametern zu Aussagen führen, die differenziert sind. Die unweise Führungskraft verliert sich in komplexen Sachverhalten.

- Die weise Führungspersönlichkeit denkt in Alternativen. Es gibt für sie zu jeder Vorgehensweise auch noch eine andere Möglichkeit. So denkt sie nicht adversativ, sondern eben alternativ. Die unweise Führungskraft denkt nicht alternativ, sondern adversativ. Ihr ist es wichtig, etwas zu widerlegen. In nicht wenigen Unternehmen sind die Konferenzen geprägt von adversativem Denken. Die Mitarbeiter wollen sich gegenseitig widerlegen und nicht herausfinden, was bringt uns sinnvollerweise in dieser oder jener Sache weiter.
- Eine weise Führungspersönlichkeit versucht, sich auf die Wertvorstellungen, Erwartungen, Interessen und Bedürfnisse anderer Menschen einzustellen. Die unweise Führungskraft versucht das nicht. Die unweise Führungskraft überträgt ihre Werte, Erwartungen, Bedürfnisse und Interessen auf andere. So macht sie sie für andere verpflichtend.

20.3.5 Ein 400-jähriger Fehler

Es steht zu vermuten, dass wir schon seit rund 400 Jahren recht unweise leben. Politiker geben vor, sie wüssten, was für die Bürger richtig ist. Die Kirche weiß, was man zu glauben hat, wer anders glaubt, ist im Unrecht, Unternehmer meinen, sie hätten die Weisheit mit Löffeln gefuttert, sie meinen immer zu wissen, wo es langgeht. Wissenschaftler halten ihre Theorien für wahr und verpflichtend für andere. Nicht wenige Wissenschaftler haben vergessen, dass das Wesen aller Wissenschaft nicht ist, Wahrheiten zu entdecken, sondern Irrtümer zu minimieren. Selbst die Philosophie hat spätestens seit Descartes gewusst, was wahr und richtig ist, und damit eigene Wertsetzungen für andere verpflichtend gemacht. *Cogito ergo sum*. Ich denke, also bin ich. Wer nicht denkt, kann also nicht sein? Obwohl, das sei hier fairerweise erwähnt, Descartes selbst diesen Denkfehler nicht beging. Er hat seinen berühmten Satz noch garniert mit: „Vorausgesetzt ein gütiger Gott schützt mich vor allzu großen Irrtümern." Aber genau diesen Nachsatz haben die nachfolgenden Philosophen vergessen, einfach unterschlagen. Und alle – Politik, Wirtschaft, Kirche und Wissenschaft – haben immer ihre Werte, Erwartungen, Interessen und Bedürfnisse (WEIBs) absolut gesetzt. Die WEIBs anderer interessierten sie nicht oder sie mussten falsch sein.

20.3.6 Weisheit gründet in zwei Kriterien

Das Basiskriterium ist, das Wissen um die Gegebenheiten des Lebens und das Wissen um die Strategien, diese Erkenntnisse im täglichen Leben praktisch anzuwenden. Die Metakriterien sind, ein Wissen um den Lebensverlauf, um die Relativität nahezu aller Wertsetzungen, das Wissen um die Tatsache, dass alle Entscheidungen Entscheidungen unter Unsicherheit sind, also niemals irrtumsfrei und täuschungssicher sein können. (Und wenn sie es doch sind, dann sind wir aufgrund des Menschseins nicht in der Lage, dies zu erkennen. Denn wir sind seit Aristoteles Wesen, die alles nur auf die Weise des Erkennenden erkennen können).

Diese Metakriterien regeln die Lebensplanung eines Menschen, seine Art, das Leben zu bewältigen, und beeinflussen den Lebensrückblick. Weisheit ist also ein Lebenswissen, das sich von anderen Formen des Wissens (Fachwissen, technisches Wissen oder auch wissenschaftliches Wissen) fundamental unterscheidet. Weisheit gibt uns eine Orientierungsmöglichkeit, den Alltag optimal zu meistern. Und so kann man Weisheit auch als einen Teil des Alltagswissens begreifen.

20.4 Weisheit und Unternehmertum

Für Führungspersönlichkeiten gibt es zwei wesentliche, führungsrelevante Voraussetzungen, die psychischen und sozialen Bedingungen der Weisheit. Sie zu kennen und zu leben – nicht sie zu beteuern –, sagt etwas über weise Führungspersönlichkeiten aus.

20.4.1 Die psychischen Bedingungen

Die Führungspersönlichkeit verfügt über Empathie (= Einfühlungsvermögen). Empathie ist übrigens unabhängig von Sympathie und Antipathie. Das Feedback sollte so sein, dass der Mitarbeiter sich darin auch wiedererkennen kann. Hier liegt der Fehler vieler Führungskräfte, die sich um das Selbstkonstrukt des Mitarbeiters gar nicht kümmern. Das Selbstkonstrukt meines Mitarbeiters darf ich nicht fahrlässig infrage stellen. Führungspersönlichkeiten versuchen in einer gelingenden Weise, das Selbstkonstrukt des Mitarbeiters zu dynamisierten, nicht es zu vernichten.

Die Führungspersönlichkeit verfügt über Ich-Stärke. Sie sollte in der Lage sein, nicht jeder Regung sofort nachzugeben. Ich-starke Führungspersönlichkeiten handeln stets so, dass sie auch im Nachhinein mit ihrer Handlungsweise einverstanden sein können. Die Handlungsweise einer Führungspersönlichkeit richtet sich nach selbst gewählten, obersten handlungsleitenden Werten. Sie richtet sich nicht nach autonomen Regungen aus, die ohne Wille und Einsicht ablaufen, auch nicht nach Vorstellungen, die vom Über-Ich gesteuert werden, sogenannten „Man muss"-Normen (Man muss brav sein. Man muss tun, was Vorgesetzte sagen. Man muss gehorchen. Man muss …).

Die Führungspersönlichkeit verfügt über personale Toleranz. Personale Toleranz meint, das Anderssein eines Mitarbeiters zu respektieren. Manche Führungskräfte scharen nur Mitarbeiter um sich, die ihnen ähnlich sind. Führungspersönlichkeiten schätzen das Anderssein.

Außerdem beherrscht die Führungspersönlichkeit das produktive Denken gegen Regeln. Realistisches Denken gegen vorhandene Regeln ist das Wesen der Kreativität. Nichts für selbstverständlich zu halten, alles auch infrage stellen zu können, ist hier wesentlich.

Führungspersönlichkeiten besitzen Menschheitswissen. Sie können in Alternativen denken und bieten diese Alternativen auch als zusätzliche Möglichkeit bei einer anstehenden Entscheidung an.

Und schließlich sind Führungspersönlichkeiten authentisch. Sie leben ihr Leben und kein Leben aus zweiter Hand.

20.4.2 Die sozialen Bedingungen

Führungspersönlichkeiten besitzen Menschenliebe. Sie mögen Mitarbeiter wegen ihres Menschseins. Sie besitzen nicht ein Urmisstrauen Mitarbeitern gegenüber, sondern ein Urvertrauen. Sie mögen Menschen gern.

Führungspersönlichkeiten besitzen das, was die alten Griechen Agape nannten. Agape ist noch mehr als personale Toleranz. Sie ist sozusagen ihre Steigerung und die Basis der Liebe. Es bedeutet das Sein des anderen zu wollen. Solche Führungspersönlichkeiten sagen: „Ich möchte, dass Sie der sind, der Sie sein können, oder der werden, der sie sind, auch wenn es mir nicht unbedingt passt.“ Dazu mehr in Kap. 21.

Außerdem besitzen Führungspersönlichkeiten Überzeugungsvermögen. Hier ist nicht die Überzeugungstechnik aus einem Rhetorikseminar gemeint, sondern die Überzeugungskraft. Diese hat etwas mit Glaubwürdigkeit, Authentizität und Redlichkeit zu tun. Zu diesem Überzeugungsvermögen gehört auch:

- Trost in der Trauer (einen Mitarbeiter ernst nehmen),
- Alternativen anbieten und nicht adversativ (widerlegend) denken,
- dominante Steuerungen des Mitarbeiters bedenken und berücksichtigen können.

Wodurch wird ein Mitarbeiter überwiegend in seinem Handeln geleitet?

Ein Beispiel

Werner G. bekommt das Angebot, eine gut dotierte Stelle im Konzern anzunehmen. Allerdings ist es mit einer angenehmen Beschaulichkeit dann vorbei, er muss sehr viel reisen. So wird er wahrscheinlich eine Art Wochenendehe zukünftig leben müssen. Wäre Werner G. es-gesteuert, dann würde er das Angebot wahrscheinlich annehmen. Spontan freut er sich auf eine attraktive Veränderung in seinem Leben und über den Karrieresprung. Nun sagt aber sein Vorgesetzter, dass er nicht in seiner Heimatstadt bleiben kann, sondern weltweit reisen muss. Wäre Werner G. hingegen von seinem Über-Ich gesteuert, dann würde er sagen, dass ein anständiger Vater seine Familie nicht verlässt, und ablehnen.

Nun sagt die Ehefrau in einer Außensteuerung privater Natur, dass sie es auf keinen Fall einsieht, eine Ehe aus dem Koffer oder nur zum Wochenende hin zu leben. Sie würde sich scheiden lassen, wenn er den Job annimmt. Wenn Werner G. die Trennungsandrohung seiner Frau ernst nimmt, dann lehnt er den Job ab. Das Ende seiner Ehe riskiert er nicht.

Wenn Werner G. dominant von seinem Chef gesteuert ist, dann hört er auf diesen. Sagt dieser: „Wer bei uns ein solches Angebot ausschlägt, bekommt keine zweite Chance, und außerdem spricht sich das in der Branche herum", dann nimmt Herr G. aufgrund einer dominanten beruflichen Außensteuerung an. Führungspersönlichkeiten wissen um solche Steuerungen, und sie wissen auch, welche bei ihren Mitarbeitern dominant eine Rolle spielt. Man sollte ausfindig machen, wie dominant ein Mensch gesteuert ist. Das sollte man schon deswegen, weil man nicht den Fehler machen sollte, gegen dominante Steuerungen im Zustand des Friedens zu verstoßen. Denn dann erzeuge ich einen überflüssigen Konflikt.

Führungspersönlichkeiten achten auch auf die dominante Steuerung bei kritischen Auseinandersetzungen. Wenn ich einen absolut ehrgeizigen Menschen in seinem Ehrgeiz verkürze, dann erzeuge ich einen überflüssigen Konflikt. Wenn ich bei einer Steuerung durch das moralische Gewissen von einem Mitarbeiter etwas verlange, was gegen sein moralisches Gewissen verstößt, erzeuge ich ebenfalls einen überflüssigen Konflikt.

Dominante Steuerungen ermittelt man:

- über die Vermutung,
- über Versuch und Irrtum.

Führungspersönlichkeiten sollten von ihren wichtigsten privaten und beruflichen Partnern die dominanten Steuerungen kennen, um unnötige Konflikte zu vermeiden. Die Berücksichtigung der dominanten Steuerung vereinfacht den Führungsprozess enorm. Wenn ich weiß, mein Mitarbeiter ist besonders ehrgeizig, dann sollte ich wissen, dass ich nicht gegen den Ehrgeiz meines Mitarbeiters schwierige Aufgaben bewältigen kann, sondern nur mit Einsatz des Ehrgeizes. Oder ein zweites Beispiel: Ist jemand mit Siegzwängen behaftet (das erzeugt oft die schwierigsten Konflikte), dann muss ich tatsächlich in Kauf nehmen, mich auch als Führungspersönlichkeit einmal von meinem Mitarbeiter besiegen zu lassen. In einer ruhigen Situation kann ich ihm dann beibringen, dass er sich nicht einbilden sollte, das sei die Regel.

Weiterhin besitzen Führungspersönlichkeiten Konfliktfähigkeit. Konfliktfähig ist eine Führungspersönlichkeit genau dann, wenn sie:

- notwendige und überflüssige Konflikte voneinander unterscheiden kann,
- lösbare von unlösbaren Konflikten unterscheiden kann.
- notwendige Konflikte mit einem Minimum an physischem und sozialem Aufwand bei sich und dem Konfliktpartner durchführen kann,
- überflüssige Konflikte vermeidet,
- mit unlösbaren Konflikten leben kann.

► **Konfliktfähigkeit ist ein Sonderfall von Weisheit.**
„Lieber Gott, gib mir die Kraft, das zu ändern, was ich ändern kann; die Geduld, das zu ertragen, was ich nicht ändern kann, und die Weisheit, beides voneinander zu unterscheiden." [1]. Dieses Gelassenheitsgebet ist wahrscheinlich von dem US-amerikanischen Theologen Reinhold Niebuhr verfasst worden. Es hat jedoch historische Vorläufer bis hin zu Epiktet. Das Gebet ist übrigens auch ein Wahlspruch des Zentrums Innere Führung der Bundeswehr.

Führungspersönlichkeiten besitzen das uneingeschränkte Vertrauen ihrer Mitarbeiter, und sie vertrauen ihren Mitarbeitern. So entsteht ein gutes Betriebsklima. Solch eine Vertrauensfähigkeit sorgt dann auch für einen dauerhaften Erfolg. Sinnlose Konfrontation findet nicht statt.

Außerdem lernt eine Führungspersönlichkeit permanent. Sie weiß, dass nahezu alles Wissen von begrenzter Haltbarkeit ist und sich Wissen immer wieder erneuert.

Führungspersönlichkeiten besitzen kommunikative Fähigkeiten. Sie vermeiden Folgendes:

Verdeckte Kommunikation: Verdeckt ist eine Kommunikation dann, wenn ich über ein Wissen verfüge, das zu einer kommunikativen Handlung führt, aber dem Betreffenden nicht mitgeteilt wird.

Ein Beispiel

Der Chefarzt eines Krankenhauses wird zum Verwaltungschef bestellt. Der teilt mit, dass die Bestellung eines Assistenzarztes nicht genehmigt wird, weil der neue Arzt nicht qualifiziert genug sei. Der tatsächliche Grund ist, dass der Chefarzt seinen Etat überzogen hat.

Verdeckte Kommunikation sagt den eigentlichen Grund nicht, schiebt sekundäre Gründe vor. Verhöre sind sehr häufig verdeckte Kommunikation.

Entwürdigende Kommunikation: Entwürdigend ist Kommunikation dann, wenn ich meine Mitarbeiter funktionalisiere. Ich sehe sie nicht mehr als Person, sondern nur noch ihre Funktion.

Spiele zu spielen: Hier wird auf dem Erwachsenenlevel Kommunikation betrieben. Führungskräfte nehmen aber die Rolle des Erwachsenen nicht an, sondern spielen auf der Eltern-Ich-Ebene. So drängen sie den Mitarbeiter in eine Kind-Ich-Ebene. Dazu gehören die typischen Ja-aber-Spiele in einem Unternehmen: „Sie haben ja recht, aber …". Oder Schuld-Spiele: „Warum haben Sie das getan oder nicht getan?" („Warum kommst du so spät nach Hause?") Der Zweck ist das Kleiner-Machen des anderen.

Außerdem üben Führungspersönlichkeiten keine angemaßte Herrschaft aus. Die Herrschaft ist dann angemaßt, wenn ich meine Mitarbeiter einschüchtere. „Wenn Sie das nicht wollen, dann haben Sie sich die Folgen selber zuzuschreiben." Oder: „Ach, Sie wollen eine Gehaltserhöhung? Ja, wie alt sind Sie denn? Meinen Sie, Sie finden noch woanders eine vergleichbare Stelle?" …

Und letztlich denken Führungspersönlichkeiten multioptional, sie hüten sich eher vor guten Ratschlägen.

Soll Weisheit Erfolg haben, dann muss sie sich im täglichen Leben praktisch machen lassen. Die Praktikabilität der Weisheit wollen wir nun untersuchen an der Multioptionalität in Wirtschaft und Politik und an der Orientierung an handlungsleitenden Werten einer Führungspersönlichkeit.

20.5 Weisheit in einer multioptionalen Gesellschaft

Was bedeutet eigentlich multioptional? Wir leben in einer Welt, in der der Mensch ein hohes Maß an verschiedenen Möglichkeiten, Optionen, hat. Das betrifft zum einen die Berufswahl. In den Zeiten der Zünfte und Stände war es nur möglich, dass der Sohn den Beruf des Vaters wählte. Heute ist die Auswahl wahrlich sehr groß, wenn man von der hohen Arbeitslosigkeit einmal absieht, und grundsätzlich denkt.

Auch in der Partnerwahl werden mittlerweile alle Sorten und Möglichkeiten von der Gesellschaft toleriert, und sie werden auch wie selbstverständlich eingegangen (Mann liebt Frau, Frau liebt Frau, Mann liebt Mann). Und sie können auch relativ leicht gelöst werden. Bitte bedenken Sie, dass erst kürzlich die gleichgeschlechtliche Partnerschaft auch von der Kirche gesegnet werden wollte. Das hätte früher zu Protesten und Gefängnis geführt.

Wir haben grundsätzlich die Möglichkeit, uns zu verändern. Wir können unseren Wohnsitz frei wählen – auf der ganzen Welt. Auch die technische Entwicklung beziehungsweise der beschleunigte Fortschritt und das damit verbundene lebenslange Lernen (Theorie des permanenten Lernens) prägen die multioptionale Gesellschaft

Wir unterscheiden zwei Sorten von Multioptionalität:

- Gesellschaftliche Multioptionalität
- Multioptionalität bedeutet für die Menschheit, den Zwang zu erleben, alles, was getan werden kann, auch zu tun. Denken Sie nur an die Bombe von Hiroshima. Sie wurde von Vertretern aller Konfessionen gesegnet.
- Persönliche Multioptionalität
- Multioptionalität bedeutet für den Einzelnen, in allen Lebensbereichen viele Möglichkeiten zu haben, die gesellschaftlich anerkannt sind.

Die Gefahr solch einer Multioptionalität ist zweifach. Die Vielzahl der Optionen führt entweder zur Orientierungslosigkeit oder zur Wahrnehmung der Nulloption. Die Folge ist, ein Leben aus zweiter Hand zu leben. Weisheit schützt Führungspersönlichkeiten vor solch einem Leben aus zweiter Hand. Sie hilft also, der Orientierungslosigkeit und der Nulloption zu entgehen. Der Sinn des Coachings zum Beispiel ist es, Menschen, die nicht mehr multioptional denken können, zu helfen, wieder zur sinnvollen Wahrnehmung von multioptionalem Denken zu verhelfen.

Schauen wir uns einmal die Nulloption und die Desorientierung oder Orientierungslosigkeit im Zusammenhang mit Weisheit etwas genauer an.

20.5.1 Die Nulloption

Es ist erschreckend, wie viele Führungskräfte sich der Nulloption überlassen. Deren Motto scheint zu sein: „Ich will nicht entscheiden, ich kann nicht entscheiden, ich lasse entscheiden." So entsteht das Leben aus zweiter Hand. Diese Führungskräfte werden gelebt.

Im Unterschied zur gesellschaftlichen Multioptionalität wird von der einzelnen Person die Multioptionalität allerdings nicht immer als zwanghaft erlebt. Zum Beispiel: Ich lebe in einer Partnerschaft. Gleichzeitig kenne ich viele andere mögliche Partner oder Partnerinnen. Damit kenne ich viele Optionen, jedoch ist keine so attraktiv wie die Beziehung, in der ich derzeit lebe.

Die Nulloption hat viele Gesichter: Verzweiflung gehört dazu, auch Mutlosigkeit. Es kann auch sein, dass ich recht glücklich bin, obwohl ich gelebt werde.

Wird ein zufriedenes Leben in einer Nulloption gelebt, dann ist es nicht erforderlich, von außen der Führungskraft zu helfen, aus dieser Nulloption herauszukommen. Nicht wenige Führungskräfte sind mit ihren Nulloptionen sehr zufrieden. Man sollte ihnen diese Zufriedenheit nicht fahrlässig nehmen. Eine weise Führungspersönlichkeit wäre hier sehr vorsichtig und zurückhaltend. Der Grund: „Ich mache meine Lebensform nicht für andere verpflichtend.“ Das Angebot, jemandem zu helfen, der Nulloption zu entgehen, ist nur dann notwendig, wenn die Nulloption zum Leid führt.

Führungskräfte neigen eher zur Nulloption.

20.5.1.1 Die Nulloption in der Politik

Wir können national denken oder global denken. So ist die Schaffung von zwei Arbeitsplätzen in Drittweltländern und die dadurch notwendige Vernichtung eines Arbeitsplatzes in der BRD möglicherweise sinnvoll und vielleicht sogar moralisch/ethisch richtig. Was wir dabei manchmal vergessen, ist die Globalisierung.

Globalisiert wurden bisher der Kapitalmarkt, der Wertpapiermarkt und der Produktmarkt. Nun folgt dieser Globalisierung zwangsläufig der Arbeitsmarkt. Und genau das wollen wir nicht wahrhaben. Diese Globalisierung wird von der Politik und weiten Teilen der Bevölkerung nicht akzeptiert, obwohl eine Globalisierung der anderen Märkte diese Globalisierung des Arbeitsmarktes erzwingt. Und so kann es durchaus sein, dass die angestrebten Aktivitäten der Bundesregierung zur Ankurbelung des Arbeitsmarktes alle fehlschlagen werden, ja fehlschlagen müssen.

Eine Volkswirtschaft, die nicht erkennt, dass der Arbeitsmarkt globalisiert werden muss, ja vielleicht schon globalisiert ist, geht unter. Unsere Volkswirtschaft erkennt derzeit nicht, dass diese Globalisierung notwendig ist. Und dabei schaffen nicht wenige deutsche Unternehmen und Konzerne Arbeitsplätze im Ausland. VW zum Beispiel produziert einige Autotypen in Tschechien um fast 2000 € günstiger als in Wolfsburg. Was sollte den Konzern dazu bringen, die Produktionsstätte in Tschechien zugunsten deutscher Arbeitsplätze zu schließen?

So aber wehren sich die Gewerkschaften und die Politik durch Reglementierungen des Arbeitsmarktes gegen eine längst stattfindende und fortschreitende Globalisierung. Wie unweise!

Die Gefahr ist dabei, dass die Arbeitslosen sich organisieren. Dies führt zu einer Macht, die, politisch genutzt, den Zugang zum Weltmarkt behindert. Dieser Gefahr könnte man politisch begegnen, indem man ähnlich wie die Engländer und Amerikaner es getan haben, die Macht derjenigen bricht, die eine solche Globalisierung verhindern wollen. So ist hier sicher bei Politikern Weisheit gefragt. Das bedeutet: In Führungsverantwortung sollten nur Politiker kommen, die sich nicht an der Nulloption festmachen. Weisheit ist sicher eine notwendige Bedingung, um ein guter Politiker zu sein.

20.5.2 Die Orientierungslosigkeit

Ganz anders verhält es sich mit der Orientierungslosigkeit. Bei der Wahrnehmung der Orientierungslosigkeit sind Führungskräfte nie glücklich, sondern unzufrieden. Die Desorientierung von Führungskräften ist unter anderem daran festzumachen, dass sie Kosten senken und nicht Leistung optimieren wollen. Es gilt in einem Unternehmen hier eine sinnvolle Kosten-Leistungsrechnung vorzunehmen. So kann eine weise Führungspersönlichkeit nach folgenden Überlegungen vorgehen:

- Setze die richtigen Leute an die richtige Stelle (minimiere die Schnittstellen)!
- Hilf den Mitarbeitern, in Prozessen zu denken und nicht in Abteilungen!
- Organisiere das Unternehmen in Prozessen und nicht in Abteilungen!
- Frage dich, welche Produkte zur Wertschöpfung beitragen!
- Stoße die Teile ab, die nicht zur Wertschöpfung beitragen!
- Frage dich, welche Leute zur Wertschöpfung beitragen!
- Trenne dich von denen, die nicht zur Wertschöpfung beitragen!

Die Entwicklungsarbeit in der Beratung kann zur Orientierung beitragen. Mein Freund und Mentor Prof. Dr. Rupert Lay hat einmal Folgendes vorgeschlagen:

- Setze zunächst die Wertschöpfung des Vorstandes auf null!
- Organisiere das Unternehmen um (Prozesskosten)!
- Besetze die Marktlücken! (Kaufe den Wettbewerb, wenn er schwach ist!)

Um der Desorientierung in einem Unternehmen zu entgehen, kann ein weiser Berater zur Optimierung des Unternehmenserfolgs durch eine orientierte Beratung helfen. Dazu wird er wahrscheinlich:

Die Sitzungskultur feststellen. Dazu nimmt er an zwei bis drei Sitzungen teil. Die Sitzungskultur eines Unternehmens ist dann miserabel und unweise, wenn

- Selbstdarstellung betrieben wird,
- mangelnde Vorbereitung vorliegt,
- latente Konflikte ausgetragen werden („Der kann doch nicht Recht haben", „Der produziert sich hier nur selbst"),
- der Sitzungsleiter unfair ist (Das Problem ist bereits entschieden, die Mitarbeiter werden zu „stichwortgebenden Lakaien" degradiert. Gleichgültig, zu welchem Ergebnis die Teilnehmer der Sitzung kommen, die Lösung stand schon vorher fest.).

Die Interaktionskosten berechnen. Interaktionskosten sind:

- unerwünschte Migration – Mitarbeiter verlassen das Unternehmen oder die Abteilung, obwohl man sie dort halten will. Auch wenn ein Mitarbeiter das Unternehmen oder die Abteilung nicht verlassen will, obwohl es für das Unternehmen und den Mitarbeiter besser wäre, handelt es sich um Migrationskosten.
- Kosten für die Ausschussproduktion – das gilt für Dienstleistung genauso wie für die Warenproduktion.
- Fehlzeiten – in Japan derzeit ca. 2 %, in der Schweiz 4 %, in der BRD durchschnittlich sage und schreibe 8 %.

Der Vorgesetzte ist im Sinne der Weisheit ein Dienstleister seiner Mitarbeiter. Erhöhte Migrationskosten sind Kosten, die durch Demotivation entstehen. Demotivation wird aber zumeist durch direkte Vorgesetzte ausgelöst. Damit ist der Vorgesetzte verantwortlich.

Den Umgang mit Reklamationen analysieren. Hier gilt es, schwierige Reklamationen zu überprüfen. Wie lange dauert es, bis auf eine Reklamation reagiert wird? Wird überprüft, ob der Reklamierende auch mit der Reklamationsbearbeitung im Nachhinein zufrieden ist? Weise Führungspersönlichkeiten messen den Erfolg eines Unternehmens auch und besonders an der Art der Reklamationsbehandlung. Die Zufriedenheit des Kunden spielt hier eine große Rolle.

Vor etlichen Jahren, schon in den 1990ern hat Rank Xerox Außerordentliches geleistet: Bei einer Reklamationsbearbeitung zur Zufriedenheit des Kunden hat der Kunde zum ersten Mal die Leistungsfähigkeit des Unternehmens real wahrgenommen, war zumindest die Meinung des damaligen Servicedirektors von Rank Xerox. Zentraler Punkt im Kundenmanagement war bei Rank Xerox die Reklamation. Die Forderung an die Mitarbeiter war: Jede Reklamation muss in 48 h bearbeitet sein. Gelingt dies nicht, dann landet die Reklamation auf dem Tisch oder Computer des nächsthöheren Vorgesetzten. So konnte es passieren, dass eine Reklamation bis zum Geschäftsführer gelangte. Interessant ist, dass es Rank Xerox schon damals gelungen ist, den Anteil der in 48 h geregelten Reklamationen von 10 % im Jahre 1991 bereits 1997(!) auf 90 % steigen zu lassen.

20.6 Ist Weisheit erlernbar?

Es gibt keine signifikante Korrelation zwischen Alter und Weisheit. So kann schon ein Fünfjähriger durchaus weise sein. So einfach ist also diese Frage nicht zu beantworten. Entscheidend ist nämlich, ob die Führungskraft schon so sehr in ihren psychischen Strukturen gefestigt ist, dass sie in der Begegnung mit eigenen und fremden Problemen praktisch nur noch eigenen Zwängen gehorcht.

Wir wissen schon, dass Führungskräfte auf dem Weg zur Führungspersönlichkeit Differenzierung lernen können. Das bedeutet, sie dürfen sich nicht in einem „die eigene Willenstätigkeit ausschließenden Zustand ihrer Geistestätigkeit befinden", wie Prof. Dr. Rupert. Lay einmal etwas zynisch in einem Seminar meinte. Diese Differenzierung geschieht nach den Werten, Erwartungen, Interessen und Bedürfnissen, den WEIB (siehe Abb. 20.1).

Werte: Ein Wert handelt immer über das Wünschbare, zum Beispiel den Status eines Führenden oder die Rolle, die sich jemand für seine Lebensführung wünscht. Hier finden sich die obersten, handlungsleitenden Werte eines Menschen wieder.

Erwartungen: Erwartungen meinen die in die Zukunft gerichteten Ausgänge:

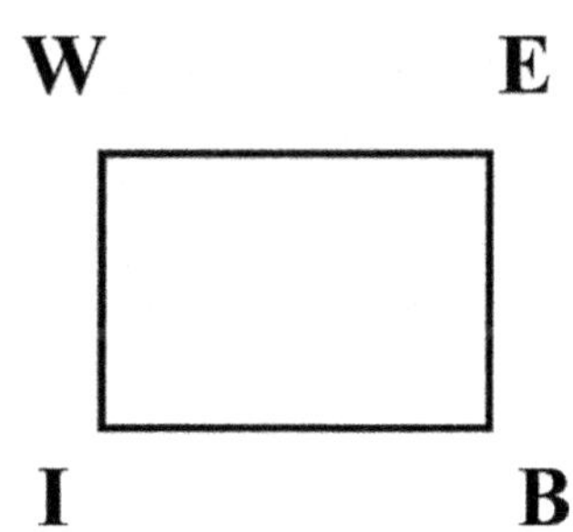

Abb. 20.1 Die WEIBs

- an mich,
- an andere (Personen und Institutionen),
- an Beziehungen,
- an nichtmaterielle Verhältnisse (meistens mit sozialem Bezug).

Bedürfnisse: Bedürfnisse bezeichnen einen psychischen Zustand, von dem erwartet wird, dass er durch eine Handlung oder deren Unterlassen behoben wird.

Interessen: Interesse meint die „Orientierung auf etwas Wertfreies". Es ist vor allem auf Inhalte des Wissens, des Erkennens, aber auch des Wollens gerichtet. Interesse wird nicht vom Nutzen her definiert. Es ist zweckfrei, sonst handelt es sich um ein Bedürfnis. Es bedeutet, etwas um seiner selbst willen wollen.

Die weise Führungspersönlichkeit wird herausfinden wollen, was die Werte, Erwartungen, Interessen und Bedürfnisse des Mitarbeiters sind. Noch einmal ist zu bedenken, dass ja alle vier eine dialektische Einheit bilden. Die Veränderung bei nur einem bedeutet eben immer auch eine Veränderung bei den drei anderen. Ändern sich Wertvorstellungen, dann ändern sich automatisch auch die Interessen, Bedürfnisse und Erwartungen und umgekehrt.

Wenn es die Führungspersönlichkeit schafft, über einen dieser vier Pole einen Zugang zum Mitarbeiter zu finden, dann ist die Chance für einen weisen Umgang miteinander recht groß. Die Führungspersönlichkeit sollte versuchen, sich über gemeinsame Wertvorstellungen, Interessen, Bedürfnisse oder Erwartungen in Deckung mit dem Mitarbeiter zu bringen. Dazu wird die Führungspersönlichkeit zunächst einmal Informationen ungefähr so ähnlich verstehen müssen wie sein Mitarbeiter. Und dazu muss der Mitarbeiter zum Dialog angeregt werden. Das gilt immer, wenn Weisheit eingefordert ist und sich entwickeln soll.

Wer führt, wird also versuchen in einem der WEIBs Kongruenz zu erzielen. Die Begegnung eines Mitarbeiters, der vor dem Anspruch der Lebensweisheit unsicher geworden ist und daher bei seinem Chef Sicherheit sucht, baut ein soziales System auf. Ein soziales System existiert exakt aber nur dann, wenn die beiden gemeinsame WEIBs (Werte, Erwartungen, Interessen, Bedürfnisse) aufbauen. Abbildung 20.2 verdeutlicht das.

Wichtig für eine weise Führungspersönlichkeit ist es, dass bei diesem gemeinsamen Aufbau keine Abhängigkeiten entstehen. Solche Abhängigkeiten existieren zwischen dem Helfer und dem Hilflosen, dem Richter und dem Sünder oder auch zwischen dem Vorgesetzten und dem Untergebenen. In solchen Feldern geschieht Weisheit nicht. Es muss klar sein, dass man sich gegenseitig hilft, zum Beispiel gemeinsam mit einer Situation fertig wird.

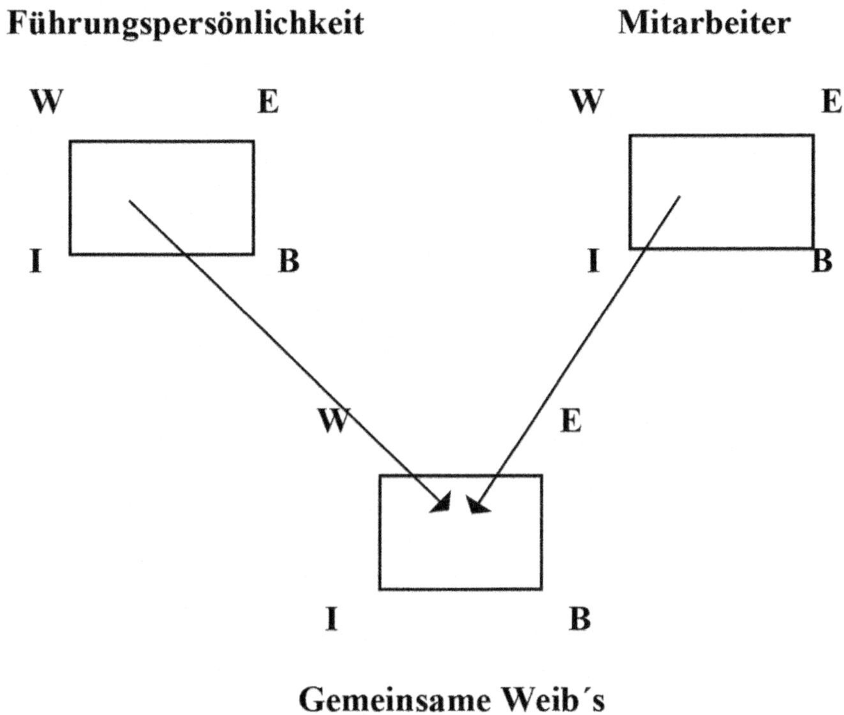

Abb. 20.2 Der Aufbau gemeinsamer WEIBs

20.7 Wie kann man Weisheit noch entwickeln?

Die weise Führungspersönlichkeit besitzt eine personale Identität. Sie besitzt sittliche Werte. Das heißt, die Führungspersönlichkeit folgt ihrem Stern. Sie weiß, wofür sie lebt, warum sie lebt. Sie weiß, was der Sinn ihres Lebens ist. Das nennt man Persönlichkeit. Alles andere ist eine Person.

Seinem Stern zu folgen, heißt, oberste handlungsleitende Werte zu besitzen. Nur ein Mensch mit obersten handlungsleitenden Werten, eine sittliche Persönlichkeit, ist in der Lage, weise zu führen. Es handelt sich um jemanden, der seine obersten handlungsleitenden Werte verantwortet übernommen hat und versucht, sein Leben danach zu organisieren.

Was kann aber solch ein oberster, handlungsleitender Wert sein? Welcher sittliche Wert kann für eine weise Führungspersönlichkeit eine Rolle spielen? Denn dieser Wert nimmt wiederum Einfluss auf die WEIBs. Jemand, der als höchsten Wert angibt, „Ich will auf meine Gesundheit achten“ und „Ich will Karriere machen“, hat ein anderes Rechteck, als jemand, der als oberste Wertenorm die Biophilie oder die Würde des Menschen besitzt. Die Werte spielen sich nicht innerhalb der WEIBs ab, sondern sie definieren die WEIBs.

Das Umfassende von Werten macht die Möglichkeit zur Weisheit aus. So kann ich dann Menschen mit einer anderen Lebensorganisation verstehen. Ein Mensch, der nur auf Gesundheit und Karriere achtet, wird schwerlich etwas mit Würde und Biophilie anfangen können (Biophilie meint, sein Leben so zu organisieren, dass eine personale Lebensentfaltung bei mir selbst und anderen eher gemehrt, denn gemindert wird). Umgekehrt ist es sicher möglich.

20.7.1 Die weise Aufgabe einer Führungspersönlichkeit

Eine Führungspersönlichkeit ist in der Lage, ein gut funktionierendes soziales System aufzubauen, in dem Menschen miteinander menschlich umgehen. Hier hat Moral eine besondere Funktion. Zunächst ist sie es, die hilft, ein Unternehmen zu stabilisieren und in den Erfolg zu führen. Diese Moral hat nur den Zweck, das soziale Miteinander zu erhalten und an Werten zu überprüfen. Werden jetzt moralische Normen verletzt, so werden diese bestraft durch Zurücknahme von Anerkennung und/oder Ausschluss vom Informationsfluss.

Die These behauptet nun, dass nur der Mensch, der nicht die Moral des Unternehmens, sondern seine eigene vertritt, zum Führen geeignet sei. Ein gutes Beispiel dafür war Alfred Herrhausen, der seinem eigenen Stern folgte, und nicht dem Unternehmenszweck.

20.7.2 Der Unterschied zwischen einer Führungskraft und einer Führungspersönlichkeit

Der Unterschied zwischen einer Führungskraft und einer weisen Führungspersönlichkeit lässt sich leicht bestimmen. Die Führungskraft ist populistisch. Sie ist angepasst, pflegeleicht, ein Systemagent, der immer nur die Regeln des Unternehmens verfolgt und durchsetzt, gleichgültig, welche Auswirkungen das auf den Mitarbeiter hat.

Eine Führungspersönlichkeit hingegen folgt dem eigenen Stern und sucht die Überzeugung, nicht die Durchsetzung gegen fremden Willen. In diesem Prozess will sie feststellen, welche Überzeugung einen Erkenntnisfortschritt bedeutet. Damit wird Realitätsnähe gesichert.

20.7.3 Formale und materiale Normen

Solche Werte fordern Regeln. Davon gibt es zwei: formale Regeln und materiale Regeln. So wird sich die weise Führungspersönlichkeit von formalen Normen leiten lassen, die dann in der konkreten Führungssituation in verschiedene materiale Normen umgesetzt werden können.

Formale Regel oder Norm meint, dass ein genereller Imperativ den Führungsprozess begleitet. Also die Biophilie etwa. Wie nun konkret biophil geführt wird, ob durch Kooperation oder durch Management by Objectives oder gar autoritär, hängt von der Situation ab.

Materiale Regeln schreiben eine konkrete Vorgehensweise in einer konkreten Situation vor. Also zum Beispiel „Wir führen kooperativ". Nun wissen wir jedoch, dass nicht in jeder Führungssituation Kooperation angebracht ist, manchmal versagt sie halt. Bin ich aber an die materiale Vorgabe gebunden, so kann ich ein mögliches Versagen hinter der Regel verstecken und mich herausreden. Das geht bei formalen Vorgaben nicht.

Wenn Sie sich die Hochglanzbroschüren mancher Unternehmen anschauen, dann strotzen sie nur so von materialen Regeln. Da steht dann „Wir führen kooperativ" oder „Wir pflegen die Delegation" oder „Unsere Mitarbeiter sind unser wichtigstes Kapital, wir beteiligen sie an Entscheidungsprozessen" und anderer Blödsinn. Eine Führungskraft, die sich von materialen Normen führen lässt, wird niemals weise. Für Führungspersönlichkeiten ist es wichtig, formale Normen je nach Situation in materiale Normen zu übersetzen.

Materiale Normen führen leider zu Verantwortungslosigkeit. Man versteckt sich hinter ihnen. Daher gehören in Unternehmensleitsätze nur formale, keine materialen Normen. Die Führungspersönlichkeit muss selbst entscheiden, wie in der konkreten Situation die formale Norm material erfüllt werden muss. So kann es bei gleicher Aufgabenstellung zu recht unterschiedlichen Lösungen kommen.

Damit wird deutlich, dass Menschen in Not nur von einem Menschen weise geholfen werden kann, der formale Normen in dem jeweiligen Fall material deutet. So kann man sich zum Beispiel fragen, ob die 10 Gebote materiale oder formale Normen darstellen. Oder ein anderes Beispiel für die Unterscheidung von materialen und formalen Normen ist die Forderung des Papstes. Der Papst hat recht, wenn er verantwortete Elternschaft fordert. Wie diese wahrzunehmen ist, müssen die Eltern von Fall zu Fall entscheiden. Er hat unrecht, wenn er Kondome oder sonstige Empfängnisverhütung verbietet. Die Eltern müssen die Verantwortung übernehmen, wie sie dieser Verantwortung gerecht werden wollen.

20.8 Fazit

Weisheit meint, die Führungspersönlichkeit sollte über Lebenswissen verfügen. Weisheit besitzt ein Mensch, der über ein entwickeltes und verinnerlichtes Lebenswissen verfügt und dieses im Urteilen und Handeln für sich und andere praktisch macht. Weisheit zeigt sich in schwierigen menschlichen und zwischenmenschlichen Situationen. Ein weiser Mensch ist stets tolerant und vertrauenswürdig. Er kann zuhören und meistert schwierige Lebenssituationen. Der weise Mensch verfügt über eine Orientierung im Werten, Handeln und Entscheiden. Weisheit begründet Sinn.

Bei der Definition von Weisheit gibt es ein Basiskriterium und Metakriterien.

Basiskriterium:

Ein gewisses Wissen um die Gegebenheiten des Lebens und die Strategien, dieses Wissen praktisch zu machen.

Metakriterien:

- Das Wissen um die Zusammenhänge des Lebensverlaufs eines Menschen.
- Das Wissen um die Relativierung nahezu aller Werte, auch der moralischen Werte, mit Ausnahme des höchsten moralischen Wertes (Biophilie). Alle anderen Werte sind relativ, also auf konkrete Lebenssituationen zu beziehen. Wer Werte absolut setzt, ist unweise.
- Nahezu alle Entscheidungen sind Entscheidungen unter Unsicherheit.
- Ich besitze nicht alle Informationen, um perfekt entscheiden zu können.
- Es ist unvermeidlich, dass ich nicht alle Folgen meines Handelns kenne.
- Lebenssituationen, die durch Weisheit reguliert werden, sind die Lebensplanung, die Lebensbewältigung und der Lebensrückblick.

Weisheit bezeichnet also geordnetes Lebenswissen. Damit unterscheidet es sich von anderen Formen des Wissens – also von Sach-, Erfahrungs- und Gewohnheitswissen. Diese drei Wissensformen neigen gegenseitig zu Verwerfungen. Führungsaufgabe ist es, diese drei Wissensformen inklusive der Grenzen zu vermitteln.

Definieren lässt sich Weisheit folgendermaßen: Weisheit ist ein Expertenwissen auf dem Gebiet der fundamentalen Pragmatik des tatsächlich realisierten Lebens, das zu besonders ausgewogenen Urteilen und fundierten Ratschlägen bei schwierigen Lebenssituationen befähigt und mit einem hohen Grad an Ungewissheit rechnet. Ein weiser Mensch ist demzufolge ein Experte, weil er über eine Form von Wissen verfügt, die qualitativ zuteilbar ist. Ein weiser Mensch unterscheidet sich von einem unweisen Menschen qualitativ.

Die qualitativen Unterschiede zwischen Weisheit und Unweisheit kurz zusammengefasst:

- Fachwissen, Erfahrungswissen und Gewohnheitswissen gehen in das Lebenswissen ein. Die verschiedenen Wissensformen sind miteinander verknüpft.
- Die Führungspersönlichkeit ist immer auf dem Weg, Irrtum und Täuschung zu mindern. Die Führungskraft schließt als Dogmatiker Irrtum und Täuschung aus.
- Im Sinnvollen, Nützlichen und Brauchbaren steckt immer auch das Unsinnige, Unnütze, Unbrauchbare. Es kann sich auch unter Umständen realisieren. Etwas jedoch unter allen Umständen für nützlich, brauchbar und sinnvoll zu halten, ist ebenso unweise, also ein qualitativer Unterschied.
- Selbstverständliches ist prinzipiell infrage zu stellen. Nur indem sich etwas verändert, bleibt das Gute gut, das Wahre wahr, das Sinnvolle sinnvoll, das Brauchbare brauchbar, das Nützliche nützlich. Das ist Lebenswissen. Wer in einer Welt voller Wahrheiten und Selbstverständlichkeiten lebt, ist qualitativ unweise. Ein Mensch weiß, dass viele Wahrheiten, die er für sich gewonnen hat und auf denen er das Fundament seines Lebens errichtet hat, niemals ein Sockel für andere Menschen sein können, dass sie für diese niemals in gleicher Weise verbindlich sind. Er kann also andere Menschen nicht darauf verpflichten. Jeder Mensch hat das Recht auf einen solchen Sockel. Niemand hat allerdings das Recht, diesen Sockel Menschen aufzuzwingen. In diesem Sockel stecken Irrtümer und Täuschungen. Nur ein Sockel ohne Irrtümer verpflichtet andere.

Die weise Führungspersönlichkeit geht nicht von den eigenen Wünschen, Erwartungen, Interessen und Bedürfnissen (WEIBs) aus, sondern versucht die WEIBs der anderen Menschen zu erforschen, indem sie ihnen begegnet und sich auf sie einlässt. Weisheit ist also die Fähigkeit, das Leben für sich und andere lebenswerter zu machen.

Weise Führungspersönlichkeiten übernehmen die Verantwortung für ihr Handeln. Sie versuchen formale Regeln zu leben. Sie verstecken sich nicht hinter materialen Normen.

Weise Führungspersönlichkeiten bedenken immer, dass ein Gesprächspartner selbst im Konflikt immer ein Mensch mit einer persönlichen Geschichte voller enttäuschter Hoffnungen, voller Freuden, voller Leiden, geprägt von seinen Erwartungen, seinen Träumen und seiner Trauer ist. Und wenn die Führungspersönlichkeit sich dies immer wieder klarmacht und anderen mit Achtung begegnet, dann ist es sehr schwer, unweise zu sein.

Literatur

Quellen

1. http://de.wikipedia.org/wiki/Gelassenheitsgebet. Zugegriffen: 5. April 2015.

Weiterführende Literatur

2. Lay, Rupert. 1988. *Weisheit für Unweise*. Econ.
3. Lay, Rupert, und Ulf D. Posé. 2006. *Die neue Redlichkeit. Werte für unsere Zukunft*. Frankfurt: Campus Verlag.
4. Leisinger, Klaus M. 2003. *Corporate ethics in a time of globalization*. Colombo: Sarvodaya Vishca Lekha Publishers.
5. Leisinger, Klaus. 2004. *Ethik im Management*. Zürich: Orell Füssli.
6. Leisinger, Klaus M. 1977. *Unternehmensethik – Globale Verantwortung und modernes Management*. München: C.H. Beck.
7. Martin, Gottfried. 1980. *Platon*. Reinbek: rororo.
8. Martin, Gottfried. 1980. *Sokrates*. Reinbek: rororo.
9. Posé, Ulf D. 2012. *Ethik für Einsteiger*. Borsdorf: Edition Winterwork.
10. Posé, Ulf D. 1981. *Führen durch Überzeugen*. Düsseldorf: Econ.
11. Posé, Ulf D. 2004. *Von der Menschenführung zur Lebensführung*. Büdingen: Ronneburger Kreis.
12. Posé, Ulf D. 2007. *Worauf es ankommt – der zukünftige Mensch*. Büdingen: Ronneburger Kreis.
13. Vorländer, Karl. 1979. *Philosophie des Altertums*. Reinbek: Rowohlt Verlag.
14. Speck, Josef, Hrsg. 1978. *Grundprobleme der großen Philosophen. Philosophie des Altertums und des Mittelalters*. Stuttgart: UTB Vandenhoek.

21 Führen und Agape

Man kann ohne Liebe Holz hacken, man kann aber nicht ohne Liebe mit Menschen umgehen.
Leo Tolstoi (1828–1910), russischer Schriftsteller

Agape ist das altgriechische Wort für Liebe. Mit diesem Wort meinten die alten Griechen etwas ganz Besonderes. Für die Zweierbeziehung hieß es sicher zunächst: Einen Menschen zu lieben, bedeutet einzuwilligen, mit ihm alt zu werden. Es bedeutet, bei nur einem Menschen seine Heimat haben zu wollen. Für Führungspersönlichkeiten ist das sicher eine Anregung für ihr Privatleben. Für das Berufsleben bedeutet es nicht, den Mitarbeiter zu lieben; es bedeutet hier etwas anderes. Dafür sollten wir aber den Begriff und seine Beziehung zu anderen Begriffen klären.

Die alten Griechen haben sehr genau unterschieden zwischen verschiedenen Formen von Beziehungen. Es gab die Kameradschaft, die Freundschaft und die Liebe.

Kameradschaft heißt, dass man sich aufeinander verlassen kann, aber trotzdem eine geringe emotionale Bindung besitzt. Denken Sie nur an den Corps-Geist, den Lions-Club oder Rotary. Man kann sich aufeinander sehr gut verlassen. Gegebene Zusagen werden eingehalten, das verlangt schon die Ehre.

Freundschaft ist eher geprägt durch eine hohe emotionale Bindung und Spannung zwischen Zu- und Abneigung. Die Menschen, die uns nahe sind, können uns manchmal eben doch ganz schön auf den Geist gehen. Und ein guter Freund sollte Verständnis dafür haben, dass ich eine Zusage manchmal nicht einhalten kann.

Und die Liebe schließlich ist geprägt durch den Wunsch und die Bereitschaft, das Sein des anderen zu wollen, auch wenn es einem selbst nicht passt. Das ist das Besondere an der Agape. Es bedeutet, dem anderen auch dann zu helfen, der zu sein oder der zu werden, der er ist, selbst wenn es einem persönlich nicht immer so gefällt.

Wer im anderen nur mag, was einem selbst gefällt, sucht vielleicht nicht den anderen, sondern nur sich selbst im anderen. „Ich möchte, dass du der bist, den ich

U. Posé, *Von der Führungskraft zur Führungspersönlichkeit*,
DOI 10.1007/978-3-658-10924-0_21

gerne hätte, dann liebe ich dich." Wer das sagt, liebt nicht den anderen, sondern sich selbst im anderen. Vor diesem Hintergrund mag man sich fragen, ob nicht wenige Ehen eher im Zustand der Freundschaft, denn im Zustand der Liebe geführt werden.

21.1 Die Agape im Beruf

Diese Selbstlosigkeit in der Agape ist sicher etwas, das Sehnsucht bei nicht wenigen erzeugt, jedoch oft genug als unrealisierbar gilt. Wieso eigentlich? Es erscheint uns etwas kindlich-romantisch, solch eine Form von Liebe im Umgang miteinander pflegen zu wollen. Aber sehen Kinder die Dinge des Lebens nicht oft sehr unverstellt?

Für die Führungspersönlichkeit ist es die Frage, inwieweit sie in der Lage ist, ihre Mitarbeiter in den Talenten und Möglichkeiten zu fördern, die die Mitarbeiter auch tatsächlich besitzen. Es ist sicher auch die Bereitschaft, den Mitarbeiter sich so weiterentwickeln zu lassen, dass er sich möglicherweise am fördernden Chef vorbei und über ihn hinaus entwickelt. Die Führungspersönlichkeit fragt beim Umgang mit ihren Mitarbeitern also:

- Was kann ich tun, damit mein Mitarbeiter seine Talente optimal entfalten kann?
- Was kann ich tun, damit mein Mitarbeiter seine Chancen und Möglichkeiten erkennt?
- Was kann ich tun, damit mein Mitarbeiter seine Chancen Möglichkeiten optimal nutzt?
- Was kann ich tun, damit mein Mitarbeiter in dem Maße wachsen kann, das er selbst für richtig hält?
- Was kann ich tun, damit mein Mitarbeiter seinen Lebensentwurf lebt?
- Was kann ich tun, damit mein Mitarbeiter seine Stärken pflegen darf?
- Was kann ich tun, damit mein Mitarbeiter Erfolgserlebnisse hat?
- Was kann ich tun, damit mein Mitarbeiter im Versagen seine Hoffnung nicht verliert?

21.2 Fazit

Agape ist das altgriechische Wort für Liebe. Mit diesem Wort meinten die Griechen der Antike den Wunsch und die Bereitschaft, das Sein des anderen zu wollen, auch wenn es einem selbst nicht passt. Für das Berufsleben bedeutet es dem anderen auch dann zu helfen, der zu sein oder der zu werden, der er ist, selbst wenn es einem persönlich nicht immer gefällt.

Für die Führungspersönlichkeit ist es die Frage, inwieweit sie in der Lage ist, ihre Mitarbeiter in den Talenten und Möglichkeiten zu fördern, die die Mitarbeiter auch tatsächlich besitzen. Es ist sicher auch die Bereitschaft, den Mitarbeiter sich so weiterentwickeln zu lassen, dass er sich möglicherweise am fördernden Chef vorbei und über ihn hinaus entwickelt.

Weiterführende Literatur

1. Höffe, Ottfried. 1982. *Klassiker der Philosophie*. Bd. 1. C.H. Beck Verlag, München.
2. Lay, Rupert. 1989. *Ethik für Manager*. Düsseldorf: Econ Verlag.
3. Lay, Rupert. 1988. *Philosophie für Manager*. Düsseldorf: Econ Verlag.
4. Lay, Rupert. Seminarunterlagen, Fuerteventura 1996 – 2002, Mallorca 2003 – 2009, Frankfurt 2010 – 2015.
5. Lay, Rupert. 1985. *Vom Sinn des Lebens*. München: Wirtschaftsverlag Langen Müller Herbig.
6. Lay, Rupert. 1992. *Wie man sinnvoll miteinander umgeht – Das Menschenbild der Dialektik*. Düsseldorf: Econ Verlag.
7. Leisinger, Klaus M. 2004. *Ethik im Management*. Zürich: Orell Füssli.
8. Platon. 1961. *Gorgias*, Reclam 2046. Ditzingen: Philip Reclam Junior.
9. Posé, Ulf D. 2012. *Ethik für Einsteiger*. Borsdorf: Edition Winterwork.
10. Posé, Ulf D. 2004. *Von der Menschenführung zur Lebensführung*. Büdingen: Ronneburger Kreis.
11. Posé, Ulf D. 2007. *Worauf es ankommt – der zukünftige Mensch*. Büdingen: Ronneburger Kreis.

Printed by Printforce, the Netherlands